科技政策
透镜下的中国

李侠○著

中国社会科学出版社

图书在版编目（CIP）数据

科技政策透镜下的中国 / 李侠著. —北京：中国社会科学出版社，2020.6
ISBN 978-7-5203-6399-0

Ⅰ.①科…　Ⅱ.①李…　Ⅲ.①科技政策—研究—中国　Ⅳ.①G322.0

中国版本图书馆 CIP 数据核字（2020）第 068246 号

出 版 人	赵剑英
责任编辑	喻　苗
责任校对	胡新芳
责任印制	王　超

出　　版	中国社会科学出版社
社　　址	北京鼓楼西大街甲 158 号
邮　　编	100720
网　　址	http://www.csspw.cn
发 行 部	010-84083685
门 市 部	010-84029450
经　　销	新华书店及其他书店
印　　刷	北京明恒达印务有限公司
装　　订	廊坊市广阳区广增装订厂
版　　次	2020 年 6 月第 1 版
印　　次	2020 年 6 月第 1 次印刷
开　　本	710×1000　1/16
印　　张	16.75
插　　页	2
字　　数	238 千字
定　　价	86.00 元

凡购买中国社会科学出版社图书，如有质量问题请与本社营销中心联系调换
电话：010-84083683
版权所有　侵权必究

谨以此书献给我的弟弟李毅（1968—2017）
——两片相同的叶子在不同的季节中飘荡，
虽然孤独，但也曾努力活过！

目　录

导论　只有放大才能看清 ……………………………………（1）

第一章　科技政策与文化 ……………………………………（4）
　第一节　为什么需要科学文化？ …………………………（4）
　第二节　科学文化变迁中的博弈 …………………………（7）
　第三节　支撑科学文化运行需要什么条件？ ……………（19）
　第四节　科学文化是中国可选择的最佳文化变革路径 …（29）
　第五节　用科学文化打通发展不充分的神经末梢 ………（40）
　第六节　科学与人文之间的关系——兼论人文社科学者
　　　　　的品相与责任 ……………………………………（45）
　第七节　科学精神的浓度决定文明的潮起潮落 …………（50）
　第八节　话语权终归是对实力与承认的回报 ……………（53）
　第九节　"一带一路"：热情背后的两点思考 ……………（57）
　第十节　回到赛先生：认知的共识在哪里消失了 ………（61）
　第十一节　被夸大的代沟其实是可以调整的 ……………（65）
　第十二节　诺奖背后的学科知识地图分布与启示 ………（68）
　第十三节　落后地区应加大研发投入 ……………………（72）

第二章　科技政策与评价 ……………………………………（77）
　第一节　科技评价2.0：从局部评价到全局评价 …………（77）
　第二节　科技要上新台阶，绩效与状态是关键 …………（83）

第三节　扭曲的承认机制会带来什么后果 …………… (88)

第四节　项目制下的科研很难产生诺奖级成果 ………… (92)

第五节　稀缺与公平：让荣誉走得更远 ………………… (96)

第六节　奖励原本就包含对逆袭的一种正式承认 ……… (99)

第七节　科研经费是怎样变成"夹心饼干"的 ………… (102)

第八节　国内期刊的内伤需要标本兼治 ………………… (105)

第三章　科技政策与人才 …………………………… (109)

第一节　人才政策的两种误区：雷同与结构扭曲 ……… (109)

第二节　城市的姿态：人才抢夺与分流效应下的选择…… (112)

第三节　人才流动背后的喧哗与骚动 …………………… (116)

第四节　巨人的肩膀在哪里？——研究生如何开启
　　　　学术生涯 ……………………………………… (120)

第五节　走出学术舒适区，再创人生新辉煌 …………… (124)

第六节　学术界少有弯道超车但有马赫带效应可用…… (127)

第七节　在学术界生存，你需要认识多少人？ ………… (131)

第八节　科技界的急都是被挤压出来的 ………………… (136)

第九节　高校：学术道德建设的主阵地与反向
　　　　激励措施 ……………………………………… (139)

第四章　科技政策与产业 …………………………… (146)

第一节　硅谷没有秘密——关于硅谷科技生态系统的
　　　　两点思考 ……………………………………… (146)

第二节　城市的规模到底应该多大？ …………………… (150)

第三节　培育思想市场，提升区域创新能力 …………… (155)

第四节　智慧中国从大学与县级区域的联姻开始 ……… (159)

第五节　核电站投产后电卖给谁？ ……………………… (164)

第六节　知识产权：让保护与应用并行 ………………… (167)

第七节　中国医疗资源的分布结构与改革的突破口 …… (170)

第八节　重大科研仪器研发的现状与困境 …………………（181）
第九节　大科学工程建设面临的双重危机 …………………（194）
第十节　大数据政策制定中的认知偏差与伦理靶标 ………（207）
第十一节　未来谁来养活智库？ ……………………………（218）
第十二节　科普需要引入企业的市场敏感性 ………………（229）
第十三节　科学普及成效的"三度"评价与长尾效应 ……（232）
第十四节　从全国高等教育投入看各省的发展心态与
　　　　　认知位差 ……………………………………（235）
第十五节　基于大数据的算法杀熟现象的政策
　　　　　应对措施 ……………………………………（247）

参考文献 …………………………………………………………（253）

后记　奔跑中的星光 …………………………………………（258）

导论　只有放大才能看清

自从近代科学建制化以来，科技管理的工作也就从无到有地慢慢涌现出来。在小科学时代，这种紧迫性还不是很强烈，但是随着大科学时代的到来，科技与社会的关涉度日益紧密，整个社会投入到科技领域的各类资源日益增加，此时，如何保证整个科技体系处于"状态—结构—绩效"优化的良性运行状态，就成为各个国家的科技管理部门无法绕过的工作。换言之，如何把国家目标、社会需求与个人偏好有机结合起来，并随附上相应的激励机制也就成为政策制定与质量测评的重要工作。

现在的科技政策的制定已经变成一种高度复杂的系统工程，既涉及政策制定主体的确定、政策工具的选择，又与各种有形与无形的制度环境密切相关，从而导致政策的制定异常复杂，这些因素又加剧了政策质量出现诸多不确定性的可能。由于任何政策后果的完全展现都有一个漫长的滞后期，据经验研究显示，这个时间段大体在10—15年的时间，如果不能及时发现政策问题并采取纠偏措施，政策失误除了造成物质资源的损失外，更严重的是贻误宝贵的科技发展契机。

通常政策制定的流程结构分为五个阶段：议程设置、政策规划、决策制定、政策执行以及政策评估，这里的每一个环节都有可能出现问题，为了最大限度上防止出现政策失灵现象，以及为政策提供及时的反馈机制，我们需要政策评论环境是开放的，从而最大限度上避免决策者可能出现的认知误区，并借助于社会力量对政策流程的全过程进行反馈与参与，这也是提高政策制定质量、监督政策运行以及实施政策后果评价的最有效的廉价方法。

政策制定主体的构成往往是复杂的，从显性角度来看，政府官员显然是政策制定的名义主体，但其背后还牵涉众多隐形制定主体的存在，如各种利益集团、研究机构与大众媒体的介入等。从理论上说，由于多重制定主体共存的现实，导致任何政策的出台都是多方博弈的结果。然而在一个政治开放度较低与市场化程度不高的环境下，实际的制定主体的范围是缩小的，从而造成社会层级间的联系与信息传递是不充分的，这就导致一些人的利益与偏好没有得到合理的兼顾，从而造成政策在未来运行中出现效率损失的现象，甚至出现决策失误的情况。那么如何解决这个问题呢？引入制定主体之外的独立第三方力量，以此起到信息沟通与反馈的功能，这也是笔者这么多年来一直坚持科技政策评论写作的目的所在。

所谓的政策透镜是指：由于政策制定的理论、方法与流程已经很成熟，把政策制定的五阶段模型整合起来，形成一种新的政策检测工具，用来分析不同阶段、不同类型、不同领域的政策，根据所要分析的政策的具体目标展开分析。政策透镜可以最大限度地放大政策的问题域及其内在机理，能及时地发现问题，并提供有针对性的反馈信息，从而实现政策制定者与受众之间的广泛联系，以及信息的及时反馈，并为防止政策在各个环节出现偏差提供一种预警机制和潜在的纠偏机制，最终为科技政策质量的提升服务。基于这个目的，笔者把本书取名为《科技政策透镜下的中国》，主要目标有两个：其一，用政策透镜审视当下中国各主要科技领域的各项具体政策，揭示其利弊得失，以尽新时代公民之责任；其二，政策透镜越完善，对政策制定流程的合理化以及质量提升的帮助越大。由于政策问题的异常复杂性，普通人已经无法全面理解政策，而政策透镜的放大作用有助于公众理解政策并在运行中减少其运行阻力。从这个意义上说，政策越清晰质量也越好。科技政策自其诞生以来（从1963年正式命名算起），距今也不过57年的历史，这也就意味着作为检视工具的政策透镜，本身仍很不完善，这需要有更多的学者与专家投身到这个领域，构建与完

导论 只有放大才能看清

善透镜的架构与精准度,并借助于政策透镜为社会提供更准确与清晰的政策内容的解释与说明工作。

基于上述理念,本书利用政策透镜检视了中国四个领域内的不同类型、不同阶段的政策,既包括议题的设置、工具的选择,也包括政策执行以及评价等。这四个领域主要包括文化、科技评价、人才及产业。每个领域内的政策分析包含了政策的各个阶段或侧面的问题,希望通过多个视角去对一个领域的问题进行细节放大,从而达到清晰理解这个领域的目的,并为相关政策的制定、执行、反馈、评估提供客观独立的意见。

第一章 科技政策与文化

第一节 为什么需要科学文化？

科学文化是自近代科学复兴以来，基于科学实践而逐渐形成的一种新型文化。科学文化作为文化家族中的后起之秀，之所以能在与各种历史悠久的传统文化的竞争中胜出，是由科学文化所呈现出的生产力与释放出的自由与福祉决定的。这就涉及文化的比较与演化问题。如何判断两种文化孰优孰劣呢？其判据是什么？在我们看来两种文化 C_1 与 C_2 之间，如果 C_1 比 C_2 优秀，主要的判据有两点：其一，对于整个社会而言，C_1 比 C_2 呈现出更高的生产力；其二，对于个体而言，如果生活在 C_1 比生活在 C_2 能获得更多的自由、福祉和尊严。满足这两个条件，就可以说文化 C_1 比文化 C_2 优秀。

科学在短短的 400 年间所创造的奇迹，完全改变了人类社会的样貌。正如经济学家罗伯特·福格尔（Robert Fogel）所指出的：从耕犁的发明到学会用马拖犁，人们花了 4000 年时间，而从第一架飞机成功上天到人类登上月球只用了 65 年。这个现象被经济学家黛尔德拉·麦克洛斯基（Deirdre McCloskey）称作"伟大的事实"。那些由诸多伟大事实堆积起来的社会，渐渐成为人类文明的高地，自然会以润物细无声的方式形塑人们的认知，并由此形成一种进步的认知模式与习性，而这些的总和就构成了科学文化。

科学文化作为人类文化的一个子集，它的结构与传统文化的结构是趋同的。基于这种分析，可以把科学文化的结构也分为四层，最外

第一章 科技政策与文化

层的是科学的器物文化,然后是科学的制度文化、科学的规范文化与最内层的科学价值观。科学的器物文化主要是指基于最新科技成果所产出的知识产品,由于其效能,这一部分已经在世界各种文化中得到普遍接受;科学的制度文化是指,为使科学事业健康发展所需要的社会建制与制度安排,如各国或集中或分散的科技体制、形式各异的评价机制等;科学的规范文化是指科学事业自身所独具的精神气质与规定,按照美国科学社会学家默顿的说法,它包含五种精神气质,即普遍主义、公有性、无私利性、有条理的怀疑精神以及原创性等,尤其是其普遍主义规范,更是强调了科学的非个人性特征,这也是科学能够放之四海而皆准的根源所在;科学的价值观是指科学发展的终极目标就是追求真理,这一理念也已经得到世界各国的普遍认可。

反观中国传统文化,其内核主要是以儒家文化为中心的包含儒释道内容的濡化文化,这种文化在其近2000年的发展中,早已把其生产力功能释放殆尽,在这种文化模式下,很难产出任何新颖的发现与助推社会文明的进步。用经济学的术语来讲,这种文化就其生产功能而言,处于整体边际产出为负的状态。从这个意义上说,中国传统文化代表了一种退化的研究纲领,按照科学哲学家拉卡托司的说法,其硬核、保护带与启发法都已经陷入退化阶段,为了激活这种退化的文化纲领,使其从退化状态转化为进化状态,必须对其保护带进行重建,否则,这种退化的文化纲领非但不能带领整个族群进入进步状态,反而有可能出现严重的路径依赖与路径锁定现象,进而沦为依靠封闭保守来维系其生命的状态。到那时,这种退化纲领就成为思想的黑洞,再也没有任何新思想可以产生,任何个体在这种文化面前都是无能为力的,在整体麻醉与制度惰性下,个体甚至意识不到自己的退化,即便意识到也只剩下自卑、疏离与反抗,各种原教旨主义都是这种情况的展现。为了防止出现这种局面,我们必须从外部引入新的要素,打破原有文化的惯性、黏性与僵化的平衡,使其重新焕发活力。那么如何实现这种目标呢?科学文化的引入就是唯一可以采用的低阻力路径。

按照英国生物学家道金斯的说法，文化的传递是通过文化基因的复制实现的。由此引申出一个概念：文化基因池的设想。在文化基因池里有各种文化基因，这些基因通过复制在后代中传递，如果某一基因的获得者在生存竞争中由于基因的退化而无法在竞争中获胜，那么，这种基因在基因池中的比例就会下降；相反，那些获得强大生产功能基因的个体将在生存竞争中获胜，从而增加其基因在基因池中的总量。通过无数代的更替，基因池中的基因就只剩下那些具有优势生产功能的基因，这个过程在宏观层面的表现就是进化。这也是一种文化从退化转化为进化的必由之路。因此，改造中国传统文化必须从对传统基因池的基因要素的更新替换开始，即在传统文化基因要素中添加科学文化要素，从而通过世代的更迭，让新的文化基因在生存竞争中获胜，而传统文化基因要素则在生存竞争中逐渐衰亡，由此，在时间的累积作用下，基因池中的基因构成结构将发生根本性的改变，从而实现文化纲领在宏观层面上的进化。这种变革在历史上是有迹可循的，如中国古代的"胡服骑射"、150年前日本明治维新时期的"脱亚入欧"论，都是主动引进新要素改变传统文化基因池的构成结构的努力。后来的事实证明，这些努力都取得了预期的效果。

今天之所以要在中国大力引进新的科学文化基因，是因为传统的文化基因已经丧失活力，无力支撑整个社会发展的需要。换言之，当下单纯依靠中国传统文化已经无力支撑整个社会全面实施创新驱动发展战略的需要。这里面涉及的因果关系是这样的：文化基因通过进入整个社会的观念系统，从而激发社会与个体的活力，最大限度上释放文化的生产力功能，文化基因是引发变革的直接原因，而改变则是文化基因发挥作用的结果。因此，要释放全社会的活力，就需要其文化是有活力的。工业革命以来的实践已经充分证明了科学文化基因的生产力功能，只要看看当今世界上主要发达国家的主流文化，不难发现这种因果关系；反之，改变近代世界的所有重大发现无一是基于中国传统文化做出来的，由此可以间接证明中国传统文化是一种退化的文化纲领。

第一章　科技政策与文化

在全球化时代，文化交流日益成为一种"民族—国家"框架下的捍卫文化自信的紧迫任务。如果一种文化由于其独特性而无法与世界进行普遍的交往，那么这种文化很可能沦落为不可通约性陷阱下的牺牲品，从而被排除在文化共同体之外，这是很糟糕的局面。以往坊间所谓"越是民族的越是世界的"，这句格言就是全球化时代文化建设所遭遇的最大认知误区，没有人喜欢和具有不可通约性的陌生文化进行交流，人们厌恶交流中的效率损失，因为这种沟通增加了双方的交流成本。联系到中国的大外宣之所以效果不理想，究其原因在于我们的文化与人家是不可通约的。为了彻底改变沟通瓶颈问题，我们需要引入全世界都认可的科学文化，这样就可以极大地改善我们与世界沟通不畅的局面，假以时日，中国传统文化就演变为科学文化居主导地位的新文化模式，这种新文化纲领既可以激发群体活力，又被世界所共同接受，从而在文化竞争中处于优势地位。任何文化的自信都是建基于其效率与公众认可的基础上的。从这个意义上说，用科学文化改造中国传统文化恰逢其时，而且任重道远。

第二节　科学文化变迁中的博弈

一个社会的整体表现是其内在文化运行的衍生结果，这点基本上已经成为学界的共识。在"文化—社会表现"之间的远程因果关系逐渐得以明确的前提下，社会治理的关键就落在了"文化—人……社会表现"链条的前端环节，即"文化—人"之间的关系上。由此，我们想知道文化的构成与人的认知结构以及社会经济发展之间是如何发生作用的？这里涉及两个紧迫问题：其一，文化的构成要素是如何演变的；其二，文化构成要素塑造人的认知结构以及推动社会发展的内在机制。

一　文化遗传因子演变中的博弈

文化是一个外延非常大的概念，包罗万象，很难给出准确定义。

科技政策透镜下的中国

按照目前被广泛接受的文化结构—功能定义，文化可以被分为四个层次：最外层的是器物文化，其次是制度文化，第三层是规范层次，最核心的是价值观念层次。这种由表及里的划分，可以把文化中的结构特征及功能从可见的层面推向不可见的层面，应该说这种划分还是很有说服力的。但是，它的缺点也很明显，即它是一种静态展示，无法揭示文化进化的内在动力机制，这就导致我们在改造文化的时候无法找到有效的突破口。为了解决这种困境，我们把文化的构成要素按照属性划分为两大类：一类是文化中比较恒定、连续的部分，称之为文化的传统要素（简称 T_c）；另一类则是那些易于变化、具有扩张性的变革要素，称之为文化的科学要素（简称 S_c）。这是文化中的两种性质完全相反的力量，相互之间在矛盾、冲突与平衡中缓慢推进文化的进步。一旦其中某些要素的权重失衡就会带来文化整体的变迁：进步与退步。通过对人类文化发展历程的考察可以发现，那些恒定、不变的部分是文化中的隐性力量，它们通常是不可见的，而且非常顽强，它们对于维系群体认同的连续性至关重要；相反，那些易变的、扩张的、具有突破性的要素则是文化中的显性力量，很容易被世人发现。从宏观历史角度来看，任何文化在大的时间尺度范围内都呈现出两种要素之间的持续博弈，由此带来文化的缓慢变迁过程。在相同规律主导下，所不同的是不同文化之间的进化速度存在明显的差异：有的文化进化较快，经过一个大的时间尺度后再看完全是一种新文化；而有的文化则变化很慢，从历史上看几乎是原地踏步，甚至出现停滞与倒退现象。那么，如何解释这种现象呢？这就是环境对于文化的外在影响：开放或封闭的环境会让文化变迁呈现出完全不一样的进化路径。为此，需要先把环境因素隔离开来，解决文化自身演化的可能机制，我们可以借鉴孟德尔的遗传定律，对文化演化的路径给出一种新颖的解释。

根据孟德尔的遗传定律，文化的遗传因子在历史变迁情境下会发生分离与组合现象，为了简化论述，笔者给出一个文化遗传变异的简化表，见表 1-1。

第一章 科技政策与文化

表1-1　　　　　　基于文化遗传因子的文化变迁模式

文化变迁	传统非变动因子 T_C	变动因子 S_C
传统非变动因子 T_C	T_C*T_C（A型）	T_C*S_C（B型）
变动因子 S_C	S_C*T_C（C型）	S_C*S_C（D型）

根据孟德尔定律中的遗传因子间的分离与自由组合定律，我们可以看到在文化变迁中会出现四种可能类型：（1）完全传统因素主导的 A 型文化。这种文化在历史演进中，所有潜在具有变动性的、突破性的因素都被排除了，在时间的放大作用下，留下了那些纯而又纯的完全不变要素，这种文化从整体上呈现出退化模式（当下在世界各地兴风作浪的各种原教旨主义者所捍卫的文化大体就属于 A 型文化）。（2）传统文化要素居优势地位的 B 型文化。在这种文化中，传统要素居于优势的支配地位，科学要素则处于附属的工具地位。（3）变动性要素居优势地位的 C 型文化。这种文化的特点是鼓励变化与乐于创新，而传统要素只能采取逐渐适合科学要素的发展模式。（4）完全由科学要素主导的 D 型文化。这种文化总是处于变革中，呈现出激进的理想主义发展路径。上述四种类型文化，仅是一种理想描述，尤其是 A 型和 D 型文化，仅具理论参考价值。按照我们的设想，文化的进化路径应该沿着从 A 型、B 型、C 型再到 D 型的发展轨迹。每种类型的文化由于发展程度不同，又可以划分出许多不同的亚型，如C+、C、C-等。

客观地说，世界各地的文化，没有与此模型完全一致的，只是与其中的某一种类型高度相似而已。从研究所需的精确度要求而言，某种文化与模型的高度相似性对于问题的分析来说已经足够。从最新的世界经济与社会发展分布图上可以清晰地看到上述四种文化的分布与绩效表现：A 型文化主导的区域，几乎都处于落后混乱状态，文化的整合能力以及生产性能力表现极差，如非洲地区、中东地区等；B 型文化主导地区，如南亚、东南亚等地区，发展缓慢，在全球化的背景下有日益被迫边缘化的趋势；C型文化居优势的区域，创新因子的权重（认同）超过传统因子的权重，这也是目前世界上经济与社会发展表现最好的区域，如东亚地区以及曾经的"亚洲四小龙"等；接近D型文化主导的区域（实际上处于C+），全球也就是屈指可数的几个发达国家，如北美、西欧等地区。结合这个模型，同样可以对当下中国的文化发展状况做出一个诊断：中国整体上正处于从B型向C型过渡的转型时期。根据近年来数次全国科学素养调查的数据，以及社会职业声望的排名等，可以发现，在公众认知上科学要素略微胜过传统要素，这是一个非常值得珍惜的可喜局面。

由于文化变迁的缓慢性以及对支撑条件的高度依赖性，导致文化的转型更是充满艰辛和不确定性［只要回忆一下，伊朗巴列维的改革（1963—1979）及其失败，不难理解这种转型的艰难性与反复性］。同样，这个模型也可以用来分析与预测一个局部区域的文化存在状态与走势，比如用这个模型来分析中国经济与社会发展的表现与文化的存在状态，同样会呈现出不同的发展程度与不同类型的文化相匹配的分布规律，这其中的因果关系很是值得深入思考：是文化存在形式决定了区域发展程度，还是区域发展状态决定了文化的存在形态，这一切并没有得到有效的梳理与阐释，未来需要对其中隐含的因果关系给出更为有力的论证。

二 文化范式与认知负荷

文化的变迁及其维系是需要非常苛刻的社会支撑条件的，缺少这些条件，任何文化变迁几乎不可能实现。在讨论文化的宏观社会支撑条件之前，我们先来看看在微观层面文化变迁来自于个体的阻力。通常人们的行为选择是基于其对行为的经济考量做出来的，即接受一种新的文化与坚持原来的文化哪一个会带来更大的收益？因此，在个体层面接受新文化的边界条件用公式表达就是：$P_2 - P_1 - C \geq 0$，其中，P_2代表接受新文化带来的收益，P_1代表坚持原有文化带来的收益，C代表学习新文化所需要付出的成本（时间、金钱与精力等）以及观

第一章 科技政策与文化

念转变带来的心理成本（不适应）。现在的问题是接受一种新文化所带来的收益 P_2 是不确定的，也是短期内无法完全呈现的，通常人们对于它的预判主要是基于自己已有的认知，以及对未来收益进行折现所引发的短视现象决定的，这就导致预期的新收益 P_2 在人们的观望中被无限期拖延下去。由于人内在具有风险厌恶的天性，所以维持原有文化的运行更符合大众心理舒适区（Comfort zone）的要求。要使人们能够普遍接受新文化，只有那些大胆践行新文化的人获得了比原有的收益更高的收益，才会引发人们普遍转向接受新文化。这里又出现一个新问题，即便人们有接受新文化的意愿，也不一定能够实现，这里的障碍因素就是接受新文化是需要严格的社会支撑条件的，这些硬性支撑条件包括制度、经济与个人才智等。比如你想获得新知识，首先需要有制度支持，其次需要有传授新知识的机构与人才。即便有了这些条件，还需要个体自身具备接受新知识的软硬条件：智力水平与经济条件。毕竟在市场经济社会，提供知识的机构与个人也是需要获得最大收益的。从新知识传递链条中存在的诸多潜在障碍条件，大体可以理解为何历史上文化的变迁是如此缓慢的深层原因了。

为了克服知识传递中存在的各种潜在障碍因素，政府应该通过制度安排主动降低各种潜在的学习成本，以此扩大新文化传播的范围与速度，并早日获得文化变迁带来的收益。另外，作为一种知识形式存在的新文化也是一种公共物品，公共物品的提供理应是政府的职责所系。再有，政府主动承担这部分成本，会带来知识的溢出效应，这对于整个社会而言也是提升福祉的有效措施。这里又隐含一个更深层次的问题，政府作为一种行政主体，也是有着自己明确的利益关切以及收益最大化的预期。那么，这就不可避免地造成政府在对所传递知识内容的选择上存在自己的偏好，如果政府的偏好与公众的偏好存在巨大差异，会导致文化变迁的路径发生偏移，如我们熟悉的八股取士、唐诗、宋词等文化现象。存在偏好不一致是很正常的事情，这就需要全社会通过民主协商，寻求最大限度上的共识，促成文化进化而不是退化，最终达成双赢，而不是那种为一己之私而任性地阻碍新知识进

科技政策透镜下的中国

入的零和博弈模式。

那么,文化是如何影响个人的收益与社会的发展的呢?这里有两个预设:其一,人的行为选择与偏好是受头脑内的观念影响的;其二,个体头脑内的观念是通过学习一种文化逐渐建构的,一旦头脑内的认知范式形成,就会带来不同范式所衍生出来的选择与绩效。抛开第一个问题不谈,仅就第二个问题而言,科学哲学的研究结论早已解决了这个问题,为此,我们需要适当展开来论述。美国科学哲学家汉森曾有一个著名论断:观察渗透理论。这个结论衍生出两个相关问题:第一,即没有理论你什么也看不到。这就告诉我们所有人,在这个高度竞争的时代,你要想有所发展与贡献,必须学习各种理论(文化),再想依靠传统的自力更生模式,在知识高度分化的大科学时代已经不可能,也是极度不经济的,还没等你摸索出规律,就早已被淘汰。第二,先进的文化理论会让你取得更多的发现与收益,反之,落后的文化理论则使你无法预见到任何新颖的事实。这就迫使我们在主观上愿意选择先进的理论。一旦这些理论进入我们的头脑,并成功建构我们的认知范式,那么,我们将在这套范式下开始工作和生活,并依靠这套理论提供的研究纲领解决所遭遇到的问题以及对未来做出相应的筹划,在此基础上实现自己的梦想并在竞争中顺利生存下来,从而提升个人与社会的福祉。当所有的分立个体都依循进步的文化范式行动时,将会带来整个社会的快速发展与进步。反之,则会陷入个体的退化以及整个社会发展停滞的怪圈中。通过反馈循环,这个过程又会反过来激励人们接受新观念,从而促进文化中科技要素的权重逐渐增加,由此,文化的进化之旅在无形之手的指引下得以延展。

回到当下国内的文化建设,也面临一种制度性纠结:一方面大力提倡科学文化以此支撑创新发展战略(经济发展的刚需),应该说这是从制度安排上对文化构成进行改造的有力举措;另一方面又有国学大力复兴的暗流。众所周知,科学文化与以儒家文化为代表的国学是矛盾的:国学要素的内在结构与科学文化的内在结构不匹配。之所以会有如此安排,可以理解为社会对于秩序有着强烈的内在需求以及满

第一章 科技政策与文化

足个体对于意义的追求。这些需求都是客观存在的，但是解决办法不应该是向后看地大力弘扬国学，而是应该用现代人文社会科学成果来逐渐替代传统要素，这是基于当代人类活动的社会空间可分为三类而决定的，即公共领域、社会领域与私人领域，前两个领域完全可以用科学要素提供支撑，而传统要素（儒家文化）应该回归私人领域。只有这样才能符合时代发展的要求，否则会影响科技与社会的健康发展。究其原因，道理很简单，这些传统文化要素会造成个体认知的负担。澳大利亚教育心理学家约翰·斯韦勒（John Sweller，1946— ）在1988年曾提出一个著名理论，即"认知负荷理论"（Cognitive load theory）。① 他认为认知负荷主要有三个来源：内在的、外在的与随附于认知框架的（germane）。传统国学的复兴则意味着无形中增加了所有人的认知负荷，从而无法轻装前进。从这个意义上说，国学对于当下中国社会来说到底是资源还是负担，应该审慎考量。早在100年前，梁漱溟（1893—1988）先生曾大胆提出人类文化发展的三阶段理论，即西方文化代表第一阶段（向前），中国文化代表第二阶段（持中、调和），印度文化代表第三阶段（向后）。梁先生的论断已展示近百年，其结论至今仍未被证实，信者寥寥。不过我们可以清晰看出，那些传统文化强势的地区，大都是科技与经济比较落后的地区，如果中国要想成为下一个世界科学中心，就必须大力改造我们的文化构成：增加科学文化要素的权重，并辅之以现代的价值观替代传统文化要素，最大限度上卸载人们头脑中的陈旧观念负荷，腾出认知空间，扩展公众的认知带宽，轻装前进，加快文化整体从C型向C+型的转变。

三 文化变迁与社会发展的表现

回到社会层面，拥有文化知识的多少以及先进与否，也是构成社

---

① J. Sweller, "Cognitive Load during Problem Solving: Effects on Learning", *Cognitive Science*, Vol. 12, No. 2, 1988, pp. 257 – 285.

会分层的重要力量。推而广之，各个区域由于知识库存积累的多少与先进与否，也决定了区域间优劣的分化。比如，一个区域的文化观念比较先进的话，那么接受这种文化观念的人群就更加愿意按照这个文化所设定的规则行事，从而带来整个社会面貌的根本性改变。笔者曾经花费大量时间研究5年间（2009—2013）全国各区域的创新成本，设定$C_{创新总成本} = C_{固定成本} + C_{流动成本}$。其中，固定成本＝材料成本＋制度成本；为了简化起见，流动成本＝人力成本。在一个自由市场经济社会，由于资源要素可以在各区域间自由进出，为此，可以粗略地把材料费与人工成本看成是趋同的，那么影响创新成本的主要因素就是制度成本。① 笔者曾设想，如果一个区域的文化观念先进，那么，人们更愿意按照市场规则行动：主动践行契约与遵守法制，进而这个区域的创新总成本以及制度成本将会有明显的降低，结果见图1-1。

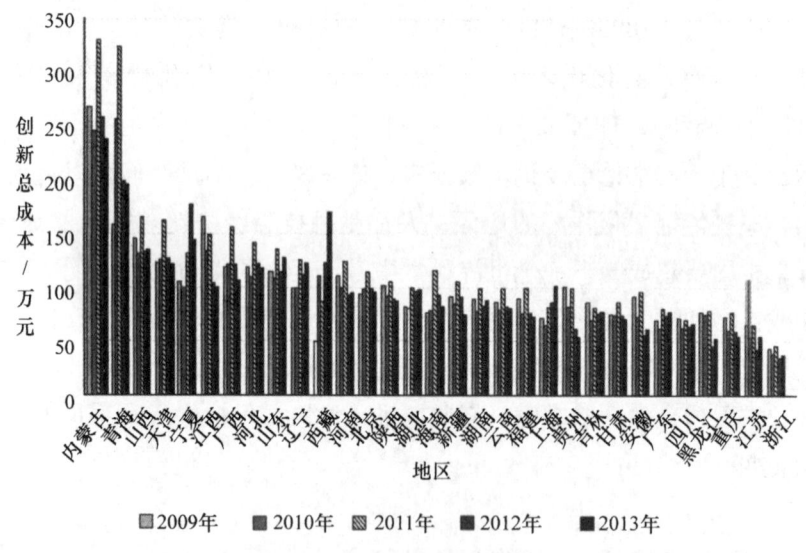

图1-1 2009—2013年各省市科技创新总成本分布

资料来源：历年中国科技统计年鉴及公报。

---

① 李侠、周正：《创新的路径选择与创新成本的变迁》，《科技导报》2016年第4期。

图1-1清晰显示出，那些市场经济比较发达的省份的创新总成本是比较低的；反之，那些计划经济氛围浓厚的区域的创新总成本是比较高的。市场经济与计划经济是两种完全不同的文化：前者在民主氛围内既可以吸纳更多的科学要素，又能有效抑制传统要素的扩张，并支持开放；后者则完全相反，迷信权力，整个社会缺乏灵活性并趋于保守与封闭，传统要素有效抑制了科学要素的生长。在资源配置效率与规则公正方面，市场经济完胜计划经济。基于这种分析，我们再来看看制度成本的区域分布（见图1-2）。

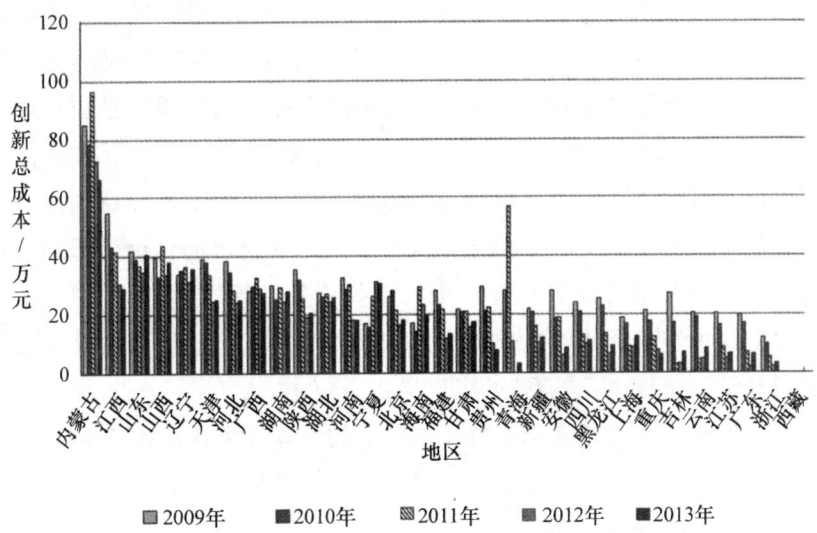

图1-2　2009—2013年各省市科技创新成本中制度成本

资料来源：历年中国科技统计年鉴及公报。

图1-2展示出来的各区域的制度成本分布与笔者的构想几乎完全一致（西藏体量太小，对数据的变动过于敏感，可以排除在外）：先进文化区域，制度成本比较低；反之，落后文化主导区，制度成本严重偏高。做一个引申推论：东北老工业基地为什么在诸多政策支持下也无法振兴，其原因在于作为落后文化代表的计划经济观念根深蒂固，这种观

念导致制度成本严重偏高。在市场经济社会中,产品价格的趋同是常态,此时谁的成本高,谁的收益就少,在这种背景下,各类资源要素以及人才还愿意去东北老工业基地吗?更为严重的是,一旦落后观念成为一种认知习惯,改变的难度非常大,这就出现了美国经济学家诺斯(Douglass C. North,1920—2015)所谓的路径依赖现象(path dependence),更有甚者,甚至会出现路径锁定(lock–in)的困局。

为什么会造成这种难解的局面,晚年的诺斯给出的策略是:"随着组织演进,它们又会改变制度。由此而来的制度变迁过程乃决定于:1. 制度与从制度所造成之诱因结构中演进而来的组织之间的共生关系,所形成的锁进效果;以及2. 人类认知与回应机会变化的回馈过程(feedback process)。"① 诺斯对这个问题的解答仅仅回到组织与制度之间的互动。在笔者看来,这远远不够,组织仅仅是中观层面的文化承载主体,要想解答这个问题,必须回到微观的个体认知层面,否则对于变迁的解释就是不充分的。或许,诺斯也注意到这个问题,他给出的说明是"基本上制度改变了个人付出的代价,因而导致观念、意识形态与教条常常在个人选择中扮演重要的角色"②。我们可以把这个过程深入到文化对个体认知的形塑上,这种努力会为破解困局提供一条根本性的解决之路。

由于现代社会是建基于科技基础上的,这就要求每个个体必须有意识地在头脑中增加与此相关的科学要素,这种努力日积月累就可以在个体头脑内构建一种新型的认知范式与格局,这种认知范式与格局能够更好地契合于现代社会的工业逻辑,助推社会发展与进步,并在这个过程中最大限度地激发个体的创新能力。众所周知,现代工业是建基于科技基础上的,工业逻辑之所以会提升个体的创造力,原因有二:其一,如果个体头脑内的科学知识库存不足,就无法适应工业社会的技术门槛,在竞争中被淘汰;其二,如果不快速增加与激活头脑

---

① [美]道格拉斯·诺斯:《制度、制度变迁与经济成就》,刘瑞华译,台北:联经出版事业股份有限公司2017年版,第30页。
② 同上书,第53页。

第一章 科技政策与文化

内的知识，就无法实现收益最大化，这就促使个体有强烈意愿接受新知识并参与创新，从而在创新中获得收益并达至自我实现的目标。由于个体大脑容量与精力有限，储存的科学要素多了，传统文化要素必然会少，这种源自微观的知识构成的改变之涓涓细流，最终汇成整个社会文化变迁的滔滔大潮。

综观世界各地的发展以及五次科学中心的转移，大凡经济与社会快速起飞的国家和地区，都经历了一个文化中科学要素权重快速增加的阶段，而传统要素在文化中的比重则大幅降低，否则是断然无法实现起飞的，即便侥幸起飞也维持不了多久。相反，那些文化中传统要素依旧占优势的地区，至今仍是贫穷落后的地区，在对比中会越发走向保守与退化，文化自卑必然带来文化封闭的结果。对于这种差异，我们可以从康奈尔大学发布的最新全球创新指数（GII）排名直接证明上述推论（包括128个国家和地区），见表1-2。

表1-2　　　　　全球创新指数排名（GII, 2016）

创新指数排名	国家	文化类型
1	瑞士（Switzerland）	C+
2	瑞典（Sweden）	C+
3	英国（United Kingdom）	C+
4	美国（United States of America）	C+
5	芬兰（Finland）	C+
6	新加坡（Singapore）	C
7	爱尔兰（Ireland）	C+
8	丹麦（Denmark）	C+
9	荷兰（Netherlands）	C+
10	德国（Germany）	C+
25	中国（China）	C-

说明：为了节省篇幅，没有把11—24名的国家列上，只把中国列上。

· 17 ·

表 1-2 的数据清晰显示出，创新指数排名前 20 名的国家，其文化的类型都是从 C 型到 C+型，即文化构成要素中科学文化因子（S_c）居主导地位，其经济与社会发展程度较高；反之，创新指数排名最后的 30 个国家和地区，文化构成要素大多仍是以传统文化因子（T_c）居主导地位，其经济与社会发展普遍较低。这里有一个特例，即如何看待新加坡？传统来说，新加坡属于东亚儒家文化圈，照理说其文化构成中传统文化要素要居主导地位。其实，这是误解，整个东亚创新指数排名靠前的国家和地区，如日本以及"亚洲四小龙"，它们的文化早已发生转型，传统文化因子早已不再居主导地位，只是人们的观念仍停留在过去的认知误判中而已。我们再来看一下国内的情况，同样能够证明这种文化转变带来的社会表现的差异。《中国区域创新指数报告（2016）》数据显示，年度区域创新综合指数排名前十位的优势创新元依次为：深圳、苏州、广州、南京、杭州、宁波、成都、武汉、无锡、珠海。这些区域的排名也反映了其背后文化构成中科学因子的权重的排序。从某种意义上说，深圳是一座文化新城，好处就是没有那么多的传统文化束缚与认知负荷，从而有更大的认知空间去吸纳新知识。根据认知体验的感受性理论，我们有理由相信：人们一旦尝到了变革的好处，就再也无法忘掉它，这就为未来新文化的扩散与传播提供了无限的空间。

　　文化落后之所以可怕，原因有三：其一，任何文化的产生都是与当时特定的环境与认知有关，然后这些文化代代相传，就成为一个族群的标准认知模式，一旦固化就会出现文化的惰性。如果没有强大的外力冲击，大多锁定在传统路径上，与新时代格格不入。想想中国延续千年的女子裹足以及数百年的男人留辫子，改起来何其艰难，这还是外在的变革，涉及精神层面的变革更为艰难。其二，人类天生具有厌恶风险的本性，也成为接受新文化的阻力。其三，一个文化传统越是久远的国家和地区，其文化衍生品也就越多，改革涉及的事项也越发复杂，终结成本由于潜在的乘数效应而变得无比高昂，导致其改变越发艰难。传统文化根深蒂固造成的恶果就是拒绝一切新变化，致使荒谬盛行。清初的杨光先（1597—1669）所谓的：宁可使中夏无好历法，不可使中夏有西洋人。从接纳新知识角度来说，历史悠久还真不一定是好事。新的时代样态，需要新的文化范式提供支撑，否则只会被时代淘汰。

四　结语

综上所述，为了实现创新驱动发展战略，必须改造传统文化的结构，增加科学文化因子在文化构成中的权重，并逐渐替代传统文化因子的权重。让文化发展与科技发展在内在结构与偏好上相匹配，并时刻处于进化状态。彻底放弃绥靖主义的中体西用模式（B型文化），那种鸡尾酒式文化是无法支撑科技持续发展的。先进文化范式之所以起作用在于其既能改变人们的观念，又能促使科技与社会的发展，并最大限度上降低社会的制度成本，从而助推社会良性发展。从世界范围来看，科学文化占主导地位的区域，社会大多处于文明进步状态；反之，那些传统文化要素占主导地位的区域，则社会整体上处于蒙昧与退化状态。

第三节　支撑科学文化运行需要什么条件？

2019年正值五四运动100周年，五四运动就其本质而言，是一场伟大的文化改革运动。先哲们试图以替代的方式完成文化变迁，这个过程是以启蒙的名义进行的。最初的启蒙药方是二元结构的，即药方$_1$ = D（德先生）+ S（赛先生）。历经百年的探索与实践，时至今日，我们应该把这份药方升级为三元结构，即新的启蒙药方$_2$，药方$_2$ = D + S + X。至于这个新元素X到底是什么，学界还有很多争议，如有学者认为X是伊先生（创新），还有学者认为是穆姑娘（道德）。当下，笔者更倾向于认为是正义，这是基于柏拉图对于城邦最大美德的确立而来，先不必急着给出最终的答案，这个问题还有待未来更多的深入研究。现在的问题是，我们必须厘清从药方$_1$到药方$_2$的变迁中，启蒙运动发生了哪些变化？众多学者早已指出，由于时代的特殊性，20世纪初的启蒙运动还未来得及充分展开，就在外部国际环境变化的裹挟下匆匆从启蒙转向救亡。从这个意义上说，启蒙运动对于中国而言至今仍是一场未完成的运动。如今已经是信息化时代，环境、条件与人都发生了巨大的变化，要补上所缺的那堂课，启蒙运动必须以新的姿态呈现在世人面前，在笔者看来，这种新的姿态就是科学文化。

科学文化是一种高级文化，它建立在人类近400年所取得的科技成果基础上，在整个社会中具有最大的共识，一旦科学文化内化于心并有效形塑人们的认知结构，将极大地改变人们看待世界的方式，从而释放最大的生产潜能，而且通过科学文化的形式可以最大限度地绕过很多制度障碍和观念壁垒。但是天下没有免费的午餐，它的获得是需要条件的，它的有效运行更是需要稳定的基础支撑条件，否则再好的理念也是无法发挥效用的。科学史的研究显示，支撑一种文化再生产与有效运行的条件主要包括三个要素：经济条件、整个社会的文化基准线与作为文化载体的群体规模，缺少这些条件的支撑，任何先进文化都是无法落地生根与开花结果的。

一 科学文化与经济条件

科学文化的获得是需要投入大量资源的，缺少这些资源，科学文化就无法生产出来，也就谈不上顺利进入到公共领域的问题。抛开个人为了获得科学知识所需付出的成本不谈，为了简化起见，从宏观层面来看，一个区域能够有效获得科学文化的经济条件包括如下两个指标：其一，人均GDP指标，这是个人能够获得科学文化所必须具有的经济条件。古人所谓：仓廪实而知礼节。此言不虚，只不过今天这句话应该改为：仓廪实而知科学。没有适当的经济条件，也就无法去学习新知识和新文化。图1-3是中国近十年人均GDP的增长情况。

第一章 科技政策与文化

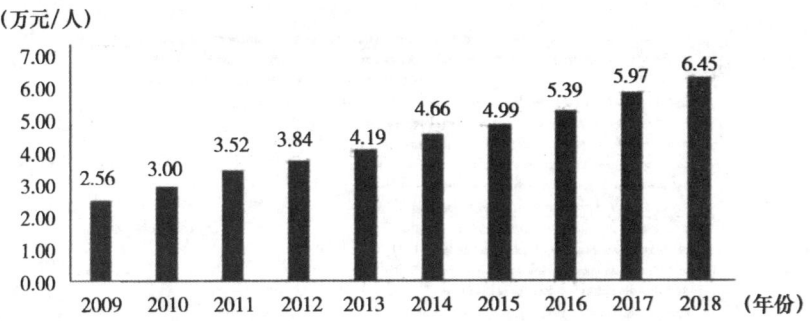

图 1-3 中国人均 GDP 的增长情况（2009—2018）
资料来源：根据相关数据整理。

从图 1-3 可以清晰地看到，近十年来中国人均 GDP 逐年增长，把 2017 年人均 GDP 数据换算成美元已经超过 8000 美元的关口，说明中国已经整体进入中等收入国家行列。这个数据意义重大，它意味着中国人已经基本上摆脱了温饱型生存模式，开始进入自我发展模式阶段，只有在这个阶段上，整个社会的公众才有可能和有偏好接受新知识与新理念。从这个意义上说，推广科学文化是一项昂贵的行为，还好中国已经进入到中等收入阶段，有能力也有意愿接受科学文化等新理念。上述数据只是宏观描述，由于区域间存在严重的发展不均衡性，我们还需要弄清楚在中国具体哪些区域具备了传播与接受科学文化的经济条件，图 1-4 中给出一些在经济基础条件方面满足标准的区域。

最先接受科学文化的区域一定是经济条件比较好的区域，笔者倾向于认为人均 GDP 达到 8000 美元是文化接受与扩散的边界条件（2016 年 OECD 国家人均 GDP 为 42474 美元），然后文化沿着从先进地区（文化梯度高）向落后地区（文化梯度低）扩散的模式推进。根据这种理解，全国有 14 个省区（从高到低降至辽宁为界）接近或达到可以接受科学文化的经济条件。这些区域也是国内经济表现比较好的地区，从这个意义上说，我们已经初步具备了在某一些区域内大范围传播科学文化的经济基础条件。另外，那些经济还不是很发达的

· 21 ·

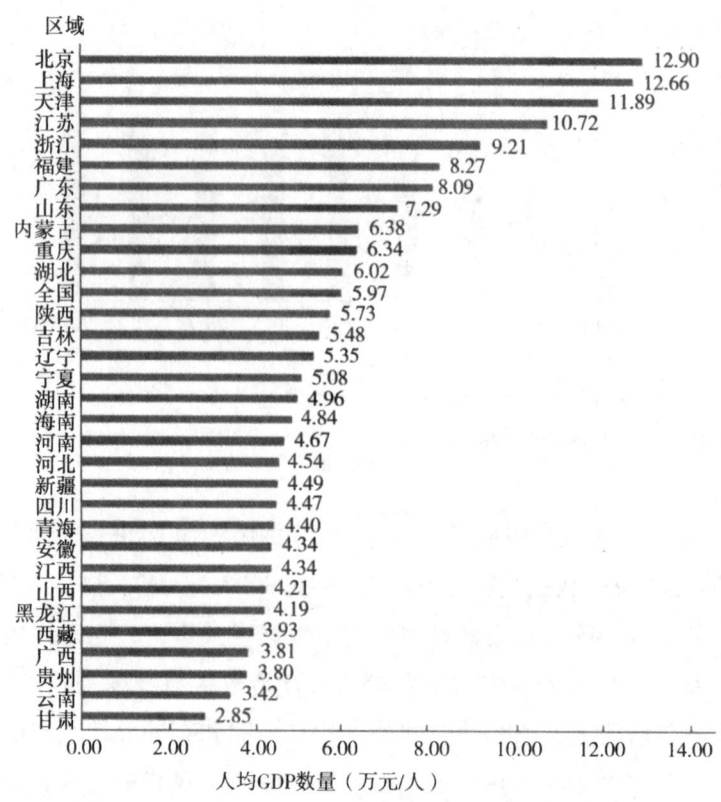

图 1-4　2017 年中国各省份人均 GDP 分布情况
资料来源：根据相关数据整理。

地区，虽然不具备大范围接受科学文化的经济条件，但是在局部地区（如省会以及主要地级市）也已经具备了相应的经济条件。这种整体与局部的相互促进的态势，能够使科学文化向更多地区渗透并获得越来越多的社会认同。

其二，一个区域内的城镇化率。现在的城市已经充分证明，城市是知识与文化等各类资源的蓄水池。由于科学文化的存在高度依赖制度、人、财、物的集聚，而城市恰恰具有资源的集聚效应。同时城市又具备比较完善的市场和信息化的基础设施，能有效降低信息的获取成本，为科学文化的传播提供更多的机会和渠道。因此，科学文化与城市处于一种共生关系中，如历史上的雅典、文艺复兴时期的意大利各城邦共和国、17世纪的伦敦、18世纪的巴黎等，如果缺少这些中心城市的存在，人类文明之火早就熄灭了，也就更不会有文艺复兴和科学革命等伟大历史事件的发生了。

根据国家统计局最新发布的数据，2017年末，中国城镇常住人口81347万人，比上年末增加2049万人；城镇人口占总人口比重（城镇化率）为58.52%。这个数据显示出中国整体的城镇化率，具体到各个省级区域的城镇化率分布见图1-5。

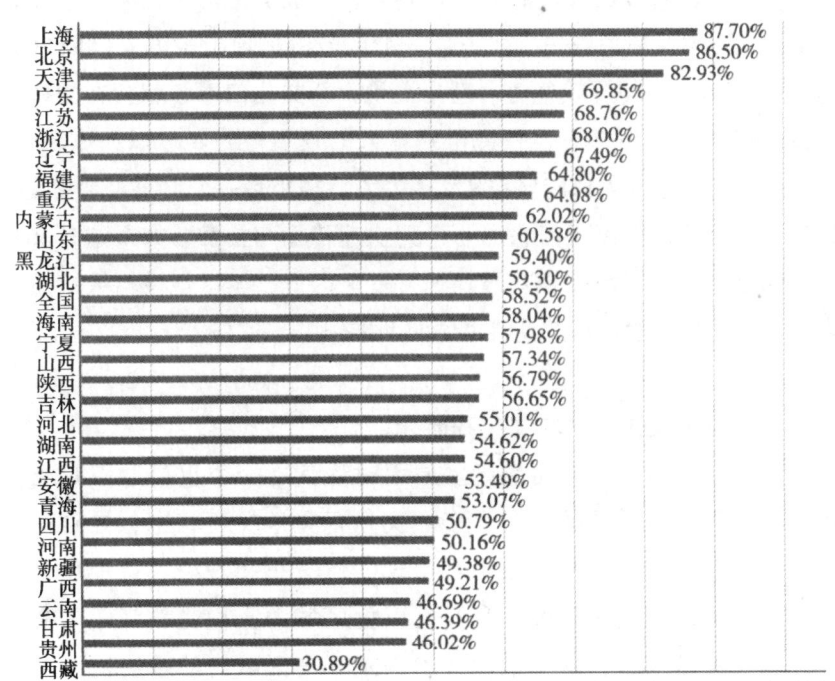

图1-5　2017年末中国各区域城镇化比例

资料来源：根据相关数据整理。

从图1-5中可以清晰地看到，全国只有13个省份的城镇化率超过全国平均值，也就意味着，这13个省具有推广与接受科学文化的物质

科技政策透镜下的中国

基础。城镇化率是反映接受新理念的重要指标与物质载体。英国历史学家阿诺德·汤因比曾指出:城市生活方式是与文明同时诞生的。如果我们把适合接受新文化的城镇化率指标设定为50%,那么全国有25个省市具有接受科学文化的物质基础。这个推论是基于,如果城镇化率的指标超过50%,那也就意味着该省人口总量的60%以上是居住在城市里的〔这与中国的户籍登记制度有关,即一个城市(城镇)的人口=常住人口+户籍人口〕,常住人口虽然没有户籍,但也在这个城市生活、工作,分享共同的文化。这个比例在一些超级城市几乎占到总人口的一半,城市越大,常住人口越多,如北、上、广、深的常住人口与户籍人口几乎各占一半。一旦一个区域内呈现出城镇人口以60%对乡村人口40%的规模优势,理论上说,新文化信奉者就会在规模上超过传统文化的信奉者,并将得到更大的发展空间。考虑到流动性,全国居住在城市的人口应该在9亿人左右。城市是一个空间相对密集的区间,在这里,任何新信念都会得到快速传播与扩散,如果这种文化被证明是有益的,那么也会被快速接受。因此,城市规模与人口结构对科学文化的传播与扩散具有重要的助推作用。

二 科学文化与区域文化基准线

总结五四运动不成功的诸多原因时,其中一个重要原因是当时国内文化基准线严重偏低,大多数民众仍处于文盲状态,导致对先进理念的接受能力与传播效果都出现了严重折扣现象,这种现状与启蒙设计出现严重不匹配。我们可以把区域内人均受教育年限视作当地的文化基准线,这个指标直接决定一个区域内的基层民众对新理念和新科技的接受能力;同时,这个指标也从侧面标度了该区域的学习能力与知识发挥作用的潜在可能性。它的计算公式如下:受教育年限为研究生19年、本科生16年、专科生15年、高中12年、中职12年、初中9年、小学6年、未上学0年,平均受教育年限 = $\frac{\sum 取得学历所对应的年限 \times 对应取得学历的样本人数}{该区域样本总人数}$。据笔者测算 2016 年全国文化基准线是 9.08 年，达到初中毕业水平，具体区域的分值见图 1-6。

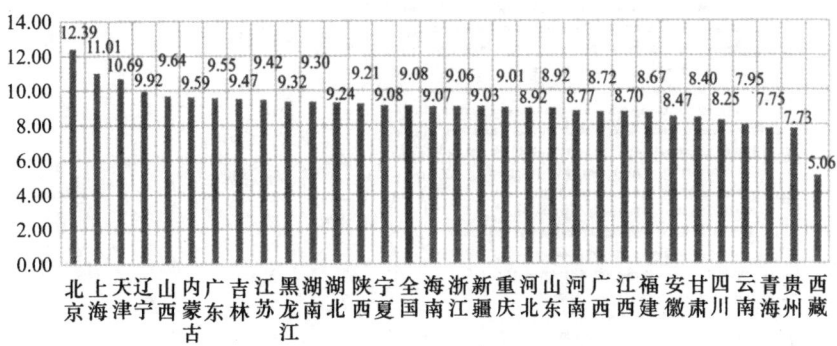

图 1-6 2016 年中国文化基准线

资料来源：根据相关数据整理。

从图 1-6 中可以清晰地看到，数字越大，该区域的文化基准线越高，越适合科学文化的吸收与传播，反之亦然。目前全国有 13 个省区的文化基准线超过全国平均值，北京与上海的文化基准线接近高中水平。显然，文化基准线越高的区域也是未来推行科学文化的首要选择区。

一个地区的文化产出水平是检验科学文化推行效果的重要参照标准，文化产业增加值代表这个区域当前文化生产和消费的水平，也间接揭示出该地区对科学文化的认可和接受程度。图 1-7 给出了各地区文化及相关产业占 GDP 比重的情况。

图 1-7 显示了 2016 年各省份在文化制造、批售、服务领域的表现情况。在这份榜单里，只有 9 个省市的文化产业产值占 GDP 的比重超过全国平均值，数量远小于人均 GDP 榜单、城镇化率榜单以及文化基准线榜单，因此这个榜单能够更真实地反映当下各地的科学文化运行现状，也可以有效排除由于历史原因造成的错觉。这些省份在人均 GDP、城镇化率、文化基准线的支撑条件上也处于领先的位置，

科技政策透镜下的中国

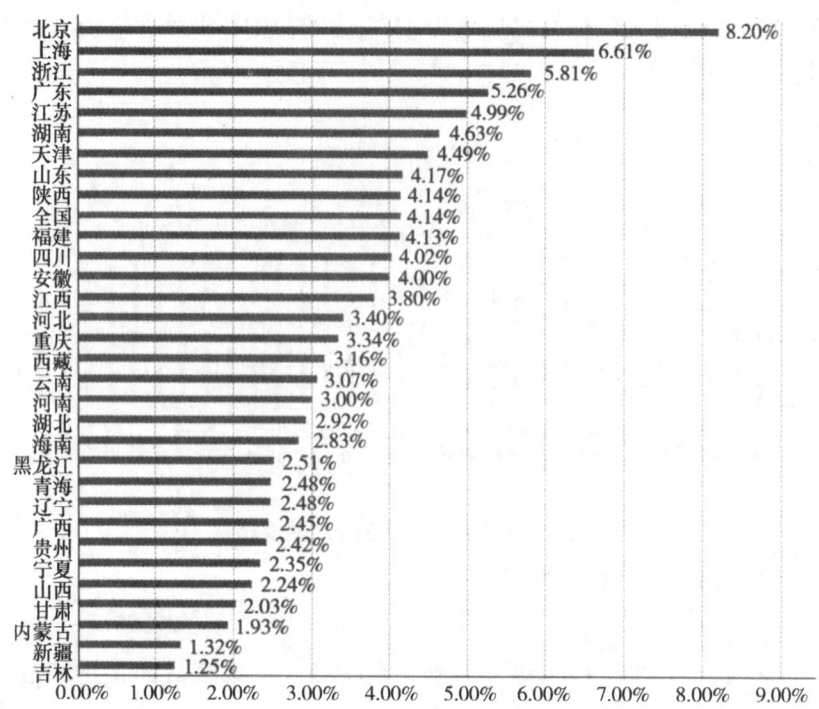

图1-7 2016年文化及相关产业占GDP比重

资料来源：根据中国文化及相关产业统计年鉴整理。

它们无疑会在接下来的科学文化发展过程中占据优势，并引领所在区域的经济与社会进入快速发展的轨道。

三 科学文化与作为载体的群体规模

一种新的文化类型能够有效地嵌入整个社会是一项复杂的系统工程。文化的生存取决于两个条件：其一，新文化范式与原有文化范式之间的冲突强度。如果两种文化冲突非常激烈，那么新文化范式在扩散中就会遭遇更多阻力，从而生长空间的拓展会很难。其二，信奉群体的规模。换言之，如果一种文化它的信奉者规模较小，社会认同度比较低，那么它就无法战胜或者替换老的文化范式，其发展与生存将受到极大抑制，那么新的文化范式所具有的生产力功能也就无法释放。人们为什么会习惯性地拒绝接受一种新文化范式呢？从经济学上讲，学习新的文化范式是需要付出学习成本的，而由此带来的收益却是不确定的，人性之中天生具有厌恶风险的决策机制，因此，人们在没有看到结果的时候是不愿意冒险接受新文化的，即便老文化范式不能带来收益，至少也不用付出更多的额外学习成本。对于当下的中国来讲，历经百年的启蒙宣传，以及改革开放40年依靠科技所取得的巨大成就，已经打消了人们对于科学的敌意，至少在器物层面，人们是愿意接受代表科学文化成果的现代科技产品的。而要真正使科学文化的硬核获得具有支配性的地位，需要它的信奉者规模足够大并占有优势。而科学文化的最初信奉者毫无例外都是来自大学，那么一个社会中大学毕业生的规模将能很好地代表科学文化的信奉者，据统计近21年中国大学毕业生的数量达到9972万人，见图1-8。

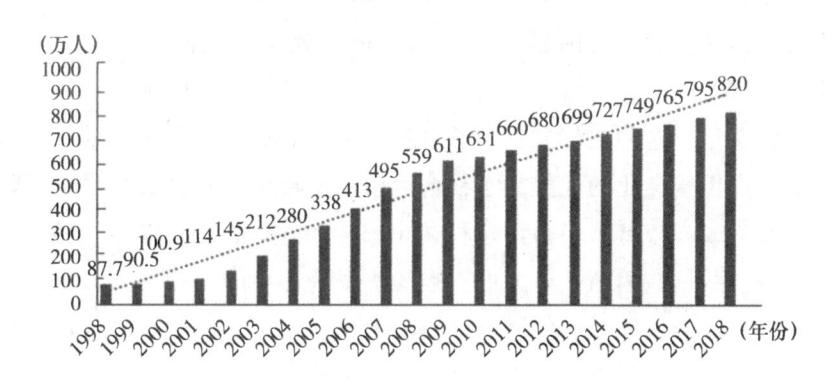

图1-8 历年（1998—2018）高校毕业生数量

资料来源：根据相关数据整理。

这是一个非常大的群体规模，如果再加上改革开放以来的毕业生，总数将达到1.1亿人。目前每年毕业各类大学生、研究生等接近900万人，10年后，总量将近1亿人。加上原有的大学生库存，达到约2亿人的规模，占到人口总数的14%左右。这个庞大的群体规模，足以让一种新的文化形态得以发展壮大，而且这个群体还会通过各种方式影响那些传统文化群体，经过缓慢的演化与融合，科学文化将逐渐成为整个社会的主流文化，这将极大地支持创新驱动发展战略的实施，并带来整个社会的进步以及文明与福祉的提高。也许更为重要的是如果中国未来想要成为世界性国家，那么按照历史学家汤因比的观点，它必须拥有世界性的文化。显然科学文化是决定未来中国能否成为重要世界性国家的必不可少的标准配置条件。全球化首先是文化的全球化。没有文化上的彻底变革，一切都是空谈，工业革命以来的近代科技史已经充分证明了这种演变模式的无可替代性。

四 科学文化什么时候会成为中国社会的主流文化？

通过上面的数据我们大体上可以预测，中国现在已经有一些区域具备了推行科学文化的基础支撑条件。但这些条件的满足仅是提供了新文化生长的可能性，真正让新文化落地生根还需要一些外在环境的压力与需求。当下中国思想界存在三种主要文化潮流：文化复古主义、意识形态文化与科学文化。文化复古主义是基于传统农业社会而产生的文化，这种文化显然不适合基于工业逻辑而来的现代社会的需要，推广传统文化的优势在于社会运行阻力较小，社会的熟悉度比较高，接受成本较低，但是用这种文化来塑造群体的认知框架，是无法提高个体的创造力与生产力的，也无法提升社会的整体活力，更无法满足当代社会走向文明的需要。意识形态文化更多地侧重于政治层面的诉求，而这些诉求在微观层面对于创新的支撑作用距离较远、作用也较弱，在宏观层面意识形态文化对于经济的干预较大，从而影响市场经济的有效运行，这与市场的本质要求是矛盾的。因此，只有科学文化既符合市场的需求，又可以实现个人的自由与创造力，同时用这种文化塑造的社会才能体现出更高的效率与文明，从而形成地域优势，并逐渐产生优势累积效应。从这个意义上说，文化是有先进和落后之分的，落后的文化在竞争中必然被淘汰。按照文化人类学家的观点看：文化的净流入现象是无法阻挡的。以往坊间流传的一个说法：越是民族的越是世界的，在全球化时代显然是无法成立的。回到本节的主题，我们可以比较肯定地说：以北、上、广、深、江、浙等为代表的发达地区将率先出现科学文化占主流的局面，这是经济、文化基准线与人才积聚发展到一定程度的必然结果。随着经济下行压力的加大，培育友好型社会环境、激发市场主体活力、释放个体潜能，这一切都为科学文化在全社会的流行提供了契机。要么改变，要么被改变，这是人类社会发展的铁律。由此带来的普遍趋势就是越早推行科学文化的区域，越有利于实现赶超型发展战略，因为科学文化从本质上契合市场的内在结构要求，追求真理的文化，一定会培育自由、公平与秩序的市场环境，而这一切必然会促进各种资源向市场程度高的区域集聚。可以预见：中国科学文化的扩散模式应该是由点及面，分阶段扩散，不可能一蹴而就。现在要做的是科学文化应该在条件比较好的区域率先推广起来，从而形成星星之火可以燎原的局面，这也是中国全面走向世界的必修课。

第四节 科学文化是中国可选择的最佳文化变革路径

如果时代发生了变迁，那么支撑它的文化也应该随之改变，否则，社会的进步将陷入无源之水、无本之木的境地，从而导致变迁的停滞甚至夭折，这就是人类思想史研究所揭示出的社会发展的普遍规律。通常来说，社会变迁有两种动力模式：自然演化与人工选择。前者通过漫长时间的试错与调适，宏观上表现出稳妥、不可逆的趋势，这是其优势；但其弱点也非常明显，变迁时间漫长，而且人的主动性根本无法体现出来。在时间作为一种重要资源的当下，采取充分尊重人的主体性的人工选择模式，其优势更为明显，即从众多可选项中选出一条适合中国文化的变革之路。改变中国文化之所以显得如此紧迫，是因为这个选择事关创新驱动发展战略与和谐社会能否实现的重大现实关切。改革开放的40年，我们已经把可用的有形资源基本上都用了，时至今日要想使整个社会的发展取得进一步的突破，必须投入新的资源,这种新资源就是长期被忽视的无形的文化资源,一旦文化资源被激活,将极大地改变整个社会的精神样貌:从观念的升级、认知方式的改变,到行动范式的转型,所有这些变化将为整个社会释放出最大的活力空间,而这个被作为选项的文化资源就是科学文化。

一 世界范围内的主要文化变革及其特点

文化自身也是存在演化趋势的,有进化也有退化。大体来说,随着社会的发展文化的总体演化方向应该沿着从低级到高级的方向演变。所不同的是有的文化进步速度较快,而有的文化则是变化缓慢,呈现出停滞状态。为此,笔者提出两个概念作为判据:其一,文化的半衰期(Half-life);其二,文化的弹性。半衰期原本是物理学概念,最初是指:放射性元素的原子核有半数发生衰变时所需要的时间叫半衰期。对于文化而言,半衰期是指当它从诞生之初,到其生产力发展到顶点的时间为半衰期。通过这个概念大体可以推测,任何一种文化随着时间的延续,它的生产力功能会逐渐衰减,影响力也随之下降。基于这种理解,我们可以看到,儒家文化的半衰期可以从其确立主导地位时算起,直到其产出达到最高峰为止,因此儒家文化的半衰期为公元前1世纪到公元11世纪,时间为1200年左右,即从董仲舒提出独尊儒术开始算起,到北宋年间为止;同理,欧洲文明从公元5世纪基督教被确立为国教开始到16世纪的宗教改革为止,约1100年;阿拉伯文明则从公元7世纪诞生并确立到13世纪的顶峰为止,其半衰期约为600年。从理论上说,文化一旦经历过一次半衰期,其影响力就会逐渐衰落,信奉其文化的族群的整体生产力也随之降低。从这个意义上说,中国传统文化自宋代以后就逐渐衰落了,而欧洲文明经历漫长的中世纪,其原有的文化范式的生产力功能早已丧失殆尽,要想重新焕发活力,只有经过改革:要么改变文化结构,要么增加新要素。只有改变传统文化的硬核,其文化才会转型成为一种新的文化范式,由此生产力功能才会重新释放。德国社会学家马克斯·韦伯与美国社会学家默顿都揭示了宗教改革(清教)与资本主义的兴起以及与英国科学革命的关系,足以佐证文化的生产性功能。反观阿拉伯文明在经过近200年(10—12世纪)的短暂文化繁荣后,在十字军东征的影响下,很快陷入保守,由此完成了其文化的第一个半衰期。正如美国历史学家霍布斯鲍姆所指出的:"教条僵化的宗教统治导致理智和知识的停滞,如14世纪以来的伊斯兰世界。"[1] 从这个意义上说,阿拉伯文明的出路诚如哲学家休斯顿·史密斯所言:"它面临着巨大的问题:如何把工业的现代化与西方区分开来;如何在一个多元的、相对化的时代坚持真理。"[2]

文化的先进与落后是一个众说纷纭的话题,但就文化的功能而言,除了提供社会秩序、文化凝聚作用外,其最大的外显功能就是生产力功能。毕竟生存对于所有文化而言都是第一位的。因此,为了避免不必要的口舌之争,可以从各种文化对其族群所释放出的生产力指标来衡量,至少可以从一个侧面反映出各种文化间的差异。图1-9是世界范围内三大文化在长时段内的主要事件与所呈现出的生产力差异。

从图1-9中可以清晰地看到,在5—15世纪的千年的漫长历史中,以儒家为代表的中国文明在产出上是高于以基督教为代表的欧洲文明和以伊斯兰教为代表的阿拉伯文明的。15世纪之后,世界产出格局开始发生变化,欧洲文明的产出开始出现大幅跃升,并以跳跃式的方式快速超越中国文明,是什么原因造成这种局面的呢?德国社会学家马克斯·韦伯(1864—1920)在其著名的《新教伦理与资本主义精神》一书中给出了很好的回答,即欧洲经历了宗教改革,新教的兴起促成了资本主义的快速发展。这里要明确其背后的因果关系:新教伦理的发生(16、17世纪)先于资本主义精神,也先于资本主义社会的结构。先有文化的变革,然后带来全新社会的变革:由点到面

---

[1] [美]艾瑞克·霍布斯鲍姆:《断裂的年代:20世纪的文化与社会》,林华译,中信出版社2014年版,第198页。

[2] [美]休斯顿·史密斯:《人的宗教》,刘安云译,海南出版社2015年版,第253页。

科技政策透镜下的中国

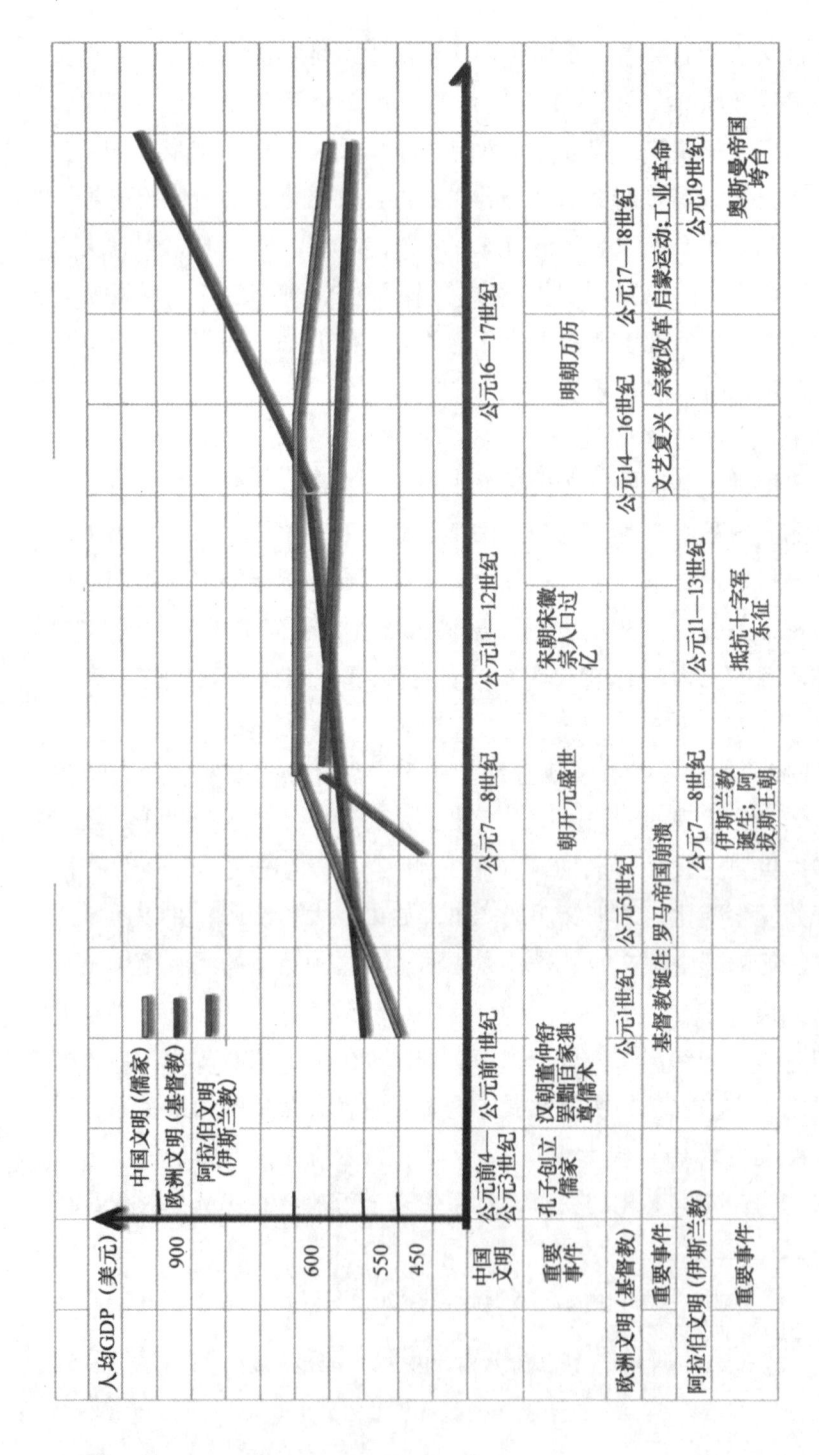

图 1-9 三大文明产出的历史比较

资料来源：根据英国剑桥大学计量经济史学家麦迪逊的著作《世界经济千年史》整理而成。

地扩散。在韦伯看来,中国社会在那个时期的某些条件比欧洲还有优势,那么为什么中国没有率先产生资本主义精神和资本主义社会呢?韦伯在分析中国儒教时明确指出:"要判断一个宗教所代表的理性化水平,我们可以运用两个在很多方面都相关的主要判准,其一是这个宗教对巫术之斥逐的程度;其二则是它将上帝与世界之间的关系,及以此它本身对应于世界的伦理关系,有系统地统一起来的程度。"[1]在韦伯看来以儒教为代表的中国文化在这两点上与新教存在天壤之别,即两种文化中的理性主义是完全不同的。在对待世界的关系上,儒教只是强调适应世界,而清教则将一切都客观化,并将之转化为理性的经营,将一切都消融为纯粹客观"事物的"关系,这种转变既摆脱了中国儒教所依赖的各种关系,也为社会生产活动极大地降低了运行成本,同时也确立经营上讲究方法的理念。因此,韦伯说:"儒教的理性主义意指理性地适应世界;清教的理性主义意指理性地支配世界。清教徒与儒教徒都是清醒的。但是清教徒理性的清醒乃建立在一种强有力的激情上,这是儒教所完全没有的……理性的禁欲精神、入世而不屑世所独具之系统化的功利主义,有助于产生优越的理性资质,以及随之而来的职业人的精神,这些都为儒教所拒斥。也就是说,儒教的生活样式虽是理性的,但是却不像清教那样(由内心),而是由外部所制约的。"[2]因此,在儒教的文化背景下是无法产生资本主义精神的。

造成不同文化之间产出差异的直接原因是整体科技的供给水平的差异。在美国科学社会学家默顿看来,代表清教的新兴资产阶级之所以热衷科学,原因有三:首先,他们对科学和技术持肯定态度,而科学和技术反映并有可能增强他们的势力;其次是他们日益增加的对进步的炽热信念;最后是他们对既存的阶级结构的仇视,这种阶级结构限制和阻碍了他们参与政治统治。对此,默顿赞美

---

[1] [德] 马克斯·韦伯:《中国的宗教:儒教与道教》,康乐、简惠美译,广西师范大学出版社2014年版,第302页。

[2] 同上书,第325页。

道:"清教的思想情操和信仰激起了合理的、不倦的勤奋,从而有助于经济上成功。相同的结论也同样可以应用于清教与科学之间的那种密切关系;这种宗教运动使自己部分地'适应'于科学的日益高涨的声望,但它一开始就包含着一些根深蒂固的思想情操,它们鼓舞着其追随者们去对科学事业产生浓厚而始终如一的兴趣。"[1] 从这个说明中,不难理解近代以来文化与科学中心转移之间的关系,如文艺复兴(13—15世纪)对应意大利科学中心(16世纪)、新教改革(16—17世纪)对应英国科学中心、启蒙运动(18世纪)对应法国科学中心、大学改革(19世纪初)对应德国科学中心、实用主义(19世纪末)对应美国科学中心。从这个阐释中,我们还可以揭示所谓的"李约瑟之谜",即近代科学为什么没有发生在中国?17世纪的时候中国儒家文化已经陷入停滞不前甚至低谷的阶段(第二个半衰期已经走完一半,文化的生产力功能已经极度衰落),根据上述分析,不难发现近代科技需要新的文化结构与内容,显然这些与中国传统儒家的文化结构与内容是严重不匹配的,在文化的精神气质上更是南辕北辙(科学要求平等,而儒家是严格的等级结构)。从这个意义上说,中国传统文化在那个时代还没有为近代科学腾出应有的观念空间。

综上,三种文明的理性化程度、科技知识的供给差异决定了近代早期的生产力差异,那么在当代三大文明的情况又如何呢?见图1-10。

从图1-10中可以看到,最新三大文明产出的整体结构趋势仍然延续19世纪末的情形,只不过差距更大而已,中国的人均GDP产出仍然远远落后于欧洲文明,略高于阿拉伯文明。如果扣除先天资源优势,那么中国文明会比阿拉伯文明的产出更高一些,但趋势仍然是在19世纪的框架下。这也间接说明,中国文化并没有对产出起到应有

---

[1] [美] R. K. 默顿:《科学社会学》(上册),鲁旭东、林聚任译,商务印书馆2010年版,第310页。

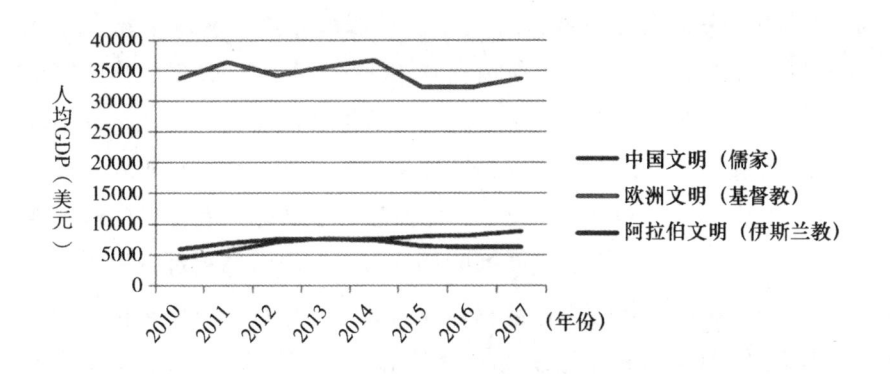

图 1-10 三大文明产出的当前比较

资料来源：根据相关数据整理。

的解放与支撑作用。如果想彻底改变这种整体性落后的局面，根据阿兰斯密德的"状态—结构—绩效"三元模型，必须从位于根基的结构处开始改造我们的传统文化，否则很难有实质性的绩效的释放与改变。只有文化结构变了，才能形塑新的认知框架、培育新的人才以及创造更多的新知识，而这些都是支撑社会进步与生产力提高的最基础的前提条件。

二 在中国推行科学文化的可能性与路径

推行一种新文化，相当于对原有文化进行主动改造。这个改造过程必然面临两种主要阻力：其一，源于原有文化自身的阻抗；其二，源于社会受众的抵制。关于原有文化的阻抗，可以理解成新旧两种文化范式之间的冲突。这种冲突有三种表现形式，分别是排斥、同化与濡化。排斥是两种文化范式在硬核处完全不同，无法共存；同化则是一种文化范式被另一种文化范式完全替代；这两种情况都比较少见，更多的是文化间的濡化现象。按照殷海光先生的说法："濡化是文化变迁的一个程序，在这个程序中，两个或两个以上不同的文化连续着发生接触。结果，其中一个文化吸收了另一个文化的要素。文化接触时文化分子的团体之大小，接触时是出于被动抑或自动，文化分子的相对地位，双方态度的友好或是怀敌意，彼此的风俗习惯是否相同，这等等因素决定濡化的类型之差异。"① 殷海光先生从多个角度论述了不同文化之间发生濡化时所遭遇到的境况。其实，关于濡化的难度与程度可以用文化弹性的概念来解释，所谓文化弹性是指文化硬核对于外部渗透的抵抗强度。缺乏弹性的文化大多是指硬核比较硬，对外部渗透有强烈的抵制机制；反之，富有弹性的文化，其硬核的构成要素比较松散，对于外来文化渗透的抵抗强度与能力都相对较弱。基于这种判断，中国文化是一种富有弹性的文化，它对于外来文化的抵抗强度不是特别强，很容易发生文化的濡化作用。就世界三大文化而言，按照弹性强弱排序，分别是：中国文化、基督教文化与伊斯兰文化。从这个意义上说，对富有弹性的文化进行文化改造，从其自身结构而言，阻力相对比较小，因此，在中国推行科学文化在内在结构上是可行的，而且结构阻力比其他文化更低。

另外，从文化的构成要素的稳定程度来划分，任何文化的构成要素中都包含两个遗传因子：变动因子（S_C，如科学要素）与非变动因子（T_C，如传统价值观、规范等），这些文化遗传因子在历史变迁情境下会发生分离与组合现象。笔者曾根据孟德尔的分离定律对这个现象进行过分析，得到四种演化模式，分别是："（1）完全由传统因素主导的 A 型文化（$T_C * T_C$）。这种文化从整体上呈现出退化模式。（2）传统文化要素居优势地位的 B 型文化（$T_C * S_C$）。（3）变动性要素居优势地位的 C 型文化（$S_C * T_C$）。这种文化的特点是鼓励变化与乐于创新，而传统要素只能采取逐渐适合科学要素的发展模式。（4）完全由变动要素主导的 D 型文化（$S_C * S_C$）。这种文化总是处于变革中，呈现出激进的理想主义发展路径。"② 基于上述分类，可以初步判定中国文化属于 C 型文化，这同样支持对中国文化进行改造是可行的。在文化改造问题上，还要关注一个社会的保守主义倾向，哲学家弗兰克认为保守主义与创新精神是相互牵制、各自依赖对方而生存

---

① 殷海光：《中国文化的展望》，上海三联书店 2002 年版，第 47 页。
② 李侠：《科学文化变迁中的博弈》，《科学与社会》2017 年第 2 期。

第一章 科技政策与文化

的,"哪里维持旧秩序、保持老传统的原则势力强大,无孔不入,压制了个人的自由思想和创造性,哪里的社会本原、其本体论的客观基础——精神生活就开始停滞;因为生活的本质就是不断形成、不断创造,在深不可测的自由精神中不断产生的新力量及内容变成精神存在"[1]。那些看似合理的保守主义,实则是无力或者不愿意等不作为的体现。曼海姆曾尖锐地指出:"一切现实都是惰性的实际东西的堆积,实际上它通过一种超然于其上的标准而一再地被衡量,但是,这种'实际的东西'只不过是一种客观的多样性,它充满惰性,并不向终点运动。对这一点或那一点加以改善是很有可能的,但是,人们必须把一切都留在它们的基本框架内。"[2] 在保守主义视野下,规范变成了一种超越时间的魔术棒:既可以解释当下,又可以规定与规训未来。

在中国推行科学文化是否可行呢?从文化推行的层面看,科学文化的推进同样需要遵循垂直渗透的法则。Kevin V. Mulcahy 在其关于文化政策的论述中强调,文化产业的铺路需要的是"有意图的,自上而下的,由中心向边缘的渐进过程"。[3] 在这个语境下,"中心"不仅仅指代从事政策落实的职能机构,更是文化接受者的递进式反馈。从受众角度来看,一种新文化能够站稳脚跟,关键在于信奉者的规模与认同度,规模决定了文化的覆盖范围,而认同度决定了文化影响力的接受效率。我们把接受科学文化的主要受众界定为受过高等教育者,毕竟接受一种高级文化是需要知识门槛的。在改革开放40年间,中国培养了大约1.1亿大学生,这个规模足以让一种新文化在社会中安全立足。

据统计近21年中国大学毕业生的数量达到9972万人,这个比例

---

[1] [俄] C. 谢·弗兰克:《社会的精神基础》,王永译,生活·读书·新知三联书店2003年版,第161页。

[2] [德] 卡尔·曼海姆:《保守主义》,李朝晖、牟建君译,译林出版社2006年版,第214页。

[3] Mulcahy, K. V., "Cultural Policy: Definitions and Theoretical Approaches", *The Journal of Arts Management, Law, and Society*, Vol. 35, No. 4, 2006, pp. 319–330.

每年还在以 800 万以上的速度增加，再过 10 年又将有接近 1 亿的大学毕业生融入社会，到那时大学生在总人口中的比例接近 15%。这些接受过高等教育的人群将是科学文化的最坚定的支持者与践行者，再加上人口的自然更替，接受科学文化的群体规模占总人口的比例将进一步扩大。

在新观念的传播问题上，科学社会学中有个著名的普朗克原理：新观念不是靠说服被接受的，而是相信新观念的新一代成长起来，而信奉老观念的那一代人逐渐死去，从而新观念战胜旧观念。当文化的基因池中科学文化的因子越来越多的时候，其在后续的文化竞争中将逐渐胜出，从而带来文化的彻底变革。但文化的变革历来都是缓慢的，不要指望一蹴而就，在这点上笔者认为渐进主义的路径是合理的，即文化的进化过程是小步渐进的过程，由众多微小变化缓慢积累起来的。文化进化过程中的冲突主要体现在新的文化因子的显著胜出阶段，换言之，当新的文化因子的优势不明显的时候，传统文化是可以采取视而不见的态度的。正如美国哲学家理查德·德威特指出的那样："1550—1600 年，托勒密天文学体系和哥白尼天文学体系和平共存。人们对前者一般持现实主义者的态度，对后者则持工具主义者的态度。望远镜的发明和新发现的证据表明地球为中心的观点是错误的，之后，这种相对和平共存的局面就剧烈地改变了。"[①] 那么，为什么新的文化因子的潜在进步性没有被传统文化的信奉者事先发现呢？这一方面与新文化自身的成熟度有关，即新文化的优势还没有完全显现出来，故而没有被注意到；另一方面则是由于老的文化范式早已丧失了理论的预见能力。这是灰犀牛现象的一种变体，对此，美国学者米歇尔·渥克（Michele Wucker）指出："如果明显的危险信号没有被注意到，那么原因就可能是这两点：危险信号的预警机制出了

---

① ［美］理查德·德威特：《世界观：科学史与科学哲学导论》，李跃乾、张新译，电子工业出版社 2014 年版，第 76 页。

问题，或是我们的信号接收能力和反应能力出了问题。"① 对于文化灰犀牛现象而言，渥克的两点原因共同起作用了，这主要是由于传统文化自身的惰性与自负所致，导致其预警机制与受众的接收能力和反应能力双双降低。对于危险的敏感性与反应能力往往是有活力文化的体现。现在还需要解决一个问题，即对新文化受众的阻力群体分析，在一个特定时段，对于新文化的涌现，受众通常划分为三个群体：传统文化的拥护者（既得利益者）、中立群体（旁观与盲从者）与传统文化的反对者（利益受损者）。由于科学文化本身所蕴含的生产力功能，以及它暗含的平等与自由理念，其在运行中会给信奉者带来潜在的收益，会促成新文化把中间群体吸引到自己的阵营，从而在数量上实现反超，并最终实现文化范式的升级与转型。

在全球化时代文化之间是存在竞争的。而这种竞争主要是通过生产力方面的表现而被受众认同或质疑的。人类学家 L. 怀特认为："每一种文化都由以技术为基础的经济基本设施、社会体系以及意识形态系统组成。前者，即技术在关于后二者图景中是决定性的。"② 而技术恰恰是科学文化在器物层面的表征。按照人类学家罗伯特·墨菲的说法："社会和文化进化的标志是，社会—政治单位在规模与范围上的增长，由简单的社会发展到复杂的社会机体，或者由同质到异质的过渡……文化净流（net flow）的方向总是由强者流向弱者，但也不完全是单向的运动。相互接触的两个社会在此过程中都发生了变化，尽管程度和方式都不同。"③ 从这个意义上说，中国要在全球化竞争中处于优势地位，并真正成为有影响的世界性国家，必须先从文化改革入手，使自己的文化在竞争中处于有利生态位，而科学文化恰恰是被全世界接受度与认同度最高的文化。英国历史学家汤因比曾引用陀

---

① [美] 米歇尔·渥克：《灰犀牛——如何应对大概率危机》，王丽云译，中信出版社 2018 年版，第 88 页。

② [美] 罗伯特·墨菲：《文化与社会人类学言论引论》，王卓君译，商务印书馆 2009 年版，第 258 页。

③ 同上书，第 259—261 页。

思妥耶夫斯基的话说:"谁掌握着人们的良心和人们的面包,就该由谁来统治他们。"① 科学文化恰恰在规范与价值观层面满足了人们良心的需求(自由与平等),而在器物层面则满足了人们对于面包的需求。按照汤因比的文明四阶段论来看,任何文明都要经历起源、成长、衰落与解体四个阶段,因此,引入科学文化的深远意义在于通过文化的自我更新,防止传统文明的衰败。

三 结语

综上所述,本节阐述了三个问题:其一,基于经济思想史的产出角度论述了三种不同文化间的产出差异问题,进而指出如果不进行文化改造,中国传统文化将无法持续支撑创新驱动发展战略的实施,也无法释放被文化束缚的深层生产力,清晰指明用科学文化改造中国传统文化的必要性;其二,借助于文化半衰期和文化弹性的概念,论述了推进科学文化的可行性问题;其三,通过对中国传统文化结构的分析,探索了进行文化改造的具体策略和载体选择问题,从而证明用科学文化改造中国传统文化是最佳的可选择策略。希望通过这种努力,真正使中国在文化和生产力领域成为世界性的国家。

第五节 用科学文化打通发展不充分的神经末梢

习近平总书记在党的十九大报告中指出:我国社会的主要矛盾已经转化为人民日益增长的美好生活需要和不平衡不充分的发展之间的矛盾。这个论断包含多层含义:首先,由于美好生活的需要是全方位的,既有物质层面的美好生活的需要,还有精神生活层面的美好生活的需要。其次,发展的不平衡与不充分是对发展的两个维度的判断。

---

① [英]阿诺德·汤因比:《变革与习俗:我们那时代面临的挑战》,吕厚量译,上海人民出版社2017年版,第102页。

李建华教授曾撰文指出：发展不平衡是从发展的横断面考虑，是面的失衡；发展的不充分，是从发展的纵向考虑，是发展的深度不够，张力不够。并认为发展不充分是发展不平衡的根源。换成哲学的说法就是从共时性角度考察，发展呈现不平衡性；从历时性角度来看，发展呈现不充分性。发展的不充分性是发展不平衡的原因，而发展不平衡是发展不充分的结果。厘清两者之间的因果关系对于后续的论述很重要。为什么发展不充分？是什么因素在阻碍并造成了发展的不充分？客观地说，在市场经济条件下，一切资源都是可以自由流动的，基于此，发展的必要条件具备了，但为什么还会出现发展不充分呢？如果把文化与发展的关系比作人体里的血管与血液的话，血管丰富与活跃的区域，代谢充分，肌体的状态随之被决定。发展不充分可以看作文化的毛细血管在边缘处于堵塞状态，无法有效输送营养与排出废物所致。因此，可以初步判定发展不充分是文化模式落后导致的，因此，打通文化的毛细血管就是当下的首要工作。

一　文化有进步与退化之分

文化是一个包含内容庞杂并有层次结构的系统，它的一个重要功能就是塑造人的认知结构，而认知结构决定人的行为模式。同时，文化也在深层次上决定区域的整体交易成本。这些结论早已经被很多领域的专家、学者们所证实。为了简化论述，根据系统的特点，我们可以初步把文化分成两种：一种是封闭的文化C_1，另一种是开放的文化C_2。所谓封闭的文化就是该系统不与外界进行物质能量与信息的交换，反之则是开放的系统。显然，封闭的文化系统会塑造群体的退化认知模式，典型表现就是：在这种文化主导下的个体倾向于因循守旧，僵化教条，拒绝接受新事物，缺乏进取心（在封闭系统内也不需要）；反之则是进步的文化，它以最大的热情吸纳新事物，并乐于学习与改变，从而造就群体积极的认知模式。从这个意义上说，文化是存在进步与退化之分的。进步文化所主导的区域大多发展比较充分，群体充满活力；而退化文化主导的区域则发展迟缓，人们冷漠麻木，日益呈现出落伍与自卑，并以激烈的排他性的方式掩盖自己的退化事实。

从宏观上看，进步文化主导的区域的交易成本普遍比较低，人们更愿意遵守契约精神，也更契合市场的要求，从而导致资源流动更加便捷，并容易形成资源的集聚效应，这一切导致那里的创新行为更容易发生，反之亦然，高昂的交易成本阻碍了一切变化发生的可能性。从世界范围以及中国的区域经济发展程度的分布，不难看出这种差异。从微观层面来说，进步文化塑造的个体，更富于积极进取精神，学习能力以及主动性都比较强，从而鼓励竞争与合作。退化的文化遏制了个体的反思能力与对新事物的接受理解能力，潜在地造成群体性格的分裂：要么成为顺民，要么成为暴徒。从这个意义上说，文化的贫穷才是彻底的贫穷。

众所周知，社会联系的紧密程度决定社会发展的充分性。由于文化表现形态的巨大差异，造成社会联系程度的重大差别：进步文化主导的区域，人作为社会关系的节点，相互之间联系得更加紧密与活跃；反之，退化文化主导的区域则社会关系联系比较松散与僵化，形象地说，就是血脉不通。这就意味着在两种文化下，区域的知识渗透性是完全不同的，这也是造成发展不充分的一个主要原因。这是工业化社会基于分工带来的必然结果，从这个意义上说，工业社会比农业社会在人与人之间的关系上有更为紧密的联系，因为分工导致所有人都要依赖别人才能存活，这种相互依赖越紧密，社会的发展也就越充分。表面看起来，工业社会人与人之间的关系越来越疏远，其实这是表面现象，相反，那些鸡犬相闻、老死不相往来的社会，才是封闭文化的最高境界，完全靠自给自足，这种状态怎么可能衍生出对发展的激励呢？连交往都变得稀缺了，又怎么可能出现充分的竞争与共享呢？

二 发展渗透文化

既然文化的存在样态决定了发展的充分性，对此，笔者提出一个命题：所有的发展都是渗透文化的。对于退化的文化纲领如何进行改造呢？由于文化的复杂性，改造起来阻力非常大，甚至会出现剧烈的反弹，因此，只有通过用一种被广泛接受的文化来进行改造才可以最大限度上降低文化改造中可能会遇到的阻力，这种可以作为替代品的文化只有科学文化。科学文化是随着近代科学的兴起而形成的，在它的主导下，世界的面貌发生了根本性的变化，也给世人的生活带来巨大的福祉，这一切已成无可争辩的事实。不论何种文化，也不论哪个族群，都无法否认科学所取得的成绩。这就为文化的改造提供了很好的替代品，然而，把这种可能性变为现实还有很长的山坡要爬。正如美国哲学家詹姆斯·卡斯所说：每一个社会最深刻最主要的斗争并不是与其他社会的斗争，而是与存在于它内部的文化的斗争——文化即是它本身。文化改造的难点在哪里？人类学家本尼迪克特在《文化模式》一书中指出：它挑战习惯思想，使得具有这些思想的人痛苦万分。它所激起的悲观来自于，它完全打乱了陈旧的规则，而并非因为它包含着任何内在困难。其实，可以把本尼迪克特的说法换成更容易理解的经济学解释：改造退化文化所带来的当下收益是不可见的，而改造所引发的心理成本却是实实在在的，人类规避风险的本性阻碍了对于未来的乐观预期。

　　那么，基于人类风险厌恶的心理，不改变退化的文化又会如何呢？人类学家爱德华·泰勒尖锐地指出：当人们不能看到事件中的因果关系的时候，他们就易于依靠主观冲动、偶然偏激等观念，依赖偶然性、无意义和含糊的莫名其妙的观念。公认的观点，尽管是错误的，但能够长久保持自己的优势地位。这种后果是无法承受之重，在全球竞争与区域竞争日趋激烈的当下，没有任何一个区域或族群可以绕过文化改革，否则只能在封闭中被世界无情抛弃。

　　文化改造的微观激励机制是什么呢？如果接受一种新文化能够带来个人福祉的提升以及整个社会交易成本的降低，那么这种回报将直接激励区域内人群积极参与到文化的改造进程中。科学文化的引入恰恰满足了这种预期，反观那些科学文化浓度较高的地区，渐成繁荣与人才聚集的中心，无形中导致区域知识资本积累的增加，而知识的密集降低了区域的学习成本,这些好处都会溢出并被公众分享。区域知识梯度越高,则知识的溢出效应越明显,溢出的范围也越广,也越能激发创新,创造更多财富,从而形成良性循环。美国创新专家拉里·唐斯(Larry Downes)指出:未来,那些仅仅将他人的科技进行合理组合的人们会成为最成功的创新者。这一切皆源于大爆炸式创新的三无特点,即无章可循的战略、无法控制的增长与无可阻挡的发展。这就是文化变革所蕴含的经济学意义。经济学家亚当·斯密早就指出:很多改善和进步得益于机器发明者的独创性……有些则归功于被称为哲学家或思想者的才能,他们只是观察事物,再无其他;而正因为此,哲学家往往能够将最离散、最相异物体的力量结合起来。所有这一切都源于科学文化在当地的浓度与扩散,一旦接受科学文化的人群基数增加了,整个社会的接受能力自然增强,然后领先者的成功会引发后来者的连锁反应。诚如詹姆斯·卡斯所言:由于文化自身是一种创造,所以它的所有参与者都是创造者。不过,他们不是现实的创造者,而是可能性的创造者。在笔者看来,所有文化变革最直接的目标恰恰就是创造可能性,而可能性则为发展提供了广阔的空间。

改造退化文化的路径无非三条:内容的替换、删减与增加。前两项推行的社会阻力较大,尤其是全面替换,为了减少社会震荡,通常不采用;至于内容删减,由于要删减的内容有限,对于极端退化的内容还是要果断删减,比如历史上坚决废弃妇女裹足的陋习就属此类。对于大多文化内容的变革通常是采用温和的增加科学内容的策略,只要浓度足够大,就可以达到稀释落后内容的目的,从这个意义上说,当下开展得如火如荼的科学普及运动就是增加科学文化浓度,从容改造退化文化的一种阻力小而且有效的方式。

还有一个问题也需关注,即文化的逆转问题,即从进步到退化的逆转。伊朗的巴列维国王被推翻恰恰是科技文化被逆转的典型案例。如何看待这个现象,事关科学文化对落后文化进行改造的稳固性问题。科学文化的最大优点就是其所蕴含的生产性功能,但是,一种文化仅有生产性功能是不够的,毕竟人们的需求是多样化的,生产性功能仅是物质层面的体现,科学文化还需要满足精神层面的需求。如果科学文化能够提供满足广泛精神需求的产品,那么,它将极大地获得受众的认同,并得以巩固。遗憾的是,到目前为止,科学文化在主动满足人们精神需求方面的努力才刚刚起步,这也是目前科学文化经常败于迷信的根源所在。从这个意义上说,科学文化要达到真正走心的地步还有很多工作要做。

第六节 科学与人文之间的关系——兼论人文社科学者的品相与责任

如果说自然科学成果既可以满足人类的好奇心,又可以用来解决人们物质生活的需要的话,那么人文社会科学成果则一方面为社会秩序的建立提供理性的基础,另一方面用来满足人们当下的精神需求。两者都非常重要,要使社会摆脱丛林状态,并且发展出秩序,进而呈现出文明的态势,仅有自然科学是远远不够的。人文社会科学成果所具有的组织与建构社会的功能,恰恰是人类社会所有领域发展的基础。仅就科学与人文之间的关系而言,两者之间也并非人们想象的那样处于井水不犯河水的状态,只要对近代科学史做些简单梳理不难看出其内在的复杂共生关系。

众所周知,近代以来的三次科技革命都发生在西方,这些科技的变革极大地改变了世界的样貌。自晚清洋务运动以来,我们一直在向西方学习这些现代科技知识,时至今日,即便有些差距也不是很大。相反,近代西方社会观念的变革,我们好像一个都没有完整地学过来,从洋务运动开始奉行的"中体西用"原则至今,观念变革仍然是我们走向文明的最大短板与阻力来源。研究过科学史的人都能明白:如果观念不发生根本性的变革,科技的发展也走不远,毕竟科技成果的产出需要适宜的社会和环境与拥有新观念的人的协同作用才能实现,否则科技就是无源之水,无本之木。反观近代世界的400年,科技革命与我们无关;观念变革也与我们无关。在这个基础上奢求科技的颠覆性突破，前景实在不容乐观。正所谓：临渊羡鱼，不如退而结网。既然文化变革与科技变革之间存在如此密切的关系，还需要对这些隐秘的关系做些深入挖掘与论证，以此作为后续分析的基础。

科学史上著名的五次世界科学中心转移，每一次背后都有剧烈的文化变革运动作为前期铺垫与支撑（见图1-11）。换言之，科学中心都出现在文化丰腴之地，从来没有一次科学中心是发生在文化观念落后的地区。据笔者的考证，每一次文化观念的变革大约经历一代人到两代人（30—60年）时间的完善与扩散，从点到面，最后才会引发整个社会观念的变革，由此带来科技的跨越式发展。从这个意义上说，科学中心的出现只是文化变革的一个有益的副产品而已。如果我们想要成为下一个科学中心，必须用至少一代人或两代人的时间去开启新的、进步的文化纲领，否则是无法实现科学中心向东转移的宏伟目标的。学术界对于17世纪英国科学中心的兴起有过比较充分的研究，英国的经历可以给我们很好的启示。在17世纪，英国先后完成了新教改革，由此极大地破除了宗教观念对于自由思想的禁锢，思想家培根更是以先知般的眼光提出了"知识就是力量"的新时代号角。同时整个社会实现了君主立宪（1688年的光荣革命），这期间以哲学家洛克为代表的思想家们提出了经验主义哲学，为知识的生产指明了道路。基于此，牛顿才能大踏步引领英国科学开疆拓土，突飞猛进。其他几次世界科学中心的转移也是按照这个模式演进的，当文化的比较优势开始消失的时候，科学中心也就意味着要转移了。由于知识的普遍性特点，可以合理地推断：任何知识的生产与创造都需要同样的条件，缺少这些条件，知识的生产与创造是断然无法实现的。

西方世界的崛起，正是建基于上述历次观念变革的累积效应。当下我们正在推进创新驱动发展战略，创新永远是科技跃迁的显性表现，这一目标的实现需具有活力的文化（人文社科知识）来支撑。这也是近代科学400年来发展取得的一个经验共识。既然文化观念变革对于科技发展具有如此重要的作用，那么如何促使文化观念变革呢？这就需要一批优秀的人文社会科学成果来推动文化观念的变革。

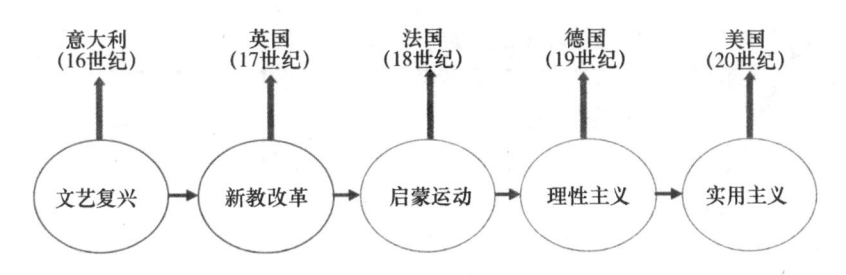

意大利　英国　法国　德国　美国
(16世纪)　(17世纪)　(18世纪)　(19世纪)　(20世纪)

文艺复兴 → 新教改革 → 启蒙运动 → 理性主义 → 实用主义

图 1-11　文化变迁与科学中心转移的关系

成果哪里来？毕竟任何产品都是由人来创造的。客观地说，我们现在已经有了一批具有世界影响力的科技工作者，但是在人文社科方面我们却鲜有提出新观念、新理论的人，从这个意义上说，中国的人文社科成就远不如科技界取得的成就大，甚至已经在拖科技发展的后腿，这个残酷现实已经制约了中国科技的进一步发展。笔者甚至认为，如果文化观念没有大的、实质性的变革，那么，跟踪与模仿的研究模式已经是这个退化的文化纲领所能释放的最大支撑力。如果说科技是第一生产力的话，那么文化就是社会的第一生存环境。

那么中国的人文社科学者当下处于什么境况呢？换言之，如何评价人文社科学者？为了减少歧义，把对人的评价转换为对其成果的评价。笔者曾提出一个"四品"标准，即按照人文社科学者的成果的品质对其进行分类，所谓四品是指：上品、中品、下品与次品，这四品的划分依据其成果内容所包含的真善美的成分而定。属于上品的成果其内容必须包含真、善、美三元要素，缺一不可，这类成果具有永恒性；而中品则只需满足三要素中的任意两个即可；下品则必须包含三要素中的任意一个；而次品不但没有任何一个要素，反而是毒害社会的作品。形象地说，上品相当于振国利器，有其存在标志一个国家的思想高度，如亚当·斯密的《国富论》、罗尔斯的《正义论》等；而中品则相当于生活中的耐用品，比如家具、房屋等，可以使用很多年；而下品相当于满足日常生活的日用品，如食品蔬菜等；次品则相当于毒药，不但对社会与生活无益，长期践行反而有害。具体分类见表 1-3。

表1-3　　　　　　　　人文社科学者"四品"分类

分类＼要件	构成要素与分类	特点	代表
上品	真+善+美（一种）	影响持久	《国富论》《正义论》等
中品	真+善、真+美、善+美（三种）	影响一段时间	各种优秀文艺作品等
下品	真、善、美（三类）	短暂影响	各类快餐文化等
次品	基本要素全无，危害人类心灵	短暂（私欲+外界诱惑）	各种歪理邪说等，如病毒

对于人的评价由于存在多个视角，很难达成共识，即便盖棺也未必论定。从历史经验中可知，对于人的评价的主要方面仍然是基于其对社会做出的贡献。鉴于此，可以简化评价维度，即只根据其作品的品相对于学者进行评价，由此得出，生产出上品的人文社科学者自然在品相上属于上品，其余的亦然（见图1-12）。一个社会的文化具有活力主要体现在中品及上品学者的丰腴程度。客观地说，上品的出现具有偶然性，可遇而不可求，只有当天时地利人和都具备的时候，才有可能出现上品。但是一个社会控制次品的泛滥却是可以做到的。当一个社会的文化产品中次品成为主流，意味着这个社会存在严重的弊端或者出现了问题，究其原因，大多源于个人私欲与权力诱导的结合成为无约束的飞地的结果，导致生产者竞相以牺牲自己未来的声誉做代价去兑换当下的收益，而一旦这种选择不会遭到及时的惩处，就会形成逆向激励的局面，这基本上是次品大规模产出与流行的最根本原因。如果再缺少一个具有惩戒与过滤功能的思想市场，就更加助长次品的肆意泛滥，从而出现劣币驱逐良币的现象。一个正常社会往往是中品与下品占据文化的主导地位，次品反而比较少。实现这个局面的外部条件是：思想没有被权力垄断，社会管控也比较宽松，以及具

有一个相对成熟的、独立的思想共同体。回顾漫长的中国历史，大凡自由度比较高的时期，产出中品及以上的成果就比较多，如唐宋之际、五四运动时期等，那个时期科技发展以及社会进步也比较快，反之亦然。反观当下的中国，人文社科成果基本上没有上品，中品也不多，以下品和次品居多，这种局面对于中国未来的进步与发展影响深远，换言之，这种状况会让中国人变傻的。

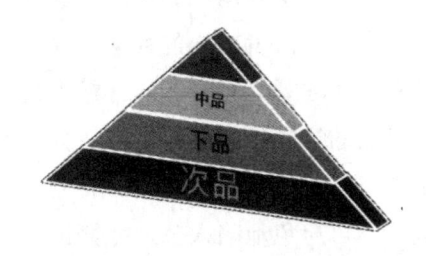

图 1-12　人文学者的品相

文化品相的代际传递问题。哲学家孔德曾认为：寿命的延长意味着进步节律的放慢。而如果目前寿命缩短 1/2 或 1/4，那么会相应地增加进步的节律，这是因为老一代寿命延长其限制性的、保守性的消极的影响作用时间也会延长；老一代寿命缩短，其影响消失得也越快。孔德直接用生理学的事实来揭示文化变迁，这种想法过于简单与极端，并不可取，年轻并不必然代表进步，年老也不代表必定保守。不过这种思路里隐含一个有价值的引申问题：在一个封闭的体系内，文化供给严重不足，内容总量有限（这种情况下很难指望有上品的出现，饥不择食让文化成为刚需），那么一代人与另一代人之间的内容替换率也比较低，整体上看好像文化传承性比较好，实则乏善可陈，那些被继承下来的内容也大多是品相很差的东西，由于没有中品、上品内容的不断补充与替换，导致这种文化死气沉沉、缺乏活力与创造性。从这个意义上说，历史越悠久，文化变迁的难度也越大，随之而来的创新能力也很孱弱。这点很好理解：当文化中的传统要素占据绝对优势时，能有效地抑制新观念的产生、吸收与扩散，从而导致社会进步的节奏变慢，甚至原地踏步。黑格尔曾说：中国是一个没有历史的国家。也是在这个意义上说的，即新内容增加得太少。纵观世界历史可以发现：越久远的文化越喜欢封闭，进而演变为顽固的退化文化纲领。从这个意义上说：文化复古主义会扼杀新内容的涌现以及侵占创新者的认知带宽。

由此，我们可以推论：历史传统越久远，文化品相也越差，其创新表现也更糟糕。为了防止这种局面的出现，就需要做出两种制度安排：宏观层面，给予文化生产者宽松的社会环境，约束权力对于思想产品市场的垄断，对现实的公共解释保持开放态度；微观层面，文化产品的生产者要对自己的产品承担连带责任，并且基于制度对源于共同体评价得出的结果实行有效的奖惩机制，否则，人文社科成果的品相会逐渐下降，进而不可避免地陷入公地悲剧的陷阱，人文社科学者争相下行，以雪崩的方式加速社会的精神环境的整体性溃败。相信通过上述举措，就可以最大限度上遏制人文社科品相下降的趋势并逐渐促成上品的涌现，从而整体性地提升整个社会的活力与创造性，也能坚定地推动人文社科学者践行苏格拉底的名言：永远走向上道带路！

第七节 科学精神的浓度决定文明的潮起潮落

近日偶然读到竺可桢先生95年前在长沙的一篇演讲：《科学的精神》（后来发在1925年9月出版的《晨报副刊》上）。竺先生从近代科技史的视角探讨了西方科技起飞与科学精神之间的关系，由此得出结论：所谓科学精神，就是用科学方法来求出真理，真理求出之后，就必须宣传拥护，虽牺牲生命财产，亦在所不惜。进而指出：科学方法是我国向来没有的，科学精神是我国一向所有的。他认为科学精神在中国文化中的体现就是以王阳明的良知为代表。客观地说，早在民智初开的年代，竺可桢先生有如此远见，实是中国思想界的先锋与楷模。时至今日，这个话题聊起来仍然是沉甸甸的。

那么当下如何看待科学精神呢？不妨换个角度来重新审视科学精

神的结构问题。科学以及与之相关的科学精神在中国仍然是年轻的事业。竺可桢先生的科学精神定义可以用公式简单表达如下：科学精神＝科学方法＋捍卫（勇气）。坦率地说，竺可桢先生对于科学精神的定义是不充分的。按照当下的理解，科学精神＝科学方法（工具）＋批判精神（精神气质）。换言之，科学精神的实质在于用批判性精神驾驭科学工具，从而获得真理。因此，批判性才是科学精神的实质所在，从这个意义上说，良知的门槛远远低于批判性的门槛。

科学精神是一种文化的灵魂。其之所以重要，是因为它内在具有的批判性精神特质可以最大限度上打破文化固有的僵化、封闭、退化与保守性发展趋势，从而使文化整体上处于一种远离平衡态的进化状态，因而，能在平衡与非平衡的转换中处于一种开放与进取态势，这恰恰是文化进化的内在动力源头。文化人类学的研究早已证明：任何一种文化一旦过于成熟，就会趋于保守，并逐渐陷入文化惰性的陷阱，而这种惰性在社会群体中的表现就是普遍性的认知偏见与无反思的墨守成规。久而久之，任何创新性要素在这种文化氛围内都无法生存，由此文化就陷入一种退化状态。

笔者多年前曾提出一个观点：大多文明古国，其文化的最终命运一定是衰落，而且较难重新振兴。原因就在于过于成熟的文化把所有异己的因素都排除在外，即便证明是错的，对于群体而言也是舒适的。这与人们对于改变带来的风险厌恶偏好有关，从而导致文化在大家都知道有问题的情况下仍无可避免地走向衰落。历史越悠久陷入退化的可能性就越高，而且改变的难度也越大。要想打破这个怪圈的途径主要有两条：要么外部强势文化的渗透，要么内部发生变革产生了适应新文化生长的空间。在这个基础上又衍生出一种内外联合作用的混合模式，即外部强势异质文化的渗透与内部文化纲领的变革共同促进新文化纲领的出现。科学精神恰恰是一种文化保持活力的最重要精神特质，这也就是当下我们大力倡导科学精神的目的所在。近年来，通过观察和研究，笔者更加坚定地相信：文化是有先进与落后之分的。这种差别的一个重要判据就是该文化中所拥有的科学精神的浓度。在两种文化相遇的过程中，要么影响，要么被影响。在全球化的舞台上，没有任何文化具有免于竞争的特别通行证。

基于科学精神的这种生产性功能，笔者提出一个命题：科学精神浓度高的区域，其文化更具有活力，受此文化熏陶的群体也更具有创新精神。从宏观效果来看，该区域的整体社会表现也更有秩序，反之亦然。提升区域科学精神浓度的最有效途径就是提高科学精神在区域内的普及度，而提高科学精神普及度的最有效方法就是改造传统文化，使之从封闭与退化状态转变为开放与进化状态，毕竟群体的生活一刻也离不开文化的支撑。

为了更好地揭示科学精神对于整个社会的重要作用，需要对科学精神在不同维度上的功能做些简单的梳理。在宏观层面，科学精神的批判性精神特质，能够打破全社会的盲从、迷信与墨守成规的认知惰性，从而最大限度上激活整个社会的创新能力并且可以最大限度降低错误发生的概率。换言之，在科学精神浓度高的区域，错误的决策很难通过群体批判性的检视，从而无形中提高了政策的质量。在可见层面，一个区域文化中的科学精神成分比较多的话，容易促成创新的大量涌现，并极大地提高当地的契约精神以及社会生产率，从而在区域间的竞争中处于优势，并最终胜出。纵观人类社会发展史，不难发现，科学精神浓度高的时代或区域，相对于科学精神浓度低的时代或区域，发展得更好，反之亦然。久而久之，那些科学精神浓度高的国家的文化会向那些科学精神浓度低的国家持续扩散。这可以从纵向角度来验证，社会发展诸阶段变更的背后，更能体现科学精神浓度的变化。比如，从奴隶社会到封建社会的转变就是科学精神浓度逐渐升高的结果；同理，资本主义社会的科学精神浓度更是远高于封建社会，对此，我们可以在德国社会学家马克斯·韦伯的《新教伦理与资本主义精神》一书中见到这种变化；科学史上的五次科学中心转移现象的背后，也是科学精神浓度变化的结果。即便从人类社会发展的横向角度来看，发达国家比发展中国家的科学精神浓度要高。虽然造成这种发展差距的原因或许有很多，但与该区域文化中科学精神浓度的高低有直接关系是一个不争的事实。

在全球化时代,一种文化或文明能否屹立在世界民族之林,取决于该文化在竞争中是否具有比较优势,这种优势体现在文化的生产力与正确决策的概率上。文化中科学精神浓度高的文明将得以存在,那些退化的文明终将被淘汰。从这个意义上说,改造传统文化对于中国当下具有前所未有的紧迫性,如果我们不想被淘汰的话,增加科学精神在文化中的浓度就是一条重要举措。文明的潮起潮落与更迭,终究是科学精神浓度变化的结果。

科学精神的普及与浓度的提高都需要文化受众的接受。对于微观层面的个体而言,增加科学精神的浓度有什么益处呢?一句话,可以降低上当、受骗的概率,提高个体正确决策的能力,并使自己在竞争中更具活力和开阔的视野。试想这些年为何伪科学、迷信、假药、传销等能在中国大行其道,究其原因就在于普通民众观念中缺少科学精神的成分与训练,造成群体普遍认知门槛过低的巨婴症现象,导致盲信、盲从等现象时有发生。从这个意义上说,笛卡尔的"我思故我在",对于任何个体而言,都是难得的人生修炼。苏格拉底曾说:未经审视的生活是不值得过的。笔者希望这个审视是通过每个人观念中的科学精神之眼来实现的。

第八节 话语权终归是对实力与承认的回报

现在随着国家高调争夺话语权举措的出台,各种或隐或显的争夺话语权的浪潮从上到下迅速向所有领域蔓延,一时间热闹纷呈。问题是这股热潮会不会导致管理者与研究者出现认知误区,目前还鲜有关注。那么话语权到底是一种什么样的权利?其实,话语权正如财产权一样,是由于拥有某种标的而具有的一种能力。为了更细致地阐明这种关系,先要从权力的简单分类说起。按照卡文诺(Mary S. Cavanaugh)提出的分类,权力可以分为五种:(1)权力是一种个人特质;(2)权力是一种人际的架构;(3)权力是一种商品;(4)权力是一种因果架构;

(5)权力是一种哲学架构。这个分类从不同侧面对权力的特质进行了分析。对于现实社会中的权力,或许了解前四种分类的特点对于理解日常生活中的诸多权力现象已经足够。

那么人们为什么喜欢追求权力呢?除了天生对于权力的偏好外,还有很大一部分原因是出于对自身不安全和无能的恐惧。换成阿德勒(Adler,1966)的说法就是:个人奋力争求权力,其目标在于尝试克服不安全感和自己的弱点,个人对权力的追求体现个人追求完美无缺的具体行动。至此,我们大体了解了两个问题:其一,权力的不同呈现形式;其二,追求权力的内在动机。由于权力在传递中只会发生量的改变而不会发生质的改变,由此,我们可以推出:权力在微观层面的作用机制与其在中观层面和宏观层面的作用机制是完全相同的,差别仅在于作用强度和范围的不同而已。基于此,话语权无非就是基于其所提供的话语而产生的一种权力而已,它是一种特殊形式的权力:以语言来承载权力的运行,并希望借此消除话语发出者所担心的不安全、弱点并达到让受众对话语所指涉的内容的尊重与承认。通俗表达就是以我说的为准,不容怀疑,并要认可这是正确的陈述。

为了把上述内容更好地展现出来,我们不妨以学界争夺话语权为例,深入探讨一下话语权的形成过程及其作用机理。通常学术界的话语权是被某领域内的学术牛人所把持的,他可以在各种决策、评审与宣传中,通过自己的意见(一种话语形式)决定或影响他者的一项决策或研究能否通过评审,这种权力就是话语权。那么,他是凭什么拥有这份权力的呢?其依据的就是哲学家福柯所谓的"知识/权力"共生体现象:知识越多权力越大。这里的知识是基于他以往积攒的学术资本以及取得的杰出业绩,没有人比他做得更好,这样整个社会通过认可其能力,赋予他做出评判与决定的权力,这种授权可以是正式的,也可以是非正式的,由此,他以超级知识拥有者的身份获得这份权力。这份权力既可以给个人带来收益和荣耀,也可以消除他的不安,并能影响未来。因此,学术界的精英都在以各种或隐或显的方式争夺话语权。通过科学社会学的研究可以发现:在学术界,获得的承认越普遍，其话语权就越大，反之亦然。换言之，取得的成就越稀缺，拥有的话语权就越大。

由于公众对于相关知识的了解存在认知差距，必然产生强烈的对处于高知识梯度者的认知依赖现象，而大牌专家恰好是这种知识梯度差的最好代表，那么基于对知识的信任，话语所承载的权力才能真正得以落实。问题是，在形成话语权的链条上：知识积累与业绩（知识梯度）—专业科技工作者—专家—话语权—影响社会（公众），如果那个拥有巨大话语权的专家不是通过杰出业绩以及充分竞争而上位的，那么，这种话语权对于整个社会而言将是一种灾难。比如苏联通过政治手段扶持李森科所带来的灾难。那么，如何避免这种可怕的后果呢？在一个成熟的社会里，人们通过充分自由竞争，让真正的优秀者脱颖而出，而不是靠某种隐性力量的扶持，由此，优秀者自然获得相关领域的话语权，并辅以权力与责任对等原则，以此来遏制那些话语权肆意越过边界所带来的潜在危害。反之，如果优秀不是通过充分竞争筛选出来的，而是由权力或利益部门施加影响塑造出来的，并以背书的方式授予其话语权，那么，这种话语的质量很可能是低劣的，由此而来的权力就暗含泡沫成分，这部分多余的泡沫权力带来的成本就要由全社会买单。更为糟糕的是，权力具有再生产性，不论好的权力还是坏的权力都会再生产自己。如果后者得势，会造成劣币驱良币等社会退化现象。

另一个与话语权有关的问题是，话语权的传递与变迁环节又是怎样实现最优的呢？这是科学社会学中的经典话题，即马太效应问题。通常，由于知识的更新换代与新陈代谢，往往导致话语权会从一个主体转到另一个主体。然而话语权背后所暗含的诸多利益，个人或者集体总想垄断话语权，并利用其特殊地位阻击外来的竞争者。如何破解这种话语权的垄断呢？其实，原则无他，只要坚持开放原则，允许充分竞争以及坚持权责对等原则，自然会有最优秀者脱颖而出，并通过承认获得话语权。以往的教训与失误在于，缺少约束的权力为一己之私，肆意介入，造成低质量的话语的垄断与世袭，这种垄断造成社会认知范式的退化与行为选择的扭曲。话语权的存在原本是整个社会为消减知识梯度差以及降低了解与搜寻信息的成本而形成的一种非正式制度安排，承载着广泛的社会治理功能，它的基础是互信与承认。试想，当下公信力的降低，其中一个主要原因就是其话语质量的可信性的降低。

基于上述分析，可以做一个延伸推论：国家对于话语权的渴求也是如此，通常一个国家在经济发展到一定程度的时候，自然会生发出对于既有权力结构的重新分配的诉求，以此匹配自己的发展与形象建设。这些都是可以理解的，问题是，在这个争夺话语权的过程中，主要的精力仍然需要练好自己的内功，只有做出举世瞩目的优秀业绩才会获得世界的逐渐承认，有了这种承认做基础，自然会获得越来越多的话语权。相反，如果没有坚实的实力做支撑，一味通过外在的手段去争取话语权，这无异于舍本逐末、缘木求鱼的糟糕做法。话语权是一把"双刃剑"，不能只看到拥有话语权所带来的潜在好处，还应该想到拥有话语权所应肩负的无形责任。因此，在没有取得举世公认成就的基础上盲目争夺话语权是一种非理性行为。与其把那些宝贵资源用于包装与宣传，还不如用到自身需要完善的短板之处，安安静静地提升自己的多方面实力。假以时日，那些看似遥远的话语权自然会英雄般归来。比如今天中国的高铁是国际上最先进的，而且性价比也是最高的，自然在此领域就拥有话语权。相反，这些年我们浪费无数钱财在世界各地建立的所谓孔子学院，已成浪费资金的无底洞，其对于话语权的争夺几乎是败笔，变相地成为当地人的消闲去处。如果我们用这些钱把国内边远地区的基础教育解决了，支持高等教育培养出更多人才，取得更多一流的成果，那自然会被世界承认与认同。否则，不计成本地追求形式，即便换来一时虚假的话语权，对于未来又有多大的用处呢？反而会成为被勒索的冤大头。因此，无论个人、机构还是国家，都应该牢记：话语权不是盲目争来的，而是做出来的。它的实质在于承认，是对于优秀和实力的奖赏与回报。

第一章　科技政策与文化

第九节　"一带一路": 热情背后的两点思考

由中国牵头的"一带一路"倡议应该是 21 世纪人类最伟大的战略构想,其深远意义自不待言。抛开地缘政治不谈,仅就经济与文化层面而言,维持其有效运行的复杂性与艰难性也是前所未有的。因此,在热情背后,我们应该多一些深层次的理性思考,唯有如此,这项伟大实践才会真正落地生根与开花结果。由于"一带一路"沿线包含国家众多,社会发展程度参差不齐,以及各种文化范式差异巨大,这就为整个战略的有效实施增加了诸多不确定性,为此,我们需要在认识层面上厘清两个问题: 短期的定位问题与长期的文化冲突问题。解决好这些问题,才能真正在"一带一路"建设中取得事半功倍的效果。

一　"一带一路"的定位: 是市场还是通道

由于"一带一路"沿线国家众多,其发展程度差异巨大,这就给我们提出了一个必须解决的现实问题: "一带一路"建设对于我们来讲是市场还是通道? 两者的判据如何决定? 为了清晰揭示这个困境,我们不妨用图 1-13 做一个简单分析。

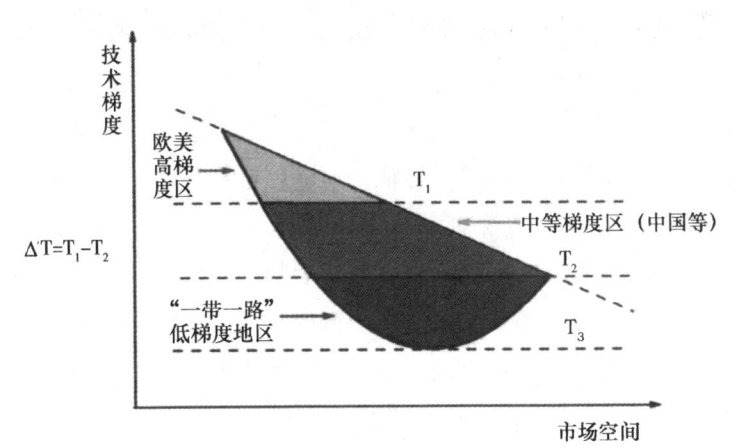

图 1-13　按照发展程度划分技术梯度

科技政策透镜下的中国

　　笔者可以把整个世界按照发展程度划分为三类区域：高技术梯度区域（T_1），如欧美等国家；中等技术梯度区（T_2），如中国等；以及低技术梯度区（T_3），如"一带一路"沿线的很多国家。就市场选择倾向而言，高技术梯度区的有效市场可以延伸到中等技术梯度区；中等技术梯度区的有效市场可以延伸到低技术梯度区。从理论上说，高技术梯度区可以完全覆盖低技术梯度区，但现实中这种现象很少出现。究其原因在于，低技术梯度区的有支付能力的消费能力严重不足，导致高技术梯度区去主动覆盖所有低技术梯度区的市场是严重的不经济行为，因此，这种可能性仅存在理论上的可能性。如苹果手机在低技术梯度区的市场上同样被人们喜欢，但是他们买不起，因而无法形成有效市场。基于这种理论分析，中国的"一带一路"建设的主要市场取向只能定位于低技术梯度区，但是在低技术梯度区内部的国家仍然存在发展程度上的差异，仍可以划分为：次低技术梯度与严重低技术梯度国家，这就意味着即便在低技术梯度区，也不可能完全实现有效市场。那些相对于我们的技术梯度来说差距太大的国家，同样面临着买不起我们产品的困境。因此，这类严重低技术梯度国家不适合以市场模式去建设，而按市场模式去建设的国家只能是那些次低技术梯度区的国家。

　　基于中国科技迅猛发展的未来，"一带一路"沿线国家间的这种差距有加大的趋势。为此，我们需要对"一带一路"沿线国家的发展梯度做出精准评估，对于那些与我们的技术梯度差距太大的国家，只能作为通道来维护。只有这样才能实现互利共赢，也才能实现市场效率最优化。这里还要警惕一种认知误区：沼泽市场。如果不加区分地把"一带一路"沿线国家都按照市场模式去建设，不可避免地导致那些严重低技术梯度区的国家成为拖后腿的沼泽市场，沦为投资的无底洞，而且也是最容易发生文化冲突的区域，极有可能把前期取得的成就完全抵消掉。毕竟建设市场与维护通道所需的投入以及运行策略是完全不同的。"一带一路"沿线蕴含的巨大潜在市场，这种研判不只我们看到了，高技术梯度的国家也看到了，他们之所以没有开启这项伟大事业，原因就在于那里有限的消费能力根本支撑不起有效的规模市场。这一点，同样是我们在建设"一带一路"中要加以避免的。完全市场化不对，完全通道化也不对，正确的选择应该是"市场+通道"建设模式。至于哪些国家应该定位为市场，哪些国家定位为通道，这一切要根据其具体的技术发展梯度与我们的差距来确定。

因此，中国的"一带一路"建设要区别用力，把那些技术发展梯度与我们相近的国家和地区发展成市场（图1-13中深色区域T_3的上半部分），这部分区域经过短期建设就会取得成效，促进双方实现共同发展；反之，对于那些严重低技术梯度区域，由于其市场基础支撑条件的严重匮乏，短期内很难实现市场功能，这类区域（图中深色区域T_3的下半部分）可以建成"一带一路"上的交易通道或经济走廊，这样既可以提高经济效率，也可以减少文化冲突并为落后地区的发展提供学习与参与的机会，从而分享经济通道带来的收益。如果对沿线国家不加区分，一律以市场模式去建设，将导致"一带一路"建设出现停滞或者夭折等严重困难状况，毕竟市场的形成是需要条件的，任何资本都寻求安全、法制环境与合理的回报，缺少这样的制度保证，合作共赢就无法实现，这会导致一些国家由于不确定性而退出"一带一路"倡议。

二 刚性与弹性：潜在文化冲突的消解

"一带一路"沿线国家众多，人口稠密，这个区域涵盖人类的四种主要文化类型，在建设过程中，不可避免地要遭遇到不同文化间的碰撞问题。通常来说，异质文化相遇总会蕴含潜在的文化冲突的可能性，究其原因，无非是不同文化范式之间存在的差异而已。具体来说，中国文化将遭遇伊斯兰文化、基督教文化、佛教文化。根据文化硬核的可渗透性的强弱，可以把文化分为：刚性文化与弹性文化。基于这种分类，伊斯兰文化的硬核的渗透性最弱，因而表现为一种刚性文化；基督教文化由于经历过宗教改革，随着世俗化的推进，其刚性次之；排在第三位的是佛教文化；由于中国文化在其发展历史中融合了儒释道的内容，故而其硬核可渗透性较强，刚性最弱，是一种典型的具有高度弹性的文化。

高度弹性文化的优点在于包容性较强，容易被异质文化接受。但其弱点也非常明显，一旦遇到刚性文化，高度弹性的文化容易被渗透与修改。毕竟，弹性意味着文化硬核的边界不明确，容易在交流中发生文化的变异。为了防止文化的变异，高度弹性的文化要保持良好的社会秩序与较高的绩效，从总体上呈现出进化的态势。文化是有先进与落后之分的，其判据从直观上看就是该文化在整体上所呈现出的效率与秩序，即信奉这种文化的群体更有秩序和创造力，并表现出很高的生产效率；反之，则是落后文化。美国人类学家罗伯特·墨菲曾指出：几乎在所有情况下，文化净流（net flow）的方向总是由强者流向弱者，但也不完全是单向的运动，相互接触的两个社会在此过程中都发生了变化，尽管程度和方式都不同。强势文化之所以强，就在于其在发展空间内呈现出更高的秩序、绩效与创造性。

无数人类学的研究成果已经表明，在文化的进化之路上，先进文化对于落后文化基本上呈现出一种一边倒式的替代与覆盖作用：先进文化替换或者覆盖落后文化。由于任何改变对于既定文化区域内的人来说后果都是不确定的，也是痛苦的，这必然会导致原有文化对一种新进入的异质性文化的抵抗，以此阻挡新文化所带来的变革对于既有生活秩序的改变所形成的心理成本。但是，任何两种文化一旦相遇就无法保持中立，要么影响，要么被影响。对于高弹性的文化来说，为了防止出现文化净流入现象，首先需要做的就是提升自己的实力与表现，使文化呈现出明显的先进性。对于中国这样的大国来说，由于人口基数庞大，一旦文化范式呈现出明显的进步性，其释放出的高效率会弥补弹性过大的弱点，从而这种先进性会被放大，并呈现出总体性优势。这也是我们一直呼吁加强国内建设的目的所在。

根据对文化结构的分解，文化可以分为四个层次：从外到里依次是：器物层次、制度层次、规范层次与价值观层次。为了减少"一带一路"建设可能遭遇到的文化阻力，可以从器物层次切入，这在任何文化中都是没有多少阻力的。随着整体绩效与创造性的呈现与放大，逐步实现文化深层次结构被认同。这种努力同样需要对沿线国家技术发展梯度的甄别，因为即便对器物层次上的共识，也会牵连到文化的其他层次，只有梯度相近的国家才会真正形成相互欣赏的心态而不是敌意；反之，差距越大越容易被曲解，并遭遇到来自落后方的极大阻力。习近平主席2018年4月11日在集体会见博鳌亚洲论坛现任和候任理事时指出：“一带一路"不像国际上有些人所称是中国的一个阴谋，我们秉持的是共商共建共享，把政策沟通、设施联通、贸易畅通、资金融通、民心相通落到实处，打造国际合作新平台，增添共同发展新动力，使"一带一路"惠及更多的国家和人民。即便我们展现出如此巨大的诚意与美好愿景，仍然会遭遇部分人的误解，虽然遗憾，但这就是发展差距带来的弱国心态的最好体现。从这个意义上说：越是低效的文化越倾向于封闭、敏感与多疑，反之则倾向于开放、自信与坦然。

究其原因，接受一种先进文化也是需要受众群体具有基本的文化基准线的。低于一定的文化基准线，对于受众而言由于学习能力的差距所带来的冲击就非常大。从这个意义上说，市场与通道的划分在"一带一路"建设的实践中是有重要意义的。诚如美国人类学家 L. A. 怀特所说：每一种文化都由以技术为基础的经济基本设施、社会体系以及意识形态系统组成。前者，即技术在后二者的图景中是决定性的。这是一种单向因果关系。换言之，任何文化的先进性都是靠其整体绩效做背书的，而不是靠封闭的自说自话构想出来的。

第十节 回到赛先生：认知的共识在哪里消失了

2017年6月10日，朱清时先生在北京中医药大学做了一场题为《用身体观察真气和气脉》的报告，加上之前的一些观点，瞬间引发舆论热议。坦率地说，此类话题在社会上早有很多人关注，又不是学术禁区，为何偏偏此次成为焦点，这才是需要认真分析的现象，它反映了人类认知中的某些深层次问题。

　　社会学上有个"帕累托法则",即 20∶80 法则,说的是人口中最富有的 20% 的人控制了 80% 的财富。这个规则反映了财富在社会中的分布结构。笔者根据多年观察,曾模仿帕累托法则提出过一个认知权重法则,即 10∶90 法则,说的是在信念或观点传递过程中存在 10% 的人决定或影响 90% 的人的现象。这个认知权重法则很好地揭示了权威在社会认知链条上存在严重的不对称性与引导作用。如果朱先生不是中科院院士和曾经的大学校长,此次报告根本不会引起任何舆论波澜。由此,再次印证了权威在社会认知上的重要作用。反过来说,如果某一个观点或信念要获得较大社会反响和认同,引入权威的支持就是一个非常有效的举措。根据韦伯—费希纳定律的一个简单表达,即 $S = K\lg R$(其中 S 是感觉强度,R 是刺激强度,K 是常数)。如果要增加人们对于某一信念或观点的感觉强度,就需要刺激强度以对数形式增长。在本例中,院士身份恰恰是高强度刺激,如此才会让一个平常的主题引发如此广泛的争议,而争议的本质往往反映的是群体之间的认知分歧。

　　所有人类认知的分歧都发生在科学知识的边界处,那也是当下人类认知的边界。在那里有很多科学还不能解决的问题,好奇的天性以及其他动机促使人们在那里集聚,此时各种试探性理论就会层出不穷地涌现。科学哲学家波普尔曾认为,科学的发展要经历四个阶段,用公式表示就是:P_1—TT—EE—P_2。简单地说,科学发展是由问题推动的,一个老问题解决了,就进入下一个新问题。在解决问题的过程中,我们要提出许多具有针对性的试探性理论 TT。由于任何问题的解决都不可能是一蹴而就的,而是要经过很多轮次的、公平的理论间竞争。为了解决问题 P_1,可以先后提出很多理论,如 TT_1、TT_2、TT_3 等,无论提出多少理论,这些理论都要一视同仁地在实践中经受严格的经验检验,以此排除错误,这就进入了排除错误的 EE 阶段。如果幸运的话,某个理论成功地解决了老问题 P_1,那么科学发展就进入到新问题 P_2 阶段,周而复始。这就是关于科学发展的动态解释模式。

哲学家罗素曾有名言：哲学介于科学与宗教之间。在这个认知链条上，哲学是科学发展的侦察兵，是一种拓展人类思想边界的行为，但两者的运行规则是完全不同的。按照标准的科学哲学说法，科学与哲学所遵守的范式是不同的，科学基于证实（或证伪），而哲学则讲究思辨。由此可知，科学结论是已经被确证并达成共识的认知，而哲学结论则只需满足逻辑自洽与自圆其说就可以。因此，从科学领域跨入到哲学领域，此时认知的共识基础就消失了。朱清时的报告，在笔者看来恰恰是从科学跨入哲学的一种尝试。然而，他所选取的科学理论（量子力学与神经生物学）很多尚处于科学假设阶段，并没有被完全证实，在此基础上，再切入对传统哲学问题（真气、经络等）的探讨，自然会让各方对其产生认识分歧，并从各自的角度消费他的观点：科学界认为他的报告前提有问题，因而是不科学的；哲学界认为，他的观点逻辑不自洽，未经批判性反思会导致认识混乱；吃瓜群众则会利用这些来自权威的说法，满足自己内心对神秘事物的解释。

结合这个案例，回到一个更具普遍性的问题，认知的分歧通常发生在哪个环节上？当遭遇到科学理论还没有办法完全解决的问题时，各种未经证实的理论与假说就开始在知识的边界处集结，并以理论TT*的形式争取进入到科学的前沿。此时，鱼龙混杂，真伪并存，甚至不乏个别偷运私货者（如为谋私利等），在此处人类的共识就消失了。

对于科学的前沿，普通百姓当然是理解有限也无法验证的，此时合理的认知选择就是相信权威的观点。这种认知模式虽然符合经济学原则，但却是以牺牲个体的理性判断为代价的，人们的认知就从理性滑落到情感层面，非理性地希望奇迹的发生。这种认知的退化就为各种虚假甚至错误理论的泛滥提供了内在激励机制和生长空间。由此，可以自然推论：迷信通常发生在知识的边界处以及人类认知处于情感化阶段，这也是整个社会对于专家的言说保持警惕的深层原因所在。如何捍卫共识，消除认知分歧，在任何年代都是一个大问题，时至今日也没有太好的办法。大体上基于分工原则，在知识的生产端，由专业人士针对具体问题提出各种科学理论，并经由严格的检验，在没有证实前，各种理论的存在空间被置于科学共同体及相关人员的视野下，基本上保证了生产端在捍卫共识上的努力。那些被证实的理论被审慎地投放到消费端，这种模式有些类似于从研发、中试到大规模生产的模式。这种模式的好处就是科学共同体为社会共识提供背书，以及由此树立公众对于科学的信心。它的缺点是旷日持久的验证，有可能阻碍科学知识的扩散速度以及科技成果的早日应用，这实在是为了捍卫共识所必须付出的代价。这种模式是小科学时代的特点。大科学时代，由于知识的生产环境发生了根本性的改变，以及公众知识水准的普遍提升，为了获得社会资助，研究者必须对受众的偏好给予关注，并有针对性地进行广告宣传，因而，导致从研发到应用的流程变短，这就让人类进入风险社会模式（不安全、不可靠、不确定）。因为，一旦共识与信任丧失，将导致科学的生态发生根本性的逆转，在分歧与错误观点大量存在的背景下，对观点的鉴别将成为社会的迫切任务，这将造成整个社会的认知成本的上升，这实在是科学本身无法承受之重。

抛开朱先生的案例，再来看看迷信问题。由于消费端只能被动接受知识，因此，有必要把迷信的存在形式与传播结构做些简要的清理：任何高级迷信（迷信的2.0版）都要把自己伪装成一种与科学理论高度相似的形式，即让受众把自己当成解决此类问题的一个备选理论$TT*$。问题是老百姓没有能力区分真正TT与$TT*$的实质性差别，然后又知道TT有解决不了的问题，此时$TT*$则宣称自己能解决TT解决不了的特定问题。然而，在科学发展的动态模型里，能够参与竞争的理论，都要符合一些明确的标准与条件，由此，才能进入到理论竞争环节，比如同行评议、发表、证实、证伪等。但是，那些以假乱真的迷信理论$TT*$则不参与这些环节，不直接和科学界接触。由此，科学界也懒得去理睬它们，本着大路朝天、各走一边的漠视原则，结果它们就获得了没有约束的发展契机。它们只是借用了科学理论的形式，便可以轻易搭上科学的便车，以最小的认同阻力俘获最大数量的受众，并以此获得超额的收益，这才是迷信生命力顽强的根源所在。

众所周知，量子力学是一门远离日常生活且比较专业的学问，曾提出很多有待检验的理论和假说，而轮回转世则是有数千年历史的一种信念。在当下，轮回转世又借助于量子力学的众多假设把自己重新包装一番，然后混淆视听，宣称量子力学为轮回转世提供了证明。这些说法很少困扰科学界，因而科学界也懒得去驳斥。然而公众却对此有巨大的好奇，这个空当就被迷信巧妙地利用了。好在科学理论的一个最大优点就是接受检验，并通过证实或证伪来决定自己的命运，而宗教（如轮回转世等说法）则只要求你相信并拒绝验证，也无法提出有效的检验标准，你跟他谈证实他跟你谈信仰，一旦伪装不下去，转身又会借着新的科学理论外壳重新出现，除非科学彻底地解决了此类问题。科学史的研究早已证明，知识的荒芜之处，认知杂草丛生。

第十一节　被夸大的代沟其实是可以调整的

在开放的多元化时代，如何正确地看待两代人之间在观念上存在的差距？这个问题也被称作代沟（generation gap）问题。这个问题解决不好会造成很多社会冲突，小到家庭里的亲情关系，中到师生关系，大到整个社会的代际矛盾。反观当下，关于代沟问题有两种基本判断：一种观点悲观地认为，随着时代的快速发展代沟正在演变为日益扩大的鸿沟，根本无法改变；另一种观点则认为，代沟是知识更新速度的差距带来的必然结果，虽然没有办法完全消除，但却是可以主动调整的。笔者倾向于支持第二种观点，为了厘清这个问题，需要对造成代沟的主要因素进行分解，并从中找到调整代沟的合适路径。

由于代沟的最显著表现就是两代人之间在观念上存在差距，而观念则是人头脑内的信念系统的产物。据笔者前期的研究，可以把人的信念系统分解为三维结构，即真理之维（解决人与自然的关系）、伦理之维（解决人与社会的关系）与审美之维（解决人与自我的关系）。基于这个信念结构，我们就可以找到两代人之间产生代沟的源头及其主要表现形式。

时代的发展对信念结构造成的冲击主要表现在真理之维，即新一代人会随着科技的发展获得更多的关于外在世界的知识，这也是科技时代迅猛发展的主要标志，所以这一部分内容会在两代人之间造成较大的发展差距，比如新一代人可以学习到比老一代人更多的新知识，如最近比较热门的互联网、人工智能、大数据、云计算等新涌现的热点知识，而这些都是上一代人无法快速跟进学习的。显然在这个维度上，两代人之间是存在较大代沟的。反之，对于伦理之维而言，由于它处理的是善恶等与社会秩序与规范有关的内容，这部分知识的发展在任何时代都是很缓慢的，从某种意义上说，任何一个成熟的社会在伦理之维都是趋向于保守主义的，两代人之间很难有大的差异，对于这部分知识的把握，反而是上一代人比下一代人更有经验，仅从得分角度而言，老年人的得分甚至会比年轻人多一些。至于审美之维，它处理的是美与丑的问题，直接体现人对自我的关怀。由于审美本身受到时代偏好的影响较大，这部分也会造成一定程度的认知冲突与矛盾。如果我们把造成代沟的原因归结为各自信念的三维结构的得分之和，由于两代人之间在认知的各个维度上存在的各自优缺点，那么，认知总分的差距并不是很大，如年青的一代会在真理之维（与科技知识有关）上有得分有优势，而年老的一代则在伦理之维（与社会生活有关）上得分占优，至于审美之维（与自我关怀有关）的差异具有时代的特征，只要自己感觉舒适即可，这一维度并不会在两代人之间造成太大的矛盾，毕竟这是认知中属于很私人领域的事情，就如同我们不会太在意别人的饮食习惯与穿着打扮一样。

说到底，造成代沟的主要原因就是两代人间存在的知识差距与伦理判断差异问题。考虑到代沟的时间跨度有限，通常范围在20—30年之间，因此，关于代沟笔者有两个推论：其一，一个封闭的、发展速度较慢的区域，代沟比较小，多以隐性方式潜伏着；反之，开放的、快速发展的区域代沟现象明显，并以显性的冲突方式展现出来。其二，存在适度的代沟差距，是社会学习与进步的内在驱动机制。只要代沟不是很大，就不会在群体间造成认同的危机，也是合理的。在这个基础上，我们可以合理推测：就个人而言，越是发达地区，知识更新速度快的地区，代沟现象越明显，反之亦然。就社会层面而言，发展不平衡造成的区域鸿沟才是真正可怕的。

客观地说，代沟的存在是社会进步的体现，完全没有代沟则是一种可怕的社会退化现象。这种代际的知识差距可以带来群体间的学习效应。问题是，这种知识差距不能超过一个合理的限度，否则就会在群体间引发矛盾与冲突。一旦知识差距大到一定程度就会发生信念结构的质的改变。在哲学上把这种现象称为范式转换，一旦发生范式转换，秉持新旧范式的两代人之间就会出现不可通约性问题。试想今天的我们可以和200年前的人达成共识吗？造成这种现象的原因就是我们和200年前的人拥有完全不同的范式，这个差距远远超过了代沟所允许的范围。因此，合理代沟的知识差距限度的设定，应该像道德的形成一样，这个限度不是人为设定的，而是自然演化的结果。毕竟社会与整个时代不会等任何人，所有的人必须参与到调控代沟的行动中来，这是双方共同努力的结果，而不是任何一方被迫等待另一方的人为设定与安排。就目前的情况而言，造成代沟的主要原因在于两代人之间的知识差距与伦理认同，这就要求上一代人尽量补充新知识，而下一代人则应吐故纳新建立新的价值观与伦理观。毕竟，一个和谐社会应该把代沟维系在一个合理的知识差距与价值认同范围内。

代沟的存在是社会发展带来的必然结果，完全取消代沟是不可能的，也是不现实的，存在一个合理的代沟可以避免社会的退化与平庸化趋势。但是，如果代沟差距过大则会造成两代人之间的交流成本上升，并造成认同与共识的破裂，从而阻碍社会的发展。考虑到中国的知识传授方式是高度趋同的，主动调整代沟还是有可能的。按照哲学家曼海姆的看法，知识的生成与演化有两种方式：其一，在日常经验的连续统中；其二，知识产生于秘传。显然，秘传是封建时代的知识传承方式，虽然可以消减代沟，但知识生产速度过慢，不适于当下工业社会对于知识的需求。当下的同质化的教育方式是高度连续与统一的，不仅加快了知识的生产速度，同时也由于拥有共同的信念基础，新知识的添加不会遇到信念中的异质因素的影响。因此，老年人主动地去力所能及地学习新知识，这既是缩小代沟的主要途径，也是减少老年人因为知识库存太少、容易上当受骗的有效措施（当下的受骗重灾区就是老年人，如各种虚假医药广告的主要受众）。笔者以前曾撰文建议，老年人应该是科普的主要受众对象，其目的也在于此。

在社会秩序方面，老年人是维持社会规范的稳定器。毕竟在这个维度上，老年人的知识库存比较丰富，这也是年轻人应该主动反向学习的。历史一再告诫我们，所谓的新事物不一定就是对的。历史学家汤因比曾说：不同伦理规范的相对性都服从于支撑它们的同一个绝对信念——善与恶是可以并且应当被区分的。

通过这种双向努力，那些困扰整个社会的代沟问题也就能在相向的调试中被置于一个合理的知识区间内：这个合理的知识区间，既可以保持社会的和谐，又维持了整个社会进步的动力之源。从这个意义上说，代沟是可以主动调适的。

第十二节　诺奖背后的学科知识地图分布与启示

根据对最近 21 年（1998—2018）诺贝尔奖三大自然科学奖（物理、化学、生理学或医学）的数据分析，可以发现如下三个现象：其一，从成果发表到获奖的平均等待时间随着学科发展成熟度的差异而呈现出明显差异，即成熟度越高的学科，从发表到获奖的等待时间越长；反之，则等待时间越短。总体平均等待时间为 29.7 年。在三大自然科学奖里，物理学获奖的等待时间最长，平均为 31.33 年；化学奖次之，为 29.24 年；生理学或医学奖等待时间最短，为 28.57 年（见图 1-14）。其二，从获奖内容来看，三大奖项都呈现出学科交叉的情形。其三，自然科学类诺奖获奖成员俱乐部的扩容非常缓慢，绝大部分获奖者集中在发达国家，日本是近年来最耀眼的新加入俱乐部的成员国。

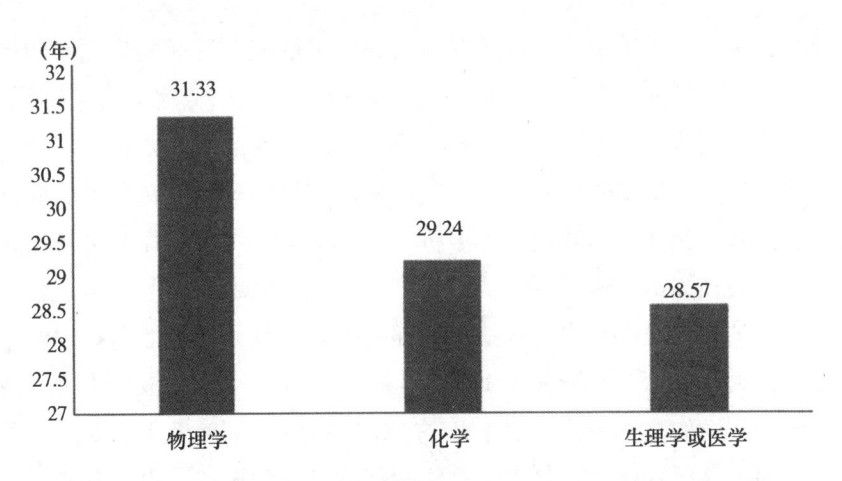

图 1-14 诺奖成果从发表到获奖平均等待年限（1998—2018）

根据上述结论，当下获奖成果大多发表于 20 世纪 80 年代中后期甚至更早，那么我们可以粗略推算一下，试问在 1988—2018 年的 30 年间，中国科学界是否取得了足够多的具有原创性的重要自然科学成果，如果没有，那就意味着在接下来的几年里我们仍然无法成为诺奖俱乐部成员。即便有个别人获奖，仍然是诺奖俱乐部的过客，而非常住客。据笔者的粗略观察，中国科技真正进入起飞阶段，并有重要成果出现应该在 2000 年以后（2000 年 R&D 投入占 GDP 比例首次达到 1%），按照正常发展节奏，未来我国真正进入诺奖俱乐部的时间段大致应该在 2030 年左右。所以当下的任务就是静下心来，夯实基础，多出原创性成果，为成为诺奖俱乐部成员开始进行扎实的准备。下面就诺奖背后的学科发展特点做一些简单分析。

所有的学科一起构成了科学世界的知识地图。由于学科间发展存在严重的不平衡性：有些学科由于历史原因，起步较早、发展迅速、成熟度较高；而有的学科由于起步晚、发展慢，成熟度也比较低。成熟度较高的学科由于发展比较充分，在这个领域集中了大量的人才、基金与设备，再加上高度的社会认同感，导致这个领域里的知识富矿也被挖掘得很充分，再获得重大成果难度较大；相反，那些成熟度比较低的学科，由于缺少充分的资源支撑，仍然处于待开垦状态，如果给予适当的投入将意味着有更多机会获得新知识。从这个意义上说，学科交叉领域是未来科学发展与知识生产的热点区域。知识在宏观层面的扩散过程就是知识从高梯度向低梯度转移的过程；在微观层面就体现为学科交叉、渗透现象，学科交叉领域恰恰是相邻优势学科知识汇聚的最佳知识洼地，现代的学科高度分化现象也充分印证了这种知识扩散的趋势。科学史上有很多这样的生动案例，如奥地利物理学家薛定谔（Erwin Schrödinger，1887—1961），1926年创立波动力学，成为量子力学的奠基者之一，由于这项成果他于1933年获得诺贝尔物理学奖，这时的他身处物理学这样的优势学科领域内，也是其职业生涯的巅峰时期。然而，1944年他跨界出版《生命是什么》一书，尝试用热力学、量子力学和化学理论来解释生命现象，从而成为分子生物学的开拓者之一。这个案例清晰显示了知识的流动方向：从科学金字塔顶端成熟度最高的物理学向处于科学金字塔中低端的生物学领域扩散，从而开拓出一片新的科学知识生长的富矿，后来这个领域涌现出很多重要科研成果，也产生了很多诺奖获得者。

  从学科发展程度的空间分布来看，高度成熟学科大多分布于发达国家，相应的人、财、物的集聚程度也是这些国家最高，后发国家参与到这个领域很难做出顶尖成果，大多数研究处于模仿与跟随阶段。中国现在的学科分布与资源配置结构就是如此，在这种模式下去赶超发达国家几乎注定是缘木求鱼的结果。反之，边缘领域与不成熟的学科在世界各地几乎都处于同一个起跑线，后发国家可以通过改变研究与资源的布局结构，在学科知识地图的发展薄弱之处发力，如在交叉学科之处适当投放资源很容易产生事半功倍的效果。毕竟高度成熟学科集中的区域，由于学科发展的特有惯性，其知识生产模式、组织结构布局与理念范式会被锁定在优势学科领域，出现很难变迁的路径依赖现象，而这个曾经优势的领域经过长期挖掘会出现知识的边际产出递减现象。如这些年我们在那些传统领域投入很大但效果并不理想。反之，最近几年，中国在人工智能、大数据等方面的工作，就是从基础比较薄弱的交叉学科领域入手，在知识地图的这些区域内，世界主要国家之间在发展程度上的差距并不是很大，此时，辅以政策扶持与资源的适当倾斜，相信很快我们就会在这些领域内处于领先地位，并有可能做出重要成果。这也是我们的科技体制所具有的优势所在：集中力量办大事。

现在的问题是，如何确定哪些交叉领域是值得我们重点发展的，并有望取得领先的成果？这里要明确两点：其一，交叉学科的出现是科学发展到一定程度必然出现的知识扩散与渗透过程。由于优势学科的知识富矿被充分挖掘后，留下的都是短期内难以解决的困难问题，此时会出现边际产出递减现象，原先集聚起来的人财物会在追求利益最大化（承认与名声）动机的驱使下纷纷撤出，那些知识洼地自然会成为这些撤出资源的最好去处。当这些科技资源在某些领域开始集聚的时候，就可以认为交叉学科开始出现，这个过程是通过自生自发秩序实现的，而非人为建构的结果。此时，科技管理部门只需注意到这种现象并组织力量进行甄别与前景论证即可，然后利用政策工具进行适度扶持。其二，交叉学科的出现要遵循学科发展的自然规律，避免行政部门拍脑袋认定的现象。为此需要从制度层面保障研究者的自由探索精神，毕竟源于个体的直觉与敏感性会自发促成知识的扩散，借助于民主机制的保障，才能最大限度避免出现决策失误的现象。从这个意义上说，当下很多项目指南的设定是极其不严谨的。如果能够恪守上述两点，集中体制就会比分散体制发挥更大的推动科技发展的作用，否则集中体制就容易出现决策失误，造成资源浪费以及揠苗助长现象。

纵观科技史，大体可以发现，国家间的科技竞争与中国古人的田忌赛马有众多相似之处：优势学科大多存在于发达国家，后发国家要想在竞争中实现赶超，必须合理布局资源与力量的结构。对于科技而言，那些发展程度处于起步阶段的交叉学科与领域恰恰是后发国家应该重点关注的领域。为了在竞争中获胜，在优势学科领域只要保持紧跟态势即可，以此保持自身知识的适当高梯度并为学科交叉与扩散提供内在的驱动力，然后精准利用政策工具的扶持功能，这种模式要比自然进化的科技发展模式快得多。

最后，值得警惕的一点是，国内科技界近年来又兴起了引进诺奖获得者的热潮，这实在是一种懒政的浮夸作风在作祟。要知道诺奖成果多是 30 年前的工作，真正高质量的人才政策一定是注重现在时而非过去时的政策，它以能发现人的潜力与创造力为标志。

第十三节 落后地区应加大研发投入

2018 年 10 月 9 日，2017 年中国科技投入统计公报发布，数据显示：全国研究与试验发展（R&D）经费投入强度为 2.13%。从地区投入强度分布来看，R&D 经费投入强度超过全国平均水平的省（市）有 7 个，分别为北京、上海、江苏、广东、天津、浙江和山东。投入在 1% 以下的省份有 11 个，其中最少的为西藏，仅占 GDP 的 0.22%。具体情况见图 1-15。

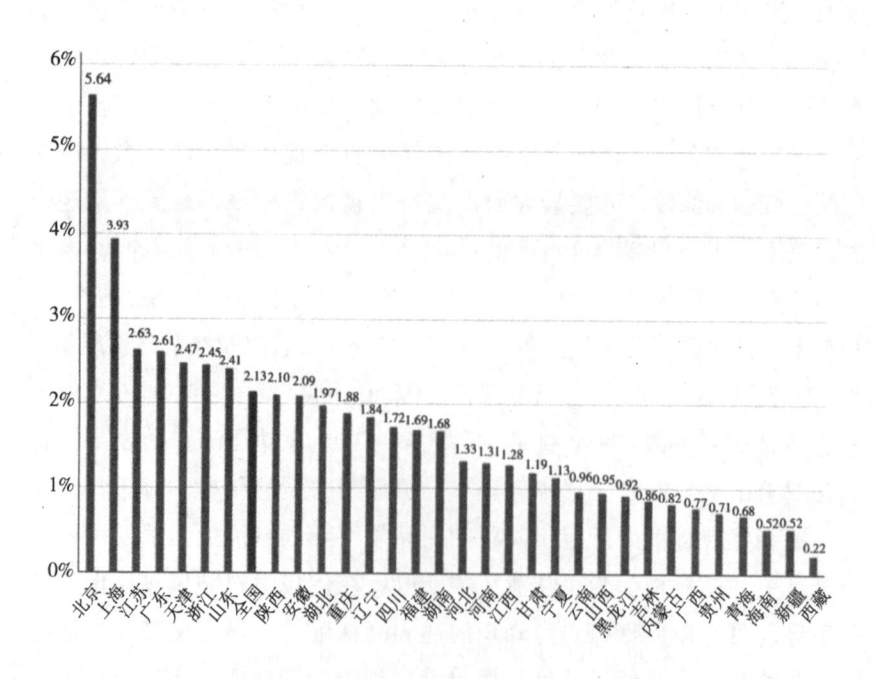

图 1-15 2017 年全国 R&D 投入强度区域分布

从图 1-15 中可以清晰地发现，国内各省份研发投入强度分为三个阶梯，高投入区（2%以上）、中等投入区（1%—2%之间），以及自宁夏以降的低投入区（1%以下），其中低投入区占全国的 1/3 左右。无数研究证明：大凡研发投入强度比较高的地区，科研产出以及经济与社会的状况也比较好，反之亦然。下面笔者根据中国科学技术信息研究所发布的最新数据（2018 年），做些简单分析，即 R&D 投入与论文和专利产出情况的相关性分析。见图 1-16。

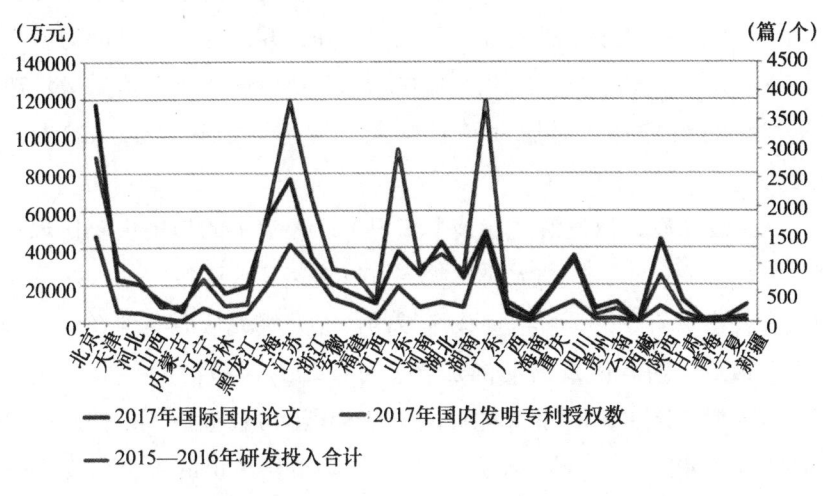

图 1-16　R&D 投入与论文和专利产出情况分析

从图 1-16 中可以直观看出，几个科研产出的高点地区也是投入强度比较大的地区。运用 SPSS 17.0 统计软件，将 2017 年各省市国际国内发表论文数、2017 年各省市国内发明专利授权数分别与各省市 2015—2016 年两年研发投入总额进行斯皮尔曼相关性分析，得到如下结果：区域国际国内发表论文数、国内发明专利授权数与区域研发投入金额均在 0.01 显著性上高度相关，相关系数分别为 0.924、0.952。由此可见，投入与科技产出具有高度相关性。现在的问题是：落后地区是否也应该加大研发投入？生活经验告诉我们，越是穷人家的孩子越应该读书，否则再无出头之日。小到个人选择大到区域战略安排都是一个道理。因此，答案是显然的，越是落后地区越应该加大科研投入，而不是一味地等靠要，否则落后地区将彻底陷入马太效应的陷阱而无法自拔。如何让创新驱动发展战略落到实处而不是一句空泛的口号，这其中有很多理论问题亟须厘清。从经济社会发展全局来讲，落后地区只有厘清研发活动的意义，并积极加入到研发活动中来，创新驱动发展战略才能全方位推进。

众所周知，知识的生产同样需要投入资源（人、财、物等），否则，知识是不会凭空产生的。所有类型的创新的实现都是建基于知识基础之上的，从这个意义上说，区域内的知识存量与再生产能力就成为实现创新的必要条件。因此，加快知识生产就成为当下落后区域改变处境的首要任务。而加大科研投入恰恰是增加知识供给的主要手段。

从宏观来看，研发活动在整个知识生产环节中的作用主要体现在如下三个方面：首先，加大研发投入可以快速实现区域间的人才集聚效应。其次，研发活动可以促成区域内产业升级，从而实现经济结构转型。最后，随着研发活动的加强，可以培育区域内的科学文化氛围，从而提升区域内的知识基准线，为知识溢出效应创造条件。按照经济学家费尔德曼（Feldman）的说法，要实现知识的溢出效应，需要满足两个条件：其一，创新活动在空间内集聚；其二，知识流动在地理环境层面的本地化。把费尔德曼的观点换一种说法就是：区域内的知识密度要足够大，本地要有合理的知识梯度，只有具备这个条件，知识的扩散与流动才是可能的。为了维持区域内的知识密度，足量的人才储备至关重要，由于存在知识梯度，然后知识才能在各类人才之间流动与吸收，在这个过程中创新得以涌现。这里还需要解决一个问题：知识在传递过程中的认知距离问题。正如柯亨（Cohen）指出：认知距离过长可能会阻碍沟通从而完全消除知识溢出效应。由于知识通常以两种形式存在：显性知识与隐性知识，显性知识是可以通过文字表达与传播的，而隐性知识只能以个人所具有的实际能力来体现。在具体创新的过程中，隐性知识具有举足轻重的作用，这也就是很多地区都会采取各种方式积极吸引人才的内在原因。

对于发达地区而言，投入研发活动可能仅仅是锦上添花，但是对于落后地区而言，加大研发投入就不仅仅是增加知识供给的问题，更是维护本地区知识基准线不至于快速降低以及文化土壤不流失的主要手段，否则本地区的人才也会被其他地区吸引走，从而加剧马太效应在区域间的优势累积与劣势累积同时放大现象。正如民间所谓：栽下梧桐树，引得凤凰来。研发投入就是人才发挥作用的梧桐树。根据笔者前期的研究可以发现：研发投入就是人才集聚与产业升级的催化剂。现在发达地区相对于落后地区已经形成了较强大的虹吸效应，再不积极应对，落后地区的文化土壤将不可逆转地流失。一旦文化土壤极度贫瘠化，人们的观念将锁定在保守路径上，不可避免地造成区域的封闭与落后，对于未来而言这才是致命的。

笔者多年前曾提出一个创新基础支撑条件模型，也被称作五要素模型，即实现创新需要具备五项基础支撑条件：制度、经济、人才、文化与舆论。从这个模型中可以发现，如果某区域投入研发基金，那么这部分投入会直接带来人才、文化的转变，间接带来制度与经济的改善。现在的问题是落后地区用于研发活动的钱从哪里来？主要路径有两条：首先，降低制度成本。笔者前期的研究显示，大凡落后地区的制度成本都比较高，因而降低制度成本就相当于增加整个社会（区域）的收益。如2018年很多地区，以放开户籍限制来吸引人才。这原本是制度安排中预留的政治准备金，意识到这种安排的区域，通过释放这部分资源来达到吸引人才的目的。其次，消减不合理支出，合理配置资源，总会给研发投入留下空间，比如近几年陕西、安徽等省的表现就很抢眼，它们的经济总量并不是很大，但是通过合理配置资源，加大科技投入，最近几年经济与社会的整体进步态势明显。相信不远的将来，它们将收获更多的源于研发投入带来的收益，从而跃升到区域经济发展的第一方阵中来。反之，那些因为决策者的眼界、勇气以及对未来的鸵鸟政策所致的研发投入较低、创新能力较弱的区域，将彻底沦为边缘区域。放眼世界，"二战"后很多国家也都是在经济极度困难的背景下果断加大研发投入，最终收获了预期的未来。从这个意义上说，加大研发投入更多的是决策者的一种态度和认知格局的问题，而不是简单的钱的问题。毕竟只要合理规划资源，这点投入总还是会挤出来的。

第二章 科技政策与评价

第一节 科技评价2.0：从局部评价到全局评价

中国改革开放走过了40年的历程，这场伟大的变革，让我们的生活世界和信奉的观念系统都发生了根本性的变化。科技系统作为社会的子系统之一，自然无法置身事外，从彼时的百废待兴到此时的蒸蒸日上，显然科技界的整体结构已经发生了天翻地覆的变化。科技评价体系作为科技系统中最重要的环节，通过规则的设定实现国家意志并对科技共同体的行为进行规训。高质量的评价，能使科技资源处于最佳配置状态，从而实现科技造福社会的目的。然而科技界的表现却与预期有较大的差距，问题到底出在哪里？科技评价体系的改革从哪里切入是比较合适的路径？这一切都要回到对评价体系结构的检视上。

一 科技评价体系的结构

科技评价的水平直接影响科技发展的质量，这已是学界的共识。由于评价是一种主动介入式的管理方式，那么，科技评价的结构一定是基于科研生产过程而设定的。通常科技的生产链条有如下结构：科技生态系统+资源配置+人才=科研成果。在这个简化的流程图中，广义评价是对等式两边的四项要素全部进行有针对性的评价；狭义评价则主要针对知识生产链条中的可见要素进行评价，即对资源配置、人才与成果进行评价。对于管理者与社会大众而言，他们比较关注狭义评价，然后各取所需：管理者求政绩最大化，公众则是获得骄傲与自豪。两种不同诉求在结果处合流，也助长了整个社会把狭义评价等价于评价的认知误区。

这种线性评价模式就是我们在过去几十年里一直在执行的科技评价1.0模式的主要内涵，其最大特点就是简单地把"资源+人才"拢到一起，然后就期望预期的科研成果马上出现。如果实际效果不理想，那就直接调整两个变量：要么加大资源投入量，要么增加人才数量，或者同时增加。这种粗线条的评价模式操作简单，在科技发展处于跟随阶段很有效，毕竟有成熟的路线可以依循，问题是一旦科技整体发展态势由跟随型转变为并跑型，可资借鉴的模式在迅速减少，这时线性评价模式的功用也就走到了尽头，用经济学术语讲就是出现了总体边际收益等于或小于零状态，这时再靠传统的线性评价模式来支撑与推动科技发展的策略显然已经开始失灵。毕竟在资源的硬性约束下，投入不可能无限加大，这时那些隐而不显的科技发展要素开始显示出作用，即好的科技生态系统在同样规模的投入下会有更好的表现，这里的表现包括两个方面内容：成果的质量和数量。因此，寻找新的科技评价模式是科技系统发展到一定阶段的必然要求。在探讨新的科技评价模式之前，我们还是需要清理一下，传统评价模式1.0对科技发展带来了哪些弊端？只有把这个问题梳理清楚了，我们才能真切体会到变革的必要性与紧迫性。

传统科技评价模式给科技发展带来的主要问题有以下几个方面：首先，严重忽视科技生态系统的建设，单纯依靠资源的粗放式投入来取得可见的科研成果，结果造成科技生态系统的严重透支与破坏，如科研诚信库存的大幅损失、学术不端的泛滥等，这些弊端都是对资源配置扭曲的一种回应，其恶果时至今日仍无法有效清除，这种情形与中国的环境状况类似。其次，造成资源的过度开采，缺乏有效的保护机制，从而导致资源效能的衰竭。客观地说，现在的评价指标体系已经非常细致，直接渗透到私人领域：使得生活时间逐渐被工作时间侵蚀，很少有恢复的时间与空间。政绩目标通过层层分解，导致压力向下传递，这种压力造成：一则出现资源的普遍饥渴症，二则造成体系内所有人的普遍疲劳状态。当资源和人都处于效率不佳状态时，又怎么能有高质量的产出。如目前频见报端的科技界过劳死现象，以及更多被忽视的弥漫性疲惫与厌倦症候群，然而恢复资源效能的措施迟迟不见踪迹。再次，资源的线性使用模式，造成对量化考核模式出现严重的路径依赖现象。最后，由于评价权重设定的极度扭曲，导致科技界马太效应加剧，造成资源使用效率的大幅降低。反观当下科技界有些人成了各种帽子（头衔称号）专业户、资源的最大占有者，政、商、学通吃，毕竟人的精力有限，这些职责忙得过来吗？有时真想知道那些身居高位、拥有数千万甚至上亿元基金的大咖们是否内心会有一丝不安：如果做不出来该如何向纳税人交代啊？坦率地说，一旦把这套评价模式从科技界移走，我们很多人真的开始不知道该如何做科研了，管理部门也不知道该如何管理科技界了，吊诡的是大家都知道这套评价模式有问题，但是却没人敢取消这套模式。

  对于长期被忽略的科技生态系统，还要简单说两句。科技生态系统都包括什么？这是很难定义的事情，大体可以把那些可见要素移除后支撑科技发展的要素都称作科技生态系统。为了简化起见，笔者把生态系统中支撑科技发展的不可见要素按影响力强弱分为政策要素与文化要素。这样一来，科技的生态系统＝政策要素＋科学文化要素。这些要素都是不可见的，由于公众对于科技界的陌生，很难了解到这些东西的作用与价值，因而，社会大众对此缺乏应有的关注，这样就无法形成来自社会的有效压力，促使管理者去做出改变，而来自科技界内部的批评声音则多有忌讳，故而这个问题就如同影子一般存在。没有人看见它，却又时刻离不开它，如何评价它，这也是当今世界上一个没有很好解决的问题。下面就科技生态系统中的政策要素做些简单的评价分析，一斑窥豹。

  科技生态系统健康与否直接受政策影响，因而对科技政策层面的评价恰恰是诊断科技生态系统状况的便捷方式。政策通用的评价标准就是公平，即一项政策是否体现了最大限度的公平，以及提供实现公平的路径。由于其不可见性，这部分评价在实践中通常是被悬置的，也是目前评价中最为薄弱的部分。比如，当下人才市场中最炙手可热的"青千系列"，就是一个明显的歧视性政策，它在政策中设置特设性门槛，以此有效阻止国内人才的参与机会。难道国内就没有符合其水准的人才吗？显然不是，这就导致国内有同样实力的最优秀青年人才无法获得应有的承认，久而久之，国内青年人才市场就会沦落为柠檬市场，迫使国内人才必须通过出口转内销的方式才能弥补这份损失，这是很荒谬的。如果说"千人计划"具有国家态度示范意义的话，那么其目的已经达到，而"青千计划"则完全没有必要仿效"千人计划"的准入门槛。任何牺牲公平的政策，虽然短期有效，但其长期影响实在是得不偿失。这项政策无疑会加剧土洋对立的局面，那些被排除在外者对于国家的认同与忠诚会大打折扣，同时这种政策也是对国内高等教育取得成就的直接否定。公平永远是政策的最大美德，缺少公平的政策是行之不远的。让所有有能力的人有公平的机会同台竞技，这项政策才能真正把影响力发挥到最大，由此而来的知识溢出效应才能被社会分享。

二 科技评价2.0的目标：环境、鸡和蛋一个都不能少

19世纪英国小说家萨缪尔·巴特勒（Samuel Butler, 1835—1902）曾说过一句很有趣的话：鸡只是蛋为了产生另一个蛋而用的手段。对于整个科技生产链条而言，科技评价就是一项被证明为行之有效的政策工具：它一方面调控资源配置方向与科技产出的规模，另一方面规训科技主体的行为选择模式。随着整个社会分工的日益精细化与专业化的大趋势，科技评价为了适应时代的要求也必须完成从评价1.0版上升到评价2.0版。如果说评价1.0版是线性评价模式，那么，评价2.0则是非线性的，它努力在科技生态、资源与人才之间形成一种耦合关系。为了分析的方便，笔者把科技评价1.0版称为局部评价，仅关注资源配置、人才结构与成果等级；那么，即将到来的评价2.0则是全局评价，它关注整个科技生产链条，尤其关注对科技生态

系统的评价，而这是评价1.0无力做到的事情。

　　全局评价的目标有四个：首先，营造良好的科技生态系统。科技生态系统本身也是一种具有持续影响力的成果。其次，改变原有的人才评价权重，解决屠呦呦、袁隆平等遭遇的评价窘境，突出能力优先。再次，取消单一化评价模式，采用科研成果分类评价。最后，塑造纯粹科学家，杜绝肆意的跨界行为。虽然从内容上看，局部评价也关注人才和成果，但是那种评价体系下的关注是粗糙的，并在实践中带来很多难以消除的后遗症。如局部评价（评价1.0）下的人才认定就是一种静态考察模式，过度仰仗于出身与学历等静态指标，对于成果的评价过度依赖于所谓的国际名刊等，这是造成屠呦呦、袁隆平等评价窘境的根源所在。另外，还要取消奖励的申报机制改为推荐制，杜绝自我吹嘘的恶习。如果所有的科研活动都以论文来评价，这就严重缩减了科学活动的外延，仅就科技活动的起点分类而言，基础研究、应用研究与试验发展研究的成果呈现形式是完全不同的，如果一律以论文作为评价标准，会对科技共同体造成严重的不公平，也会带来群体行为的制度性越轨，比如最近曝光的医生论文被大批量撤稿事件，就是这种扭曲评价体系带来的制度性越轨。再如评价1.0对于人才的评价，通过特设性的歧视条款造成的后果就是激励了一小批，遏制了一大批，其负面效应慢慢会呈现出来。从手段上看，局部评价过度依赖资源的调控与承认的分配，造成整个科技界出现过度竞争以及浮躁之风蔓延，已经严重侵蚀了科技生态系统的基础，而这些调控因子在频繁使用之后开始出现敏感度降低现象，导致刺激所带来的效果远不如预期。现在是到了彻底改革的时候了，否则科技界会整体陷入边际产出递减的状态。

　　如果把评价工具所具有的调控力设定为一个定值，那么，全局评价则会带来一个可喜的变化，即评价的调控力会在多个目标上分散，从而让原先被过度使用的资源、人才与成果恢复弹性与敏感性。当评价的注意力部分转移到科技生态系统，会为其他子系统的发展留出缓冲与调适时间。以往局部评价带来的唯一好处就是在共同体内部形成竞争意识以及对于资源和成果的渴求，这部分经验会成为科技共同体的认知定式。这也从另一个侧面说明全局评价是可能的，即便调低对于人才、成果的评价力度，由于前期形成的竞争意识也不会轻易消退，这就意味着全局评价即便在不增加过多力量的情况下也是可以实现的。

《全国科技经费投入统计公报》（2015）显示，中国的 R&D 投入已经突破 2% 的关口，全时当量研发人员以及科技人力资源总量都已经是世界第一。这组数据说明两个问题：首先，中国的科技体量已经足够大，短期内 R&D 投入大幅增加已经不太可能；其次，随着人才总量的持续快速增加，资源的竞争强度会越发激烈。如果再在这两方面加大调控力度，只会造成过度竞争以及出现共同体集体麻木状态。根据生态学的原理，足够大的群体密度会造成挤出效应，因此，对于全局评价来说，把力量从资源与人才方面部分撤出，留出精力去处理更加复杂的科技生态系统是完全有可能的。反之，如果仍旧沿袭评价 1.0 的方式，完全有可能彻底毁掉科技生态系统，这绝非危言耸听，当群体密度增加、在单向刺激不断强化的过度竞争状态中，会在某一刻摧毁一切激励机制，这个临界点类似于美国动物行为学家约翰·卡尔宏（John B. Calhoun, 1917—1995）提出的行为的沉沦（behavioral sink）的临界点。就如同发条上过劲儿突然崩断一样，到那时所有的激励作用都失灵了。从这个意义上说，科技界也应该减负了，否则会出现欲速则不达的状况。李克强总理在最近的讲话中曾深刻地指出：人类的重大科学发现都不是计划出来的。评价作为一种计划的产物，应该不忘初心。因此，科技评价只是手段，激发人的创造性才是所有评价的最终目的所在。如果为了评价而评价，那么，作为科技活动主体的人就死了。

既然科技的全局评价系统的建设是可能的，那么该如何着手呢？由于科技的生态系统主要包括两个大的部分：科技政策与科学文化，对此，可以引入社会影响评价（Social Impact Assessment）。主要目的是使科技生态系统自身保持生产性功能，从而达到支持科技生产链条的持续发展,并使科技生产系统总是处于边际产出递增阶段。这恰恰是科技生态系统的生产功能的体现,一个好的科技环境可以最大限度上降低交易成本,从而为成果的产出留出更大的利润及空间;另外,系统中好的科学文化则可以保证群体的价值观是向上的并具有超越性,而非单纯的入世取向的利益诉求;同时,好的科技生态系统既可以培育人才,也可以吸引人才,只要想想硅谷的科技生态系统就可以明白这个道理。硅谷没有秘密,支撑硅谷的条件都是明确的,为什么别的地方无法克隆,原因就在于那里的科技生态系统处于健康状态,这就为无数的资源、人才、想法的流入提供了适宜的生长空间。之所以引入社会影响评价,是想借助社会的力量来遏制科技生态系统的退化与保守倾向,让科技生态系统时刻处于开放的、远离平衡态的进化状态。

第二节 科技要上新台阶,绩效与状态是关键

改革开放40年,中国科技界取得了举世瞩目的成就,无论从哪个指标来看,中国现在都是名副其实的科技大国,不论从科技的投入—产出,还是从科技的体量与规模上看,中国现在都已经位居世界前列。正如科技部部长万钢在2018年1月举行的全国科技工作会议上指出:2017年中国国际科技论文总量和被引用量均跃居世界第二,发明专利申请量和授权量居世界第一,有效发明专利保有量居世界第三,全国技术合同成交额达1.3万亿元,科技进步贡献率达57.5%。这一组最新权威数据可以大体反映出中国科技界的整体发展态势。振奋之余,还是需要冷静下来认真反思过去发展中存在的不足,否则未来无法绕过停滞的陷阱。

一 科技管理的困境:要状态还是要绩效

过去的40年,科技对于整个社会的发展与个体生活的改善都起到了举足轻重的作用。抛开微观层面的影响不谈,仅就宏观层面的共

识而言，时至今日，全社会对于发展科技具有高度的共识，在利益与观念多元化日益显性化的今天，还没有哪项事业能够在全社会中达到如科技那样具有高度认同的情景。这就是过去40年科技通过自身的表现而赢得的尊重，这对于其未来的发展是非常重要的。回到科技界自身的发展，反省这些年取得了哪些成就又存在哪些不足，对这些经验与教训的梳理与盘点恰恰是建构未来所急需的。

对于整体科技建制的评价，我们通常采用美国管理学家阿兰·斯密德的"状态—结构—绩效"（SSP）三元分析框架模型，其中，绩效是因变量，也就是通常意义上的结果，而状态与结构则是自变量。从这个意义上说，要达成一定的结果（绩效），需要从状态与结构两个维度入手进行改革。对于这个三元模型，我们还要做一点引申性的拓展，即作为变量的状态是半显性的，既可以感觉得到，但又无法完全表征；而绩效则是完全显性化的，可以看到，也可以被准确表征。这种隐而不显的区别对于科技管理的制度化操作与对群体规训作用的影响长久而深远。

反观科技发展的40年历史，中国科技管理的实践证实了如下三个预设：首先，以追求绩效作为管理的首要目标，对于管理者而言，激励作用最大；其次，政策受众对于特定激励模式是高度敏感的，从而为政策靶标的设置留出了具体的操作空间；最后，在结构改变的空间有限的情况下，变迁与演化的动力调控因素就落在了状态变量上。换言之，共同体状态好，整体的绩效随之提高，反之亦然。过度追求整体绩效，必然是以牺牲个体状态为代价的。科技体制的这种内在变量设置，塑造了整个中国科技界的偏好与评价标准。以当下的中国科技界为例，最能彰显绩效的指标就是论文与专利的产出量，所以造就了中国的论文与专利大国的形象与各类论文英雄的涌现。但是这种评价标准是扭曲的，毕竟科技的内涵里还包含众多的解决实际问题的需要，这部分就被制度性评价标准忽视了。它造成的总体结果就是理论与实践的严重脱节，导致那些虽然不是最前沿问题，但是对于现实的产业发展至关重要的研究的价值被严重低估，从宏观上看，这部分应用知识的产出在萎缩,导致现有科技成果无法有力支撑实际发展的需要。从这个意义上说,经济学家舒马赫为倡导"小的是美好的"而提出的"中间技术"概念,对于当下的中国是具有重要现实意义的。在扭曲的评价标准导引下,由于过度追求绩效而造成的共同体状态的亚健康化会给未来的科技发展带来严重后果。

二 学术帽子、领域割据与道德愤怒

众所周知,要保持科技体制的长期绩效,需要对造成绩效的自变量进行实时调整,这里的自变量就两个大类,即科技体制的结构与状态:结构与制度安排有关,而状态则是科技共同体的行动意愿。关于结构的调整往往牵涉太多因素,变革起来难度比较大,即便如此也要克服阻力进行必要的调整,否则保证科技体制的长久绩效是不可能的。在理顺结构的改革上要避免两种认知误区:一种是推倒重来,另一种是得过且过的拖延战术。前者会造成科技体制的重大动荡,变革的阻力与改革成本都过高;后者维持现状,虽然看似成本低,但会贻误宝贵的发展契机,并会出现退化轨迹的路径锁定现象,这是一种严重的负向路径依赖现象。一种合适的做法就是采取渐进式的"纽拉特之船"模式。纽拉特是哲学界维也纳学派的创始人之一,这个隐喻的意思是说:我们就像水手,必须在辽阔的大海上边航行边修复自己的船只,没有条件返回到岸边的船坞里拆卸它,并用最好的材料重新组装它。科技体制的子结构众多,只要精准定位,局部改革还是可能的,而且成效显著,近年来的科技体制改革的成功案例大多属于此类。现在谈谈影响科技体制绩效的另一个因变量:状态问题。这是一个长期被忽视的影响绩效的老问题。

状态就是生产力,持久的状态就是持久的生产力。国家间的科技竞争就是其内部共同体成员状态的竞争。这是我们在多个场合聊过的命题,中国科技体制 40 年的改革实践早已证明:中国的科技共同体对于激励是高度敏感的,这就意味着激励机制是当下最常用的政策靶标。问题是对于个体行为而言,激励机制存在着倒 U 字形的拉弗曲线的效应，即随着激励强度的增加，共同体的绩效开始显著提升，一旦激励强度达到一定程度，个体的绩效开始显著降低，并表现出对激励的不敏感现象，共同体的总体绩效也随之开始显著下降。由于存在激励的边际收益递减现象，就有可能出现激励失灵，对于科技共同体而言这是灾难性的。因此，为了避免激励失灵，我们需要采取两种措施：其一，把激励强度设定在一定范围内（激励的边际收益等于零是激励强度的边界底线）；其二，使激励政策契合正义原则，即要求激励政策的设定符合公平原则。生活实践早已告诉我们：公平是维持激励效应持续时间的最有效的低成本措施。越公平导致激励效应的持续时间越久，反之亦然。缺少公平，任何激励措施都将出现政策效率损失。

为了展示激励与公平之间的关系，我们不妨看一个科学研究的结论。动物学家弗兰斯·德瓦尔（Frans de Waal）与萨拉·布罗斯南（Sarah Brosnan）在 2003 年 9 月份出版的 Nature 杂志上发表了一篇著名文章：《猴子拒绝不公平的报酬》（Monkeys reject unequal pay）。在这篇文章中，作者用一对僧帽猴做了一系列实验：实验者给猴子们安排了一些小任务，完成得好就给它们喜欢吃的黄瓜。两只猴子都非常乐意执行这些任务。后来，实验者奖给其中一只猴子它们更爱吃的葡萄，这时，得到黄瓜的猴子不干了，它把黄瓜仍回给实验者，再也不想搬石头了。有意思的是，猴子把怒气撒在引发不公的实验者身上，而不是另外一只受益的猴子身上。哲学家苏珊·奈曼（Susan Neiman）把这个现象称为"道德愤怒"。这个实验很好地证明了：公平丧失，激励失灵。对于公平的追求，猴子尚且如此，何况人乎？现在来看看中国科技界作为常用激励靶标的帽子现象。

帽子现象的出现是自上而下的制度安排的结果，最初设立帽子是出于两方面的考虑：首先，整个科技投入严重不足，无力推行全面激励；其次，如何利用有限的投入在科技共同体内部起到最大的激励作用。帽子的设立既可以掩盖投入不足的现实，又可以通过局部激活，盘活整个科技共同体。其实，帽子的出现只是众多激励工具测试中敏感性最高而又被受众高度认可的成功选项而已。最初的杰青（1994年设立）、长江（1998年设立）等帽子都是这么设立的。实践证明，这种激励措施对于从起步向腾飞跨越的中国科技界来说效果非常明显。这类帽子存在的问题在于其结构没有随着时代的发展而适当扩容，毕竟今天的科技发展水平比20年前有了实质性的提高，而且国家的经济实力也比过去好了许多，此时仍沿袭旧的结构不可避免地会导致出现激励效率损失现象。换言之，今天有很多人按水平应该得到这些帽子，但是由于规模结构的刚性限制而无法获得这些帽子，致使这些人本应释放的效率出现损失。新近设立的市场认可度很高的帽子如千人、青千等计划，又专门针对海外华人学者，这样就阻止了国内人才的进入。歧视性的制度安排在科技共同体内部形成不公平的刻板印象，由此引发群体道德愤怒的蔓延，这不可避免地造成整个社会利益的损失。

坦率地说，在科技投入无法显著提高的背景下，科技人员的收益也无法随之增长，而各种帽子的出现对于科技共同体的贡献而言是一种合理的补偿，当整个社会仍处于激励的边际收益递增的区间内时，多一些帽子无可厚非。从这个意义上说，多一些帽子也是科技发展过渡时期的必然现象。社会总不能一边要求建设双一流大学，强调在水平上要与国际接轨，而在个人收入方面却与国际标准背道而驰，这是不合理的。对于当下的中国来说，帽子现象的危害还不是最大的，毕竟它还是有激励作用的。真正影响科技共同体状态的却是隐而不显的学术圈子，我们把这种圈子文化称作领域割据化，一些学术权威以学缘的亲疏与个人偏好垄断某些学术领域，造成一种封闭的学术圈子，如果你不是圈子内的人，再优秀也不带你玩，并以此影响资源与价值的分配，这才是真正危害中国学术界状态的暗黑力量。任何圈子都是具有边界的，外人根本无法进入，而恰恰是这些大大小小的圈子决定了资源与荣誉的流向，这就是马太效应在现实中的表现。马太效应的最大弊病在于造成资源的过度集中与效率损失，以及思想与观念的僵化，这种趋势有可能导致科技发展路径陷入退化轨迹的风险，这也是当下造成科技共同体道德愤怒的重要原因之一。

　　从长远来看，由于道德愤怒的蔓延，极大地影响科技共同体的状态与目标的设定，因此，消除或降低群体的道德愤怒就是提升状态的最好办法。法律规范之所以有效，是因为其与外部制裁的威胁紧密联系在一起，而道德规范在任何实质性的意义上都不与外部制裁联系在一起，导致道德上的良善不能强制执行。道德上的制裁都是内在的感受，如内疚、自责等，问题是在以成败论英雄的科技界，道德制裁几乎毫无约束力。试想一旦帽子获得，又有哪个人去质疑过程呢？而且拥有帽子的人很快就会成为学术割据集团中的主要角色，在利益网络的覆盖下，学术中心与学术边缘的权力地图随之确定。

　　从这个意义上说，道德愤怒只能通过制度安排来消解，通过制定公平的政策，普遍增加科技投入，扩大受益人群，防止片面地采用过度激励措施，这样才能让科技共同体的状态维持在一个具有活力的范围内，以此保证科技界的绩效处于可持续的状态。

第三节　扭曲的承认机制会带来什么后果

　　前段时间，中科院系统的几位年轻的本土学者做出了很多漂亮的科研工作，在面对未来的职业生涯规划时，这些青年学者不约而同地考虑出国做博士后。后来，故事反转，这些学者被各自单位挽留下来。由此，中科院院长白春礼院士在一次讲话中指出：对于做出重大贡献的青年学者，要不唯"出身和经历"，真正做到"英雄不问出处"，给予他们与海外优秀人才同等甚至更高的科研经费和生活待遇。白院长的话说出了全国科研人员的心声，问题是仅靠特事特办是无法解决全局性问题的，如何让这种想法在现实中更具有可操作性，这就是政策要解决的问题，因为政策是针对科技共同体所有受众的。要解决"英雄不问出处"的难题，回到政策制定层面就是如何保证承认机制不扭曲的问题。

　　一旦承认机制出现扭曲，就会出现郑人买履式的人才政策：只相信预设标准，而不相信实际能力的荒唐行为。遗憾的是，国内现有的人才政策大多都陷入郑人买履式的陷阱。政策作为制度的产品，必须体现制度的最大美德：正义。回到实践层面，政策的内容安排必须体现公平，只有公平才能保证科技共同体所有成员的利益不受损。笔者以前曾撰文指出：公平就是一个体面社会对于所有人无差异的馈赠与福利。在人才政策层面，人才的遴选与成果的认定恰恰是体现政策公平的主要靶标，通过对这些政策靶标的合理处置，确立承认机制正常运行的政策环境，以此起到对共同体成员的普遍激励功能与导向作用。

　　道理不深奥，为了保证承认机制符合公平原则，我们不妨采用哲学家罗尔斯的无知之幕假设，即我们在制定政策时，预先刨除与个人能力无关的各种社会、历史与文化因素，如种族、性别、肤色、地位、出身与地域等因素，剩下的因素才是对科技发展至关重要的。在这种背景下制定出来的政策才能保证每个人的利益不受损，也才能最大限度上符合正义原则。对照这个标准，显然中国的人才政策在设定之初，承认机制就是严重扭曲的，这就不可避免地导致很多无名英雄因为各种预设的标准被排除在外，从而造成整个社会的智力资源损失，以及引发共同体内部的分裂和对于国家认同的危机。这样的例子在我们身边比比皆是，比如现在人才市场上炙手可热的千人计划、青千计划，在政策设定之初就预先把国内人才排除在外，专门针对海外人才，这种承认机制就是不公平的，也是极度扭曲的。国家想大量吸引海外人才，这个政策初衷没有错，考虑到国内整体科技水平与欧美等发达国家之间存在的差距，在政策设定之初就去除这种地域性条件限制，让所有够条件的人都来申报，相信绝大多数入选者肯定还是海外人才，只有极少数的国内人才会入选，这个结果不会改变政策设定的初衷，但是这样操作的风格就会消除科技共同体的愤怒，反而会极大地促进国内科技共同体的发展。非常遗憾，我们的政策设计并没有这样的安排，以至于后来的青年千人计划的设立仍然沿袭上一轮千人计划的模式，这都是极大的政策败笔。

科技政策透镜下的中国

正是由于这个原因，才出现国内优秀年轻科技工作者争相出国的局面，因为这种选择符合自身利益最大化，也可以延续自己的研究工作，否则，就会被政策迅速边缘化。这时就会出现美国科学社会学家默顿所谓的"自我实现预言"，即如果人们把情境当作是真实的，那么其结果将成为真实的。换言之，如果决策者认为国内科研水平与人员都是不行的，那么，资源的投放也将随之减少，由此，在时间的累积作用下这群人也就真的不行了，从而应验了最初对情境的判断。在心理学上，蔑视可以毁掉一个人，同理，歧视也可以于无形中毁掉一个群体。在大科学时代，科研作为一种建制化行为，同样需要遵循投入—产出模式。科研对于支撑条件是高度依赖的，没有必要的科研条件支撑，你很少能做出重要的成果。科学的个人英雄主义时代早已经结束，这种局面大家都清楚。因此，在当下的考评体制下，出国是延续事业以及被正常承认的必由之路，否则，你的未来发展之路就充满了不确定性。正所谓：楚王好细腰，宫中多饿死。科技界也不能免俗。为了展示这种情况，笔者作图如下（见图2-1）。

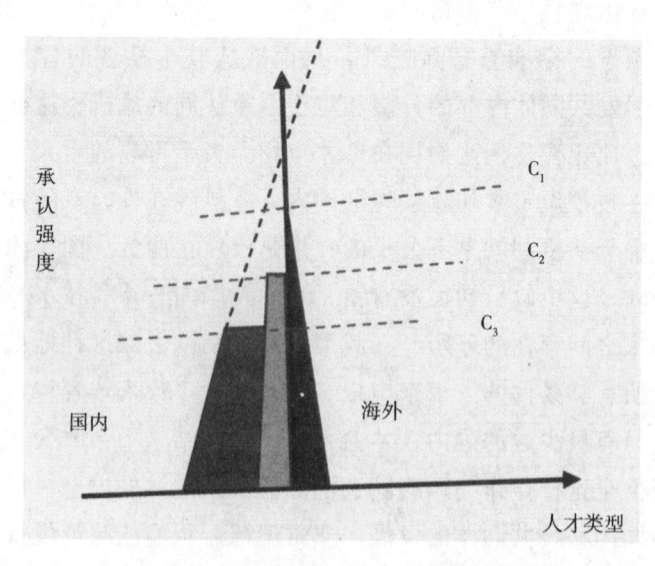

图2-1 承认扭曲与人才资源损失

图 2-1 中三条不同程度的承认强度线（C_1、C_2、C_3），其设定对于个人学术生涯发展的影响是极其深远的。按照人才结构来说，人才的总体结构应该收敛于顶点（能力最强的），由于承认强度不同造成的空白区就是被埋没的人才总量（空白区的面积）。由于人才的创造期是短暂的，也是不可逆的，一旦错过这个期限，这些潜在的创造力就成为沉没智力。本节开头提到的几位国内优秀学者属于黄色区域，只有极个别人会在天时地利人和的背景下脱颖而出，大多都沦为沉没智力。

当下中国科技界在承认方面存在的最大问题是：承认的广度不足，承认的深度不精。所谓承认的广度不足，是指没有通过承认机制最大限度上培养与挖掘人才，从而造成人才资源的浪费；所谓承认深度的不精，是指对人才核心能力认定缺少明确的范式与标准，导致对人才能力的精准划分一直处于模糊状态。在承认的广度方面，要实现两个目标：其一，全链条的人才储备体系。这一点对于当下的中国尤为重要，因为中国是世界上少有的几个具有全产业链条的国家，这也就意味着我们需要全方位的人才资源来支撑全产业链条的发展。其二，适当的人才冗余机制有利于科技界竞争环境的培养。至于承认的深度不精问题，近来在各类突发事件中，各类所谓的专家的表现实在欠佳，无法为决策提供有针对性的建设意见，往往是馊主意一堆，成为社会的笑柄。究其原因，就是对人才的承认深度不够，导致面对核心问题时人才所展现出的核心能力严重不足。德国哲学家霍耐特早就指出：人类的行为与努力就是一场为了获得承认而展开的斗争。一个正常发挥功能的承认机制可以让整个社会摆脱丛林原则状态，而回归到秩序、文明与效率的有序状态。反之，承认机制扭曲，会造成共同体的普遍不满（道德愤怒），以及激励功能的丧失，这就出现了承认机制的失功能现象。更糟糕的是出现负功能现象，如坊间把专家称为砖家，就是承认机制扭曲所展现出来的反向承认。这时的承认已经不再被社会认可，反而成为一种具有合法性的社会讽刺。为了更清晰地展示承认机制扭曲带来的后果，下面给出一幅简图（见图 2-2）。

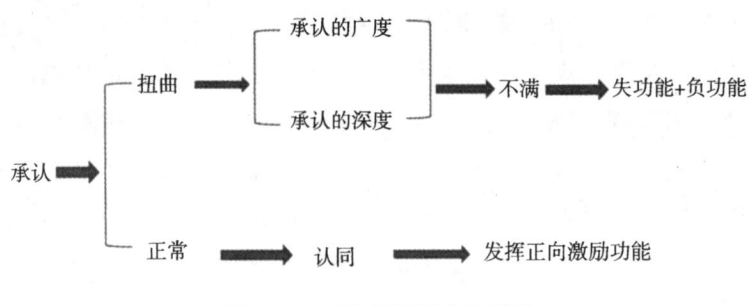

```
                   ┌── 承认的广度 ──┐
         ┌── 扭曲 ──┤              ├──► 不满 ──► 失功能+负功能
承认 ────┤         └── 承认的深度 ──┘
         └── 正常 ──► 认同 ──► 发挥正向激励功能
```

图 2-2　承认机制扭曲的后果

为了防止出现承认失灵现象，必须建立一个具有反馈功能的思想市场。众所周知，市场的最大功能就是基于公平原则的等价交换。那些扭曲的承认会被思想市场及时甄别并纠正，从而维持承认机制的正常功能。反之，在没有思想市场的情况下，被垄断性授予的承认存在两种弊端：其一，承认的合法性存疑。这种承认更多的是权力的认定，而非共同体认可。其二，由于无法形成真正的竞争以及市场出清原则，导致承认出现制度性贬值，并且肆意扩散，而又没有办法及时纠正与修复，承认机制不可避免地陷入失功能与负功能的逆向选择状态。

第四节　项目制下的科研很难产生诺奖级成果

每年 10 月都是科学界的嘉年华，各项诺奖获奖名单将陆续公布，这场盛会日益成为大国之间展现科技实力的舞台。随着近年来中国科技的飞速发展，国人对诺奖的急切心情与期待也是水涨船高。客观地说，只要保持目前的发展态势，未来会有很多中国科学家获得诺奖，这应该是一种必然趋势。但要清醒意识到，趋势只是对未来的研判，属于将来时而不是现在时。毕竟实力的积累是需要花费时间的，心急吃不了热豆腐。也许此刻，更应该反思我们的科技管理体制还存在哪些问题，如何在通向未来的路上，把那些影响科技发展的深层次问题都解决掉，这才是当下整个社会应该有的共识。

获诺奖的成果大多具有如下特点：（1）成果大多集中在基础研究领域；（2）研究者通常是在约束较少的自由状态下从事研究；（3）成果具有高度独创性，其对未来影响深远。形象地说，诺奖成果是科技界的奢侈品，是有其独特品位的。这种研究品位的养成并成为一种习惯，是需要长期的熏陶与培养的。中国科技的快速发展也就是这20年的事，刚刚完成从穷科学走向小康科学的阶段，基本的科学品位尚处于刚刚形成中，现在就奢求大举收获诺奖，显然是不符合科技发展规律的。与其临渊羡鱼，不如退而结网。因而，当下的科技管理部门亟须解决如下两个问题：其一，改变资助模式，给自由研究留出空间和时间；其二，塑造与培养科学共同体的科学品位。相对于赌博式的投资几个诺奖人选来说，科技生态系统的建设对于未来的意义更为深远。

任何科学成果的产出都是需要投入的，但是投入方式的不同，会带来完全不一样的后果。当下中国科技的投入方式完全采用从上到下的项目制管理模式，项目种类繁多（如人才项目、基金项目、学科项目等），几乎涉及科技行业的所有领域，从而达到以项目为指挥棒调控科技共同体的行为选择模式。这是整个社会的治理模式在科技界的翻版。客观地说，最近20年中国奉行的项目治国取得了举世瞩目的成就，但是其弊端也在逐渐显现。对于科技界而言，项目制科研对于管理者而言具有如下特点：其一，通过项目，可以加强对于科技界的全面掌控与计划；其二，项目制的实施可以把管理做到显性化以及各种规训技术可以名正言顺地介入科研领域，从而获得对于科技界调控的合法性与认同；其三，项目制塑造群体内在偏好，并形成为利益的科研而非为探索的科研，无形中扼杀了共同体的创造性与想象力，因而也就无法做出具有高度原创性的成果。从某种程度上说，中国的科技管理就是项目管理。

项目制科研之所以离诺奖很远，原因有四：其一，项目可以越过所有中下层单位设置的壁垒，直达行动者个体，毕竟利益对于行动具有高度敏感性；其二，项目制采取的申报机制，看似规范严格，实则把很多超前的想法在第一关就筛选出局,这就变相地封堵了自由探索的可能性;其三,项目制适合应用研究领域而不适合基础研究领域,一切按计划运行,后果可以高度预期,这对于管理者而言是十分重要的显性政绩指标;其四,整齐划一的申报模式,以及后续的评审、检查、中期汇报与结项等流程,可以把管理者的意志、目标与偏好很好地嵌入科研过程,任何偏离这套流程的研究都将面临无法交差的困境。久而久之,科技界的品位被塑造成为利益的科研,而非为真理的科研。

这个模式关注的焦点是:谁钱多,谁好汉。赢者通吃导致优势累积与资源使用效率的大幅降低,至于成果的重要性则沦为第二位的。基层管理部门更是乐于支持本单位科技人员争抢项目,毕竟不要自己出钱,出了问题也可以往上推。故而,在基层评价体系的推波助澜下,项目制科研运行得风风火火,但是,其实际成效并不理想。笔者看过网上公布的国家自然科学基金30年经费科学家排行榜Top 100的名单,这个榜单里最后一名的经费都有3188万元(23个项目)。更有数据显示,获得经费资助总额在1亿元以上的科学家有9人,5000万元以上29人,1000万元以上有1017人。不知道这些真金白银换来了多少重要的科技成果?很多时候,笔者一直想知道,那些掌握大把科研经费的人在没有取得应有的原创性成果的时候是否会在内心产生些许的不安与内疚感?虽然科技界不能搞平均主义,但差距如此悬殊也绝非好事。在机会公平原则被任意肢解的当下,科技界早已分化成两个世界:一边富可敌国,另一边则是举步维艰,连维持基本的科研运行都很困难。这实在是对智力资源的浪费。早些年笔者曾提出:科技界应倡导:负责任的研究与有情怀的研究,其初衷无非是想说:捍卫权责对等原则以及培养科学研究的品位。

1982年美国经济学家斯蒂格勒(Stigler)在诺奖颁奖典礼上的演讲中指出:若没有投入大量时间、智力和研究资源,人们无法完全掌握一个新想法,无法将其发展为暂时为人接受的假说,也无法对其展开某些实证研究。遗憾的是，项目制科研极大地扭曲了科技人员对于时间、智力与资源在研究中的功能与意义的认知，并把目的与手段的结构彻底颠倒。

反观当下，2015年中国的R&D经费投入强度（与国内生产总值之比）为2.07%，其中，基础研究、应用研究和试验发展经费支出所占比重分别为5.1%、10.8%和84.1%。这个投入格局，大体可以判断我们的科技成果产出的分布格局。投入最少的领域却想获得最高端的科技成果，这是不切实际的。发达国家投资于基础研究的比例大多在10%—15%之间，因此，我们当下需要改变科技投入的结构，逐渐加大基础研究所占比例；同时，逐步缩小竞争性科研项目的比例，为一些优秀人才提供稳定的非竞争性长期资助（个人要么选择长期稳定资助，要么选择竞争性项目，不可兼得），从而为自由探索留出合理的空间与时间。只有这样，才能把一些人从项目制的规训下解放出来，真正做出一些有品位的科学成果，这样的成果才有可能是具有高度原创性的。为了抵消项目制对于科技界的侵蚀与逆淘汰现象，应该在全社会与科技共同体内部形成一种伦理共识：拿大钱却不出大成果的行为是可耻的！

我们之所以对中国科技的未来报以充分的信心，是因为我们拥有数量庞大的科技人才队伍。目前中国的全时当量科研人员总量已经是世界第一，另据报道自1977年恢复高考以来，中国大学招生人数将突破一个亿。所有这些都是我们未来科技继续进步的根基与土壤。只要政策稍微做一点调整，将会导致很大数量人才选择方向的改变，这是世界上任何国家都不具备的。从这个意义上说，我们可以采用两套管理系统：在主系统（项目制）改变不大的情况下就可以让科技副系统（自由研究）产生规模效应，而且这种分流也与当下科技资源分布结构相匹配，一旦基础研究领域产生溢出效应，那么副系统的运转将得到巩固，并在两个系统中形成竞争，从而更好地提高科技资源的使用效率，并能以市场化的方式调控人才的流动。根据分工原则，科技主系统全力满足经济发展主战场的需求，而科技副系统则专职探讨未知世界和真理，到那时，诺贝尔奖不就是我们科技副系统这块自留地上将要收获的果实吗？

第五节 稀缺与公平：让荣誉走得更远

据新华社报道，2018年2月28日由全国妇联、中国科协等机构宣布，授予10位优秀女性科技工作者为第十三届"中国青年女科学家奖"获得者。首先，祝贺这些优秀的女科学家获奖；其次，在祝贺之余，我们需要检视一下这项奖励制度的设置是否还存在某些需要改进的地方？客观地说，这个奖项自2004年设立以来，经过短短10余年的建设已成为国内科技界颇具品牌效应的荣誉分配与承认机制，因此，值得笔者把它作为一个案例进行分析。

中国青年女科学家奖的评选竞争日趋激烈，在过去的13年里，一共产生了98名获奖者，按所在区域划分，涉及20个省、市、自治区。大体来说，获奖者主要集中在经济、文化比较发达的地区，这一点与我们的常识相符。其中有些区域表现不佳，如山东、四川等省，获奖数量与它们的经济与文化发展程度不匹配，这也是未来这些表现欠佳的省份应该思考的问题。然而，还有一些区域的获奖人数也是与其社会发展程度严重不匹配的，如西藏等省份（见图2-3）。这种结构性的矛盾问题到底出在哪里？

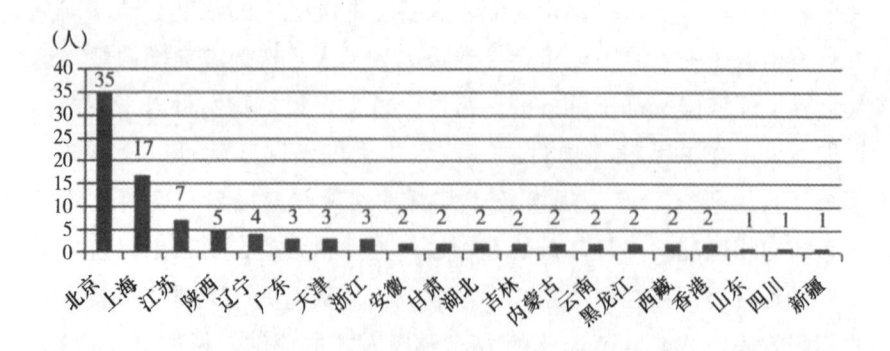

图2-3 中国青年女科学家各省获奖人数

科学社会学的研究早已揭示：作为激励机制的荣誉设置与分配，要达到最佳效果，荣誉必须满足两个条件：稀缺与公平。稀缺保证了荣誉价值的最大化，以此更加彰显了获得承认的充分性。世界上一些著名奖项，如诺贝尔奖、图灵奖等之所以拥有持久的社会认可度，稀缺是其主要表现形式；而公平则是所有制度安排的最大美德，它是荣誉的生命线和灵魂，如果缺失公平，那么荣誉的价值将迅速贬值。从这个意义上说，公平提供了荣誉的社会认可度的伦理基础。基于这两个原则，反观青年女科学家奖设置的评选规则，其中有一条明确规定获奖者中至少有1名在西部地区工作。众所周知，重要成果和优秀女科学家在哪里出现是根本不可计划的事情，显然，这个评选规则违反了公平原则，评奖这事也可以搞倾斜政策吗？这也是中国政策制定中长期存在的习惯性做法，为局部和短期利益，不惜以牺牲效率和破坏公平为代价。实践证明，任何倾斜政策充其量就是一种权宜之计，然而终结它却异常困难，不客气地说，它带来的问题比它解决的问题还要多。更为糟糕的是，这种政策工具用久了会上瘾的，并演变为一种潜移默化的制度惰性。

由于区域发展的不平衡性，决策者通常喜欢采取强制性政策工具，希望用最简单与直接的方式快速实现均衡，这就是公众耳熟能详的在政策制定中采取倾斜性政策的缘由。这些理由大多冠冕堂皇，让人不敢反驳，一旦反驳轻者被指认为冷血、没有同情心，重者被指控为政治不正确。倾斜政策往往会让决策者获得来自受益者的快速认同与赞赏，这也是决策者偏好的内在驱动机制。其危害在于，倾斜导致公平原则在决策中如弹簧一般随意被伸缩，而其长期后果则鲜有问津。按照哲学家罗尔斯正义论的基本要求，违背公平原则只能在如下情境中才是可接受的：采取不公平政策带来的收益远远大于采取公平政策带来的收益，从而实现了整个社会福祉的增加。从这个基本判断出发，只有在事关大规模群体性利益时，采取倾斜政策才是划算的并具有合法性，比如高校招生中针对边远贫困地区学生的倾斜政策，再如青年女科学奖的设立本身就是倾斜政策的产物。由于科学不分男女，之所以采取倾斜政策，是因为当下中国女性科技工作者有2000多万，通过这种倾斜能最大限度上激活女性科技群体的科技热情。但是对于评奖这类小规模事件，采取倾斜政策既是不划算的，也耽误了优秀人才的发现。毋庸讳言，这种倾斜政策直接降低了荣誉的含金量以及社会的认可度，这种平衡实在是得不偿失，变相造成更优秀人才的制度性埋没。

基于这种考虑，笔者认为，女科学家奖在未来的发展中应该做三方面的改革：其一，取消倾斜政策，采取机会公平的完全竞争模式，真正选拔出最优秀的女科学家。其二，这个奖励规模不宜扩容，维持荣誉的稀缺性。这样才能真正对优秀女科学家们形成激励机制，而且只有如此才能让荣誉走得更远。要想毁掉这个奖项的声誉很容易，只要扩大倾斜权重和快速扩容，这个奖项很快就会沦落为众多鸡肋奖项中的一员。其三，为了使这份荣誉拥有更大激励机制，应该大幅增加奖励的额度，从目前的10万元奖金，上升到50万元奖金，真正使获奖者名利双收，这样才能在庞大女科学家群体中形成最大的激励效应。

仅就科技界而言，如果最大限度上压缩倾斜政策，那么科技落后地区该如何促其发展呢？这又是一个长期存在而又没有得到有效解决的问题。对此，笔者认为发展可以划分为三种类型：完全封闭的自生发展型、开放的外援主导型发展以及混合型发展。封闭的自生发展模式采取的路径是一种缓慢的自然进化道路，其特点是结构平稳、发展缓慢，如果外部环境条件发生大的变化甚至可能出现原地踏步的情况。而开放的外援主导型发展模式，则会造成结构的根本性改变，在结构重组中会出现矛盾与冲突，但优点是会带来整个结构与认知范式的根本性改变，一旦取得成功，会实现跨越性发展；反之，则会带来结构震荡与效率的大幅损失，这种发展选择的路径是建构主义的人工选择模式。混合型发展模式则是取前两者的优点而避其缺点的一种渐进主义发展路径。结合中国文化的特点，显然推进落后地区科技发展应采取阻力与成本最小的混合型发展模式。

因此，国家借助于政策采取外源性输入模式，以温和的方式改变当地的人才结构与认知范式，通过"鲇鱼效应"激活当地原有智力资源结构的活力。以往那种定点倾斜的扶持政策在既定的小圈子里过家家，根本达不到预期效果，反而延误时机，导致当地的发展锁定在自生发展的路径依赖陷阱中。这些年的扶持政策基本上收效甚微，甚至成为某些权力寻租的一个切入点。正确做法就是：国家可以设立西部科研项目，申请人地域不限，都有机会参与公平竞争，但那些外地的中标者必须全职到西部工作，这就相当于把人才与智力资源从外部定点输入，这些来自外地的人才的加盟一定程度上改变了当地的人才结构与认知范式，从而达到促进当地科技发展的目的。就拿本次青年女科学家奖来说，也可以采取这个措施，如评选规则中说明：为西部评选一名优秀女科学家，任何人都可以申报，但中标者要到西部服务某个期限。这样就可以从众多申请者中选出最优秀的入选。当然，其中会有不愿意去的人，那么通过沟通可以选择放弃，继续遴选，总有候补者会填补这个空缺。

基于此，一项体现稀缺与公平的荣誉之旅才能行之更远，也才能绽放出更大的光芒！

第六节 奖励原本就包含对逆袭的一种正式承认

2017年6月29日，四川农业大学水稻研究所陈学伟团队在 Cell 上发表了题为《一个转录因子的天然变异赋予水稻对稻瘟病的广谱抗性》（A natural allele of a transcription factor in rice confers broad–spectrum blast resistance）的研究论文，6月30日四川农业大学迅速做出对该论文进行奖励的决定。一件看起来很稀松平常的科学奖励却因为这次奖励的金额较大（1350万元）和媒体的夸张解读而引发多方关注，并掀起一场论战。更有网友痛斥这是学术腐败，是借论文捞钱的不正之风。如何看待这件奖励公案，还真有说说的必要。

坦率地说，看到满屏的争议，不禁让人想起阿Q的那句名言：和尚摸得，为何我摸不得？试想，如果这次奖励是发生在学界某大咖身上，奖励金额甚至比这次还多，恐怕人们只会赞誉有加，更认为牛人就是厉害。一旦同样的事情落在了不知名者的身上，原有的平衡被打破，所有的羡慕嫉妒恨都有了发泄渠道，人心的幽暗真是难以细查。看来，奖励系统中潜在的双重标准已然成为人们认知中的默认配置，现在是到了该认真反思与改革的时候了。

为了厘清事实真相，不妨看看这次奖励的原委。首先，本次奖励是依据《四川农业大学学科建设双支计划》做出来的，其早在2009年就已开始执行，此次奖励绝非意气用事；其次，这次打包奖励的1350万元奖金中，只有50万元是可以划到研究团队个人的口袋里，其余1300万元中，50万元是一次性资助的科研经费，1250万元是分5年资助的科研经费。分解到此，社会众贤达还会对此表现出莫名惊诧吗？试想，前些年有众多资助额度在3000万元的973项目，又有多少重大项目做出了像样的科研成果。如果此次成果质量得到确认，我们倒希望建议四川农业大学不妨按照这个规模连续支持这个团队10年，让他们在这个方向上安心地做出更多扎实的工作，而其总投入也不过2500万元而已，远低于那些所谓的重大项目。基于这种考虑，要为四川农业大学严格遵守契约的行为点赞。当然，这也可以看作是学校的一次漂亮的文宣策划，但至少比那些当下流行的华而不实的烧钱行为高明N多倍，毕竟这是双赢行为：科研人员因此得到了资助，而学校也获得了社会关注与尊重知识的声誉。另外，重奖CNS（Cell、Nature、Science）论文，已是国内学界的通行做法，四川农业大学亦非首创，众多知名大学也是乐此不疲，现在更是向下扩散，遍地开花，甚至于像贵州人民医院这样的非学术机构也在按此标准操作。没有人否认这种政策存在的荒谬之处，但是在好办法出来之前，不能轻易彻底废掉一套奖励标准，只能逐渐降低其重要性，并辅以其他的替代评价办法，不能让奖励系统空白，这已是科技管理的常识，因此，片面指责四川农大是不公平的。

科技奖励制度是科技评价系统中的一项重要制度，它通过奖惩设置引导科技共同体的行为与选择，并对那些遵守者提供一种正式的承认和激励，它有效运行的理论基础就是公平，对来自各个方向上的践行者提供一视同仁的评判，并通过放开科技活动的前端，只关注科技活动末端的定位，对所有的成果给予公平的评价。这样就为充分挖掘社会的智力资源提供了一种广阔的空间：地无分南北，人无分老幼，只要你做出好成果，奖励系统就会公正地给予你承认。理论上说，一个好的奖励系统天生蕴含着对于逆袭的承认。在科技界资源越来越集中的当下，逆袭的难度越来越大，甚至仅具有理论上的可能性。为所有的梦想留下一点空间，本是奖励系统的美德，然而这份美德也快成绝响了。这几年，我们越来越觉得卢梭的环境决定论是有道理的，但我们宁愿相信它是错的，只是因为它的结论太冷酷。然而，不争的事实是目前很多奖励系统内部充斥着歧视性条款，有些甚至在门槛处就把一群人阻截在外面，比如现在炙手可热的青千选拔标准，直接把国内同龄人才拒之门外，这种模式发展下去，那些被挡在门外的国内人才后来的发展可能真的就不行了。前几日北京高考状元熊轩昂曾坦言：高考是阶层性的考试，现在很多状元都是家里厉害、又有能力的人。一个高中生所体现出的清醒认知难道还不足以警醒奖励系统：别把逆袭的通道关上，否则我们这个社会就失败了。

在当今大科学时代，很多科技成果的产出是严重依赖资源条件的，仅有智力资源是不够的，形象地说，成果＝人才＋条件＋资源＋环境＋机会等，科学早已告别个人英雄主义时代。科技创新也越来越离不开资金的支持，无论是研发设备与材料的添置购买，还是信息的获取、学术的交流、人员工资的支付等，都需要庞大资金的支持。正如张九庆所说，科学的进步是科学家、科学共同体以及社会因素共同作用的结果，科学研究远不再是个人自掏腰包就能进行的事业，经费资助已成为科研人员从事科技活动的重要外部支撑条件。法国哲学家利奥塔曾说：如果没有金钱，就没有证据，没有对陈述的检验，也就没有真理。科学语言游戏将变成富人的游戏。最富的人最可能有理。财富、效能和真理之间出现了一个方程式。简单地说，谁有金钱谁就拥有真理的发现与解释权。这句话至少在科技界是有道理的，毕竟，"巧妇难为无米之炊"就是资源硬性约束的真实写照。此次四川农大为研究团队提供1350万元奖励基金，恰恰是最大限度上从制度层面为团队提供了适宜的知识生产条件。众所周知，稻瘟病问题是世界性难题，团队一旦解决稻瘟病问题，这将为国家带来多少效益？又可以为学校带来多大的声誉？从这个意义上说，四川农大的决策绝非鲁莽，而是精明的学科建设筹划。

做个合理推论，假如该篇论文是发表在国内的中文科技期刊上，将会是什么情况？四川农大还会对陈学伟团队进行如此大力度的奖励吗？显然，依据《四川农业大学学科建设双支计划》的条文，这篇论文的价值将会被严重低估，甚至没有一点回响，就跟没发生过一样，除非未来某一天，某个牛人重新发现这篇文章的价值，并给予高度肯定，它才会获得迟到的承认。这反映出当下中国科技界在评价层面存在的一个具有共性的老大难问题：评价的无能以及对自己的不信任。为了掩盖这种无能，只能依赖国外的评价体系，这也造就了学界对于国外名刊的崇拜与盲从。想想学界每年为外刊付出的天价版面费，也许更为严重的是，中国科研人员的研究成果应该最先影响谁、服务谁的问题？难道国人不应该最先获得这些智力红利吗？显然，加快我们自身的评价体系建设是治本之策，在这个问题没有解决之前，我们仍然要沿袭既有的评价模式走一段路，毕竟，国内已无脱颖而出的机会，至少这个模式还为那些想逆袭的人提供了一个可能的通道，也许，这就是其对中国科技界的最大价值所在吧！

第七节　科研经费是怎样变成"夹心饼干"的

经费实用的话题已经成为科技界绕不过去的老生常谈，一方面，中央领导在各种会议上反复强调要给广大科研人员松绑，简化审批流程，增加科研经费使用的自主权，使科研经费更好地服务于科研；另一方面，对于科技界一线的科研人员而言，经费使用却越发烦琐，报销程序复杂，导致科研人员不得不把更多的时间耗费在报销之上。知识生产也是需要投入的，经费的作用原本就是用来生产知识的一种必要投入，没有经费是无法生产知识的。但是，现在即便有了经费，使用起来也是麻烦重重。客观地说，经费使用已成整个科研活动链条上最不通畅的地方，而且也成了最危险的领域，稍有不慎就会出现违法现象。

前几年，笔者把经费使用中的这种外松内紧模式称作夹心饼干现象。所谓的夹心饼干现象是一种形象说法，在这个比喻中：经费就是夹在两块饼干之间的那块奶酪，两块饼干分别指宏观决策者与微观规则的制定者。决策者往往倡导简化经费使用的繁文缛节；而另一块饼干则是指实际操作中源自财政部的各类规则：严控资金使用去向，规定众多、程序烦琐。这两块饼干的运行范式完全不同，对于决策者而言，他需要的是科技界整体的绩效与产出；而对于规则的制定者而言，他需要的是资金结构分布的合理化以及防止资金的不当使用。这种相互矛盾的诉求反映到具体的经费使用者那里就变成了完全无所适从。反观这几年的经费使用改革规定，不难发现，经费的使用不是变简单了，而是越来越麻烦。一眼望去，好的政策都在空中飘着，根本无法落地。这种口惠而实不至的局面，已经让科技界对于所谓的改革产生了严重的不信任情绪：越改革经费使用越复杂，科研人员的自由度越小。比如最近结题开始出现拍照原始报销凭证的趋势，操作起来费时费力不说，不被信任的感觉苦不堪言。

为什么决策者与规则制定者之间在经费的使用上存在如此大的认知偏差。原因在于两者的目标取向存在巨大的差异：决策者需要的是结果：绩效与成果产出；而规则制定者需要的是过程：钱的清晰使用，它不关心最终的产出。导致这种认知差异产生的主要原因在于知识生产活动本身存在的高度不确定性。仅就财政部的相关规定而言，从它的角度来看，经费科目结构的清晰划分、使用严格按预算执行，按照资金的通常使用来说，其这种安排是有其合理性的，问题是知识生产过程并不像其他部门的资金流转过程，如各类行政资金的使用安

· 103 ·

排。就财政部的预算编制方式而言：科研经费使用划分两大类：直接费用与间接费用，前者与知识生产直接相关，而后者则是知识生产过程中间接发生的费用，通常在20%以内（500万元以下项目），项目金额越大，这个比例越低。问题是，在直接费用里所列条目很僵化，如资料费、数据采集费、会议费/差旅费、设备费、专家咨询费、劳务费、印刷费等。这样一些科目的设置，不可谓不细致，问题是在研究开始之前，如何能够准确列出相关科目的数据，而且一旦提交，即便后来发现与实际研究进程不符，也要严格按照预算进行。众所周知，修改预算也是一项无比烦琐的审批过程。这就出现了一些科目里有钱，而另一些研究急需的科目里没钱，干着急没有办法，至此一些宝贵的经费就这样被冻结在各项规则里而无法发挥其应有的作用。

按照现有的预算编制方式，设备费、材料费（包括资料费）最好报销，其他科目很难报销，从而导致中国的科研经费不是研究经费而是采购经费。造成这种局面的深层原因在于我们这个社会长期处于信任缺乏状态。管理者与执行人之间缺乏信任，而采购经费恰恰是可见的，这种可见性弥补了管理者内心中的不信任感。坦率地说，中国的科研经费购置了一批使用频率极低的各类设备，造成资源的极大浪费。个别时期的扭曲政策安排，如到期收回经费，更是导致突击花钱现象的泛滥。学术界都知道经费申请是一个充满不确定性的过程：有丰年也有歉收之年，更多的时候是歉收之年居多，而科研活动是要保持连续性的，这就意味着每个团队为了保证研究的连续性，必须用丰年补贴歉收之年，如果没有强制收回的荒谬政策，大多课题组会节约使用经费，以备荒年之时的研究活动不中断。

一项完整的知识生产活动包括两类投入：有形资源的投入（用资金购买的有形材料）与无形资源的突入（科研人员的智力付出）。在我们的经费预算设置中，明显没有为智力资源留有足够的合理补偿。由于无形智力资源的投入无法测评，所以财政预算总是把这部分尽量压缩，导致知识的价值无法体现，从这个意义上说，笔者倾向认为应该简化直接费结构，即直接费分为两大块：有形材料费与无形智力费。简化不但可以提高激励机制，而且更节约资金，课题组就不会乱买设备/材料与乱出差了，反而能最大限度上提升经费的使用效率，并且可以最大限度上降低各种套取资源的现象。给予相信将收获诚实守信；给予不信任只能收获形式主义的欺骗。想想无人售票车的情形，逃票现象并没有大规模发生，不难理解这份信任的价值。更为重要的是，规则制定者给予政策受众充分信任，也将极大地培养受众的尊严感与契约精神。

联想到2018年7月24日，由李克强总理签批的《关于优化科研管理提升科研绩效若干措施的通知》中明确指出：直接费用中除设备费外，其他科目费用调剂权全部下放给科研项目承担单位。这些措施准确地看到了经费使用中存在的问题，但是在目前架构下，如果规则制定单位不做相应调整，那么这份《通知》给科技共同体所允诺的自由就仍然停留在空中，要盘活经费，上下两块饼干都要做相应调整，这样中间的奶油部分才能活动起来，从而发挥其应有的效率。这就是笔者希望的经费管理从"夹心饼干"模式变为"肉夹馍"模式的原因所在。作为具体改革试点，笔者建议财政部不妨对于普通项目（文科20万元以下、理工科50万元以下）实行直接费里一半用于实物投入经费，另一半用于智力资源投入。通过这种简化模式，既可以避免以往的"一放就乱，一抓就死"的管理困境，又可以激活经费的生产性活力与激励功能，从而以最接地气的方式助推中国科技界整体绩效的改善。

第八节　国内期刊的内伤需要标本兼治

在近日召开的香山科学会议上，中国学术期刊问题又成为会议的焦点，与会专家们一致感叹：优秀论文争相出国，中文期刊望洋兴叹。如何正确看待中国学术期刊的现状，涉及后续的解决措施的选择问题。因而，有必要对中国学术期刊所呈现出的问题做一些深入的分析，基于此，才能找到破解结构性困境的改革之路。

科技政策透镜下的中国

从科学知识生产的链条上看，在生产端，分散在各个领域的科技工作者以隐而不显的方式开展研究工作，在此过程中产出科技产品；在销售端，这些知识形态的产品需要一个展示与传播的平台，这个平台就是学术期刊。从学术生产的"产—销"模型来看，知识生产方是多元化的，那么知识销售的平台也应该是多元化的，如果平台多元化，势必会造成分流效应。国内期刊的现状是：一流、二流稿件投国外，三流、四流稿件投国内，造成国内期刊质量下降。这也意味着国内期刊在知识展示平台上的竞争是完全失败的，造成这种竞争失败的原因是什么？国内期刊经常怀旧般地留恋过去单一展示平台时期，那时国内重要的科研成果都发在国内学术期刊上，也曾短暂辉煌过。问题是那时是一个没有选择的时期，这种模式不可取。客观地说，知识产品的展示应该是科技工作者自由选择的结果，国外学术期刊的存在对国内学术期刊的发展会形成有益的竞争，一旦缺少竞争，国内期刊的品相将会更差。

造成国内期刊在竞争中出现严重内伤的原因很多，大致可以分为两类：其一，造成国内期刊在竞争中整体失败的主要原因在于科技评价体系的严重扭曲。换言之，当下的评价体系对于发表在内、外刊上的科技成果给予的承认权重存在重大差别，外刊承认权重高，内刊承认权重低。这种政策安排也契合了科技工作者的内在偏好：让成果被更多人知道，获得更大范围的承认，由此可能会带来各种潜在的未知收益，再加上当今科技世界是以英语为表达主体的，即便评价体系对内外刊物采取一视同仁的态度，这种吸引力也是很强大的，更何况设置存在严重倾斜性的政策呢？科技工作者都是理性人，在学术市场上同样追求承认收益的最大化，在这个扭曲的评价体系下，当然要把成果投向收益最高的外刊了。很简单，如果评价体系修改为国内期刊给予的收益回报更高，那么经过权衡，会有很多优秀成果回流到国内刊物上。从这个意义上说，国内期刊首先是败在我们自己的评价体系下。其二，国内期刊的服务意识与管理水平也是造成优质稿件外流的重要原因。客观地说，国内科技期刊在质量建设方面与国外先进期

· 106 ·

相比还存在不小的差距，这种差距主要表现在如下几个方面：首先，在稿件评审环节，评审质量不高，反馈意见跟不上，导致很多好文章被评审毙掉；其次，评审周期漫长，服务意识淡薄，无视作者的优先权意识；最后，编辑水平有待提升，专业化程度不足以及市场定位不准确。由于当下发表市场仍是买方市场，稿件众多，杂志具有主导权，导致期刊缺少真正的危机意识，还抱着皇帝女儿不愁嫁的心态，对于优质稿件缺少主动发现的热情与执着。上述列出的几条原因，相信国内投过稿件的科研人员都会深有感触。就世界范围而言，优质稿件在任何时代都是稀缺的，当下，其竞争已经进入白热化，正如学者任胜利指出，国外一些著名期刊对优质稿件现在都采取了"级联式评审"，即投向自己期刊的学术文章，按照质量高低逐次推荐给自己的主刊与子刊上，尽最大努力截留优秀成果。反观国内期刊大多仍停留在等靠要阶段，缺少必要的市场敏感性。从这个意义上说，国内期刊的内伤也是其不成熟所带来的必然结果。

期刊质量不高留不住优秀本土科研成果的后果是什么？只有把这个问题厘清了，解决期刊的质量问题才能真正被全社会所重视。就笔者的浅见，其后果有三个：其一，优秀成果外流，影响中国整体知识水平的提升与知识扩散的规模与速度。众所周知，中国广大科技工作者的母语是汉语，如果成果以中文发表，那么将有更多的科研人员看到这些优秀成果，并迅速对其做出反应，从而提升中国整体的研究水平。另外，这些成果在中国的扩散速度也将加快，从而有助于推动科技成果向纵深拓展。反之，如果是以英文发表的，由于资料的获取、阅读等障碍的普遍存在，以及滞后的出口转内销模式将直接增加国内的知识获取难度。从某种意义上说，我们当下的考评体制是有利于让英语世界迅速了解我们的科技进展程度的，而不利于国内科研人员。其二，优秀成果外流也造成科技共同体的道德风险。用纳税人提供的研究经费做出的研究成果，纳税人反而无权优先分享。那么纳税人的权益谁来保障？其三，从经济层面来看，优秀成果外流也造成了极大的经济损失。据学者江晓原、穆蕴秋粗略估算，根据 SCI 数据库数据显示：2017年中国学者在开放存取类期刊共发表SCI论文69051篇，平均每篇费用1700美元，则2017年中国作者向开放存取期刊贡献7.6亿元人民币。2016年的总费用也约为7.6亿元人民币。由此可见这是一笔非常大的开支，其对研究的挤出效应非常明显，要知道这些宝贵的经费原本是用来做研究的。由此形成了一个昂贵的中国式研究模式：研究花钱、成果发表花钱，再把成果从国外买回来还要花费巨额的数据费。研究的直接受益人并不是本国公众，这是很吊诡的现象。

美国科学社会学家默顿曾提出一个"自我实现预言"，即如果人们把情境当作是真实的，那么其结果将成为真实的。换言之，如果决策者预先认为国内期刊水平不行，那么，资源的投放也将随之减少，在时间的累积作用下国内期刊也就真的不行了，目前国内学术期刊的恶性循环已经应验了最初对情境的预判。基于这种严峻的现实，当下急需改变扭曲的评价体系，只要从政策层面做到内外公平，就可以很大程度上减少外刊支出对于科研的挤出效应。如果我们花费一些气力把国内刊物建设好，那么不但有利于知识在国内的扩散与传播，还会把国外的优秀稿件吸引过来，到时，国外的优秀学者也会如我们今天一样：花费巨大努力克服语言障碍，用中文投稿，并以发表在中国刊物上为荣。一旦这种局面出现，既增加了中文知识总库存，还标志着中国向世界科学中心进发迈出了实质性的步伐。笔者曾私下里戏言：如果这种知识汇聚现象得以实现，那可比花费无数巨资在全世界建设孔子学院划算得多。更为重要的是，一旦这些先进知识与庞大的中国科技共同体相互渗透，会在中国形成知识的链式反应，这才是加快提升国内期刊质量的长远意义所在。

中国期刊的内伤经年累月已成难治的慢性疾病，出路就两条：首先，尽快修改扭曲的科技评价体系，使内外刊都受到公平对待，科研人员投稿去向的选择应基于偏好原则，而非利益驱动；其次，通过精准扶持政策，大力引入市场机制以及国外先进期刊的办刊经验，加快国内刊物质量与编辑队伍建设。假以时日，我们必然会收获期刊质量提升带来的宏观效果。

第三章 科技政策与人才

第一节 人才政策的两种误区：雷同与结构扭曲

现在各地都开始重视人才了，各种人才政策纷纷出台。仔细研读这些政策却会发现，其中存在一些具有共性的缺陷：其一，各地的人才政策存在严重的同质化现象；其二，在政策设计中存在明显的人才布局结构扭曲现象。那么，这种政策安排在具体实践中会造成什么结果呢？

人才政策同质化问题，已经是当下人才政策中最不务实的通病了。各地完全不考虑自身的实际条件，盲目攀比，结果各地的人才招聘都像一个模子刻出来似的，根本没有区分度。都要求高端人才（如院士、千人计划、长江学者以及以海归为代表的四青人才等）。问题是，这些地区真的需要这些人才吗？即便把这些人才引进过来就能实现预期目标吗？科学史的研究早已揭示出：知识生产是需要非常苛刻条件的，不是简单地把一些人、财、物拢到一起，就能立竿见影地产出所期待的成果，否则世界科学中心早就转移到土豪国家去了。

之所以没有出现这种情况，是因为知识生产需要一个适宜的知识梯度与制度环境的支撑。所谓适宜的知识梯度是指引进的人才的知识梯度与当地现有的知识梯度是匹配的，如果知识梯度差距太大，再好的想法也没有办法在操作层面落实。没有人否认马斯克与扎克伯格是人才，但是非洲国家不需要马斯克和扎克伯格，因为，他们与当地之间的知识梯度差距太大，缺乏有效的支撑，导致他们的任何精彩想法都无法在非洲实现。因此，引进人才前一定要把自身的知识梯度测量好，这样才可以避免一窝蜂似的哄抬物价，害人害己。区域间的知识梯度平台是需要长期的积累与建设才能跨越的。经济学家舒马赫有句名言：小的是美好的。对于人才而言，最适合当地的人才才是最好的人才。否则，对于投入的资源和人才本身来说都是浪费。中国古人对此曾有过非常成功的案例，比如田忌赛马。

仅从决策层面来说，这种盲目攀比的人才政策看起来很美却不中用，也是极度不负责任的懒政行为。生态学上有一个概念叫生态位，即个体或种群在种群或群落中的时空位置及功能关系，通俗来讲，就是找准自己的定位，尽量避免区域间生态位的重叠，这样会减少竞争，有利于自身的发展。基于这种理解，各地的人才政策完全可以根据自身的条件采取有针对性的设计，实行错位人才政策。可喜的是，一些地方政府开始施行这种错位政策，如2017年5月份武汉市率先推出人才的"户籍新政"，把落户门槛降低到人才基准线水平，这是非常漂亮的政策工具运用案例。随后西安、长沙、郑州等地跟进。客观地说，这些区域应该是这轮人才竞争中的最大获益者。反之，有些区域则几乎是完全没有任何响应与市场敏感性，比如东北和华北的大多数地区，仍处于沉寂状态，未来的发展趋势由此可以初窥端倪。

关于人才布局结构扭曲的现象，这是当下某些一线城市在引进人才时的投机心态的极端呈现。通过户籍约束，一些一线城市为了阻止人口的大量流入，通过过度抬高人才的准入门槛来阻击低学历人才的流入，从而造成区域人才结构布局的制度性扭曲。问题是：是不是人才级别越高越好？答案是否定的。原因有二：首先，知识的有效生产是一个由多梯度知识体相互合作而完成的事情。从最初的好想法到最后的落实，是一个知识梯度逐渐下降的过程。爱因斯坦只需要提出相对论，至于验证这个理论是其他知识梯度的人才来完成的事情；同样原子弹之父也没有亲自造出原子弹，那是曼哈顿项目中无数不同知识梯度的人才共同协作，把他的设想一步步分解与整合而实现的。

其次，任何一个区域在一个特定的时间内，其资源总量都是有限的，一旦人才金字塔的顶层结构过于庞大，而底层结构通过人为控制而逐渐萎缩，那么，这个金字塔的结构是无法维持长久的。因此，在人才的生态链上也需要符合最基本的生态学规律。就如同一个生态系统中，要有生产者、消费者与分解者一样，缺少任何一个环节都会导致生态结构失去平衡，造成非常严重的后果。按照美国生态学家R.L. 林德曼（R. L. Lindeman，1915—1942）提出的能量流动规律：系统中存在十分之一定律，即生态系统的能量流动具有逐级递减的特点，能量在相邻两个营养级间的传递效率是10%—20%。这个规律构成了群落中的数量金字塔的稳定结构。根据能量流动规律，我们既要有适量的顶尖高级人才提出设想与蓝图，还要有大量基础科研人员的支撑，否则，高级人才是无法真正发挥作用的。遗憾的是，现在一些一线城市的人才政策导致人才金字塔的结构日益呈现出头重脚轻的征兆。笔者曾开玩笑说，即便从世界上找来最好的11位足球明星来组建国家队，这个队伍也拿不到世界冠军，因为缺乏次一级水平梯度的大量足球人才队伍的支持，导致这些大牌球员的能力由于缺少竞争性支持而下降，科技界也是这个道理。为此，笔者根据生态学的能量定律，提出一个知识传递的递减规律，即拥有初级知识的群体总量决定下一级知识群体的规模。通过实证研究，笔者发现这个比例在1%—10%之间。举例说，一所大学的长江学者与专任教师数量之间就存在这个关系，目前国内顶尖大学这个比例在2%—8%之间，其中清华大学的比例最高，为7.8%。

之所以会出现这种扭曲的制度设定，是因为我们的政策基于一个错误的预设：城市规模不能再扩容了。其实，这是计划经济模式留下的错误认知，学者陆铭曾论证：中国一线城市的规模远没有达到其最大规模，仍有巨大的发展空间。同理，基础人才的数量也仍未达到最佳规模，没有这些庞大基础知识人才做地板，高端人才会因缺少必要的知识支撑与合作而呈现出能力与水平的损耗与下降现象。

客观地说，这一轮区域的人才争夺战，将直接决定未来各区域在中国经济版图上的位置与影响力，一旦错过将很难再有翻盘的机会，这是信息化时代的特点：直接跨越某些阶段。因此，人才政策的制定必须量体裁衣，落后地区尽量采取错位人才政策，利用现有的资源吸引到自己最需要的人才。对于那些暂时处于领先地位的区域来说，如果仍旧迷恋所谓的高大上的倒金字塔形人才结构，到最后将丧失宝贵的发展先机。

第二节　城市的姿态：人才抢夺与分流效应下的选择

人才作为实现创新驱动发展战略的第一资源的认识已经在全社会达成共识，从2018年开始的愈演愈烈的人才抢夺大战就是最好的说明。对于此次人才争夺战发展趋势的研判，笔者认为这轮人才争夺战将以三阶段的形式展开：第一阶段，以降低制度成本和准入门槛为主要靶标。如此次争夺大战主要以放宽户籍和学历的准入门槛为标志，目测西安与武汉为本阶段的主要赢家代表。第二阶段，以经济实力为靶标的真金白银投入型政策，属于中、高成本型人才政策，这轮竞争将会把很多区域排除在外。第三阶段，以文化氛围、社会环境、公共服务等无形资源的完善度作为主要靶标的高级品位型人才政策。总体而言，人才争夺战现在已经进入第二阶段。机会的时间窗口很窄，观念落后与决策犹豫在竞争中是要付出代价的。

此次人才争夺大战带来两个影响深远的后果：首先，长期阻碍市场流通的、看似无解的、僵化停滞的户籍制度，开始出现全局性的松动，这对于未来体制改革的深化具有长久的示范作用；其次，此次改革如一面镜子照出哪些区域处于进步纲领阶段，而哪些区域又处于退化阶段？这些趋势一旦被更多的证据证实，那么，区域间的马太效应会越发严重。坦率地说，这轮改革过后，中国经济版图的整体布局未来很多年都将无法改变，区域间的发展鸿沟不是在缩小而是在快速加大，有些区域在无意识地浪费宝贵的发展契机。历史一再告诫后来者：最初的改革都是低成本的，越往后改革的成本越高。比如本轮人才争夺战，原本是由那些经济状况居中的区域率先发起的，它们敏锐地意识到，户籍等制度成本是国家预留给地方的政治准备金，在只给政策不给资源的当下，这些预留的政治储备金是可以发挥作用的。因此，通过降低制度成本从而有效地吸引了大量人才，而且，这种大胆启用国家预留政治储备金的做法，为当地做出了最漂亮的改革宣传：低成本高影响力，相信这些地区未来必将为此智慧获益。作为对比，那些同样拥有国家预留政治储备金（户籍等制度成本）的区域，这部分宝贵的政治储备金还处于沉睡状态，丝毫没有发挥其应有的作用，等它们意识到的时候，一切都晚了，到那时它们再想引进人才，必须付出更高的成本才有可能。

抛开区域间各自的纠结心态不谈，仅从宏观效果上看，本轮人才争夺战造成的一种明显结果就是人才的分流效应。原本人才主要流向北、上、广、深等一线城市，现在开始出现向各二线节点城市会聚的四面开花现象，这种变化就连长期具有优势心态的北京、上海等也开始坐不住了，纷纷出台相应的政策与建议，这再次证明形势比人强的规律。这个世界唯一不变的就是变化本身，如果仍然无视这种变化，那么只能错失发展机会。道理很简单，一个确定时期内，人才总量是有限的，人才博弈的本质就是零和博弈：你多了别人就会少。再维持以往的高傲姿态，人们就会选择用脚投票，这是对一切冷漠与麻木政策的最好回答。同时，这种高傲会在社会上形成一种刻板印象，这对于任何地区和城市来说都是致命的，因为要消除一个刻板印象是要花费数倍努力的，而且效果还不好确定。为了深入讨论当下人才政策存在的不足，不妨以上海作为样本来做一些简要的分析。

在中国人才政策历来是政府管理职能中最重要的一环，只有政府有权制定，通过各种制度设置，其他机构无权介入，具有高度的排他性。因此，人才政策在整个政策链条中的位置属于典型的供给侧政策，在这种情况下，增加"上游"政策供给意味着加强市场在"下游"创新商业化过程的活力，从而有利于形成"环形链接"，即从应用反向激励科学的发展，所有这一切都需要上游人才政策的适度宽松化。基于此，在人才政策的供给侧需要做两点改革：放大信号政策与增加专项基金。这两项政策直接决定人才引进的规模与类型。

上海自2015年起明确要建设具有全球影响力的科创中心。抛开其他因素不谈，要建设科创中心首先需要有大量人才。以往的上海人才政策给外界的印象就是片面追求高端人才：非高勿入，结果阻碍了众多潜在人才的引进。其实际运行效果并不理想，导致人才规模也没有达到预期目标。据资料介绍在2010—2013年，上海科技工作者规模的变动每年在2万人以内，这个规模是严重偏小的。根据笔者的研究，上海中、高端人才每年应增加5万—8万人比较合适。人才要有效发挥作用是需要一个合理的知识层级结构的，即高、中、低端人才的结构合理，这样知识的传递、扩散与创新的实现才是可能的，否则就会出现只开花不结果现象。从这个意义上说，上海关于人才引进的信号政策带宽过于狭窄与保守，应该修改信号政策，使其对中、高端人才开放，从而在整体上改变上海人才存量的结构。

笔者认为，人才的引进与储备基本上有两种模型：海绵模型与蓄水池模型。（见图3-1）海绵模型是基于市场的需求实现的人才吸纳模式。这个模型能够体现市场的变化，但是缺少前瞻性。目前上海的人才政策主体是基于海绵模型建构的。由于真正的创新人才是无法计划的，也是无法预测的，因此在人才政策制定的过程中要保持适度的人才冗余机制，为此，笔者提出人才的蓄水池模型，为未来的发展储备智力与知识资源。在知识的专业化分工如此细密的当下，这种努力尤为重要。另外，由于对市场效率的追求以及编制的限制，导致当下的科技共同体每天几乎都处于全负荷运转状态，从知识生产角度来说，这种过度负荷状态没有给知识生产留出必要的培育时间，从而很难出现需要大量时间培育的高端知识产品，而适度的人才冗余原则可以很好地解决这个问题。由于蓄水池的规模是严格受政策影响的，因此，以上海为代表的一线城市在未来人才政策制定时要采取"海绵模型+蓄水池模型"的二合一模式。这种组合模型既尊重了市场的力量，也避免了市场失灵的可怕后果，从而最大限度上储备人才。

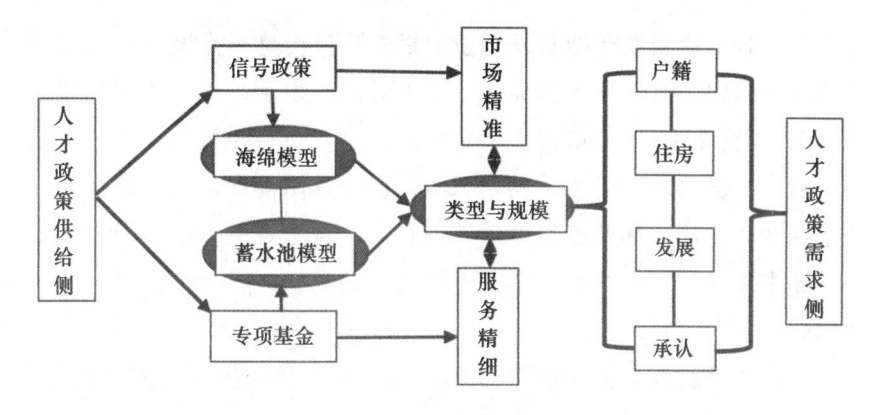

图 3-1　人才引进与储备的两种基本模型

一项人才政策好不好，还需要市场来检验。基于已有的研究可以知道：好的政策一定会把政策目标的设定与人才的真实偏好相匹配，达到对政策受众的激励效果最大化，从而实现政策目标。这就需要从政策的需求侧来检视一下人才的真实偏好有哪些？研究显示：户籍、住房、发展与承认，这四项偏好是直接影响人才流动与安稳工作的锚点。户籍与住房的需要可以通过放宽供给侧的信号政策来解决；发展与承认可以通过供给侧的专项基金的设置来解决。当政策的供给侧与需求侧保持平衡的时候，人才队伍建设良性循环的局面才会出现：引得进、留得住、用得好、绩效高。如果解决不好，就会出现效率损失甚至是人才流失。

流动性的实质是知识的流动，即从高知识势能点向低知识势能点的转移，从而提升与填补本地所缺的过程，任何人为设限的做法都是不明智的。作为知识载体的人才必须能以最小的阻力越过各种制度栅栏，这样人才才能为当地做出贡献，否则，他会流向其他制度成本比较低的地方。因此，适度放宽人才引进的门槛，有利于形成人才的集聚效应，在专业化分工如此细化的今天，人才集聚也就是多样化知识的集聚，从而增加了所在地的知识密度，既降低了当地获取知识的成本，又有利于知识溢出效应的呈现。前期的研究已经证明：只有人才的密度达到一定程度才能触发创新的链式反应,这也是城市长久繁荣的基础。《2017上海科技创新中心指数报告》显示,创新资源集聚力从2015年到2016年仅增加9个百分点,是六个一级指标中增长幅度最小的,尽管目前还无法看到其二级指标的具体设置情况,如果有人才指标的话,这个集聚度显然还不理想。从这个意义上说,门槛应该由市场来决定。市场精准决定了引进人才的类型;服务细化满足了人才偏好的需求。

人才引进有利于提高整个市场的活力,并具有解放思想的功能,从而提高全社会的效率,这就是鲇鱼效应的体现。也许更为重要的是,随着人才集聚效应的形成,有利于打破区域内僵化与保守的思维方式的蔓延,从而促使区域文化处于进步状态,而这点恰恰是未来吸引人才的最重要的政策靶标。

人才争夺的零和博弈特点,决定了分流作用不容小觑。如果你不引进,别人也会引进,即便从发展竞赛角度而言,引进人才也是阻击对手的最好办法。对于上海而言,利用好区位优势,胆子再大一点,步子也再大一点,未来将为今天的勇敢收获巨大的红利。

第三节 人才流动背后的喧哗与骚动

随着整个国家的发展理念转到创新驱动轨道上,与创新驱动有关的诸多资源要素就出现了重新估价与重新配置的潜在可能性,这是政策发挥作用的内在逻辑。这个政策范式的转型意味着政策制定者对当下创新乏力很不满,因而希望通过政策内在结构的调整来重新调整创新资源要素的配置,从而使其发挥更大效力。这种政策范式转型是基于市场机制的改造。从这个意义上说,新政策框架为所有的科技资源要素的流动与整合提供了合法空间。

笔者以前曾提出知识生产的四要素模型,即"科技产出=制度+人才+资源+文化"的模式。这个模式虽然简单,但说明了很多问题。至少我们知道,科技产出和其他产品的产出一样也是需要投入的，而且条件更为苛刻。科技发展是严重依赖环境的，换言之，没有好的制度、资源环境，科技产出是根本不可能的。在小科学时代还有凭一己之力做出杰出成就的现象出现，而在大科学时代几乎不可能。因此，科技发展对环境状况是高度敏感的。由此引申出一个问题，是不是把所有资源要素简单地罗列在一起，科技产出就会自动出现呢？显然不是，否则那些富裕的中东石油国家早就是世界科技强国了。这充分说明，科技产出是一项受资源条件严格约束的行为，不仅要有资源要素的支撑，还需要使这些要素之间形成耦合作用，否则是无法实现知识生产的目标的。基于上述分析，在制度许可的大前提下，各种资源要素都要在市场中实现自己的最佳配置，以此决定资源要素的流动方向：沿着收益最大化轨迹移动。

随着中国高等教育改革的全面推进，高校"双一流"建设就是目前的竞争主战场，其结果会影响高校未来几十年的发展，意义非比寻常。因此，各个学术主体单位都希望在这轮竞争中处于一个有利位置，自然会想尽一切办法在这轮竞争中胜出。后果早已提前呈现，但囿于自身的状况与条件，这轮改革自然会带来几家欢乐几家愁的局面。时下五彩缤纷并令人咂舌的高薪招聘人才的信息会让公众产生错觉：这些高校是不是疯了？其实，高校作为市场经济的主体，它们的行为看似疯狂实则是非常清醒和理智的。当下的各类高校评价体系中，人才是重要的直接得分指标，至于其他的评价指标，比如文章、基金等，也与人才状况息息相关。综合起来，有了人才就可以充分满足当下高校评价的诸多核心指标。意识到这些，各有条件高校自然会开出天价的薪水与提供配套措施，由此引发人才的大规模转移现象。对此，有积极赞同者，也有极力反对者，如何看待这个问题？在给出具体建议之前，我们需要把人才流动的内在机制做一些简要说明。

人才流动并不像人们想象的那么简单，远非一场说走就走的旅行可以比拟的。对于任何个体而言，这都是人生中一件非常大的事情，要经过审慎思考与全面衡量。笔者曾提出人才流动的边界条件假说，大意是这样的：人才流动的潜在边界条件：$P = P_2 - P_1 - C \geq 0$；其中，

P代表流动后的净收益，P_2代表流动到新地点的收益，P_1代表流动前的收益，C代表流动成本。净收益P＝有形收益＋无形收益。有了这个简单说明，自然可以理解为什么市场上会出现天价引进人才的现象了，如果流动的净收益不是远大于零，人才的流动在经济上是不划算的。现在的问题是，流动净收益大于零只是满足了流动的潜在动机条件，但并不是所有人都能流动的，因此，制约流动的另一个内在机制是人才与所流动区域的知识梯度差，简单地说就是你要比人家的水平高，才有可能出现实际的流动。

这里同样存在一个知识流动的边界条件，即两者之间的知识梯度差处于合理范围，即 $0 \leq K_1 - K_2 \leq K_0$。其中，$K_0$代表临界知识梯度，$K_2$代表目标地的知识梯度，$K_1$代表准备流动的人才所拥有的知识梯度。增加本地$K_2$的知识梯度能够促使只有高于本地$K_2$知识水准的高端人才才有机会来此工作，否则是根本无法流动的。反之，如果本地K_2的知识梯度太低，是无法吸引到真正高端人才的（K_0大到一定程度，就没有必要流动了，想想马斯克会来中国吗？）

基于上述两个边界条件，我们再来回答如何面对人才流动对某些高校造成的冲击以及解决办法。客观地说，在当下这轮人才争夺战中经济欠发达地区肯定是吃亏的，即便如此，我们还是要坚定地支持人才流动，这是通过市场实现资源配置最优化的自然过程，对于整个国家与社会而言是利大于弊的。首先，不论人才在哪里发挥功能，生产出更多新知识对整个社会而言就是贡献，否则人才不流动，窝在原地，既不能在其学术生涯中生产出有价值的知识，也不能实现个人的价值与抱负，这对社会与个人而言是典型双输；其次，通过人才流动也能促使落后地区真正重视人才，否则，尊重知识尊重人才就是没有具体指涉的空话。现在很多高校对于自己已有的人才既无扶持，也无培养，不闻不问，任其自生自灭。一旦你要走了，好像很受伤很委屈似的。在一个落后体制下，个体对于整个管理体制而言是渺小的，当用脚投票的方式被允许的时候，才能真正倒逼那些地方政府与高校重视人才，否则，会造成人才资源的严重浪费。市场会给资源定出合理价位，想想那些世界名校为什么不怕挖人？

客观地说，随着全球化进程的加快，知识水准普遍越来越高，导致能够流动的边界条件也越来越苛刻，因此，当下人才流动呈现出的喧哗与骚动，是短期现象，没有必要大惊小怪。热潮过后，自然会回归理性，哪个市场经济主体也不是傻子，它们自然会权衡利弊得失。至于这个浪潮中出现的个别"跳槽教授"，根本不是大问题，只要用人单位与当事人签好契约即可。对于那些不肯培养自己的人才而喜欢盲目抢帽子造声势的学校而言，市场会惩罚它的。现在的问题是，这轮人才争夺不可避免地还是会对落后地区造成一定冲击（冲击不是很大，那里能够流动的人才是有限的），那么如何避免由于马太效应造成的东西部之间差距越来越大呢？

解决措施有三个：其一，短期来看，落后地区可以通过增加人才的无形收益来有效弥补有形收益的不足，这也是人才集聚的重要调节力量。在资源约束的条件下，充分利用无形收益同样是一个吸引人才的重要手段。毕竟，人活着不仅仅是为了钱，更想有个舒心的科研环境，能够被尊重、被理解同样是吸引人才的重要举措。其二，国家可以通过政策倾斜弥补甚至增加西部落后地区的人才缺口，并快速提升其整体水平。以往的西部倾斜政策，制定初衷是好的，但政策工具的使用方式是错的。以往各类西部项目，明确标明是支持西部发展的，目标群体选择范围限定在西部，效果不但不理想，反而造成资源的严重浪费。之所以如此，是因为原本西部地区就缺乏人才，导致整体知识水准严重偏低，从矮子中选拔大个，选出来的还是矮子，与其这样，还不如换一种选择方式，结果就会完全不同。我们可以把选择范围扩大到全国甚至全球，这样选拔出来的结果肯定比只从西部地区选拔的水平要高，只要政策附加一个条件就可以实现提高西部整体知识水准的目的，即中标西部项目的学者要到西部服务一定时期（根据项目周期而定），不愿意来的可以不申报，总有愿意的。这样一来，有才能的人获得了项目，而西部则获得了宝贵的人才，这也体现了国家对于西部的支持。其三，从长期来看，西部地区自身也要加大教育投入,不要短视地认为给别人培养人才自己吃亏了,其实高校是一个地区最重要的人才蓄水池,借此可以慢慢提升本地的知识基准线,不能老是习惯于搭便车,总是伸手向国家要钱,而自己则能少投入就少投入,这种小聪明是走不远的。

人才流动是好事,对于整个社会真正树立尊重知识与人才的风气是最好的背书。同时,人才值钱了,市场释放的这个明确信号,对于青年学生目标的选择具有强大的引领与示范作用。因此,对于那些以各种借口反对人才流动的说法,我们要坚决反对,大凡以各种借口阻碍人才流动的做法大多是掩盖自己的不作为,还在梦想让马儿不吃草或者少吃草还要跑得更快的荒谬逻辑。这也印证了我们以往研究得出的一个结论:大凡制度成本高的地区,人才流动的欲望也越强。

第四节 巨人的肩膀在哪里?——研究生如何开启学术生涯

又到了研究生新生快要入学的季节了,结合笔者这10余年来在高校耳闻目睹研究生们在科研上的种种困惑,常常思考这样一个问题:什么样的学术积累模式才是适合青年人快速成长的模式呢?把过往的一些思考写出来,或许会对年轻朋友们有所启发。

"如果说我能够看得更远,那是因为我站在巨人的肩上。"这是牛顿说过的一句流传甚广的名言,抛开它的谦虚意味不谈,它的引申含义无非是说:一个人要取得成功,就需要利用好身边那些助推成功的平台。问题是那些起到助推作用的"巨人肩膀"或"平台"到底意味着什么?它们又在哪里?下面三条原则应该是有共性的。

第一条原则,现有的平台就是你所能拥有的巨人肩膀。经常听到有学生抱怨学校、专业或老师的不如意,其实,这是一种非常负面的情绪,一旦被这种情绪笼罩,就再也看不到自己所拥有的资源和机会。哲学家斯宾诺莎曾说:不要笑,不要哭,要理解。这句话实在是人生的至理名言,任何一个肩膀都可以为我们提供一个可见的支点。

我们之所以会有那么多的抱怨，无非是对于未来过于理想化的预期与现实的差距带来的。这是人性中一种不想付出太多努力，而又想获得超额收益的偷懒想法受挫后的情绪反应。其常见的理想化起点条件包括如下几个指标：好的学校＋好的专业＋好的导师＋大量的机会，只要有一些指标没有达到心理预期，就有了抱怨的理由。其实，真实的学术生涯哪有这么多如意的起点？关键问题在于我们如何呈现出最积极的自己，再加上现有的条件开始工作，这才是真实生活的常态。这里就涉及一个问题：什么样的平台是最好的？是不是平台越高大上越好？其实真不见得，暂且不论获得这些条件的稀缺性，即使名校和名师培养出来的学生也不见得个个都是人才，反之，也不见得都不是人才。科学史上的诸多案例可以证明这样的道理：最适合自己的平台才是最好的。否则，再高大上的平台也无助于成功，毕竟人家的成功并不代表你的成功。而且如果你与巨人肩膀的要求严重不匹配，估计很可能造成双方的失望，这个后果很严重：被高级平台承认固然可以大大加分，但是不要忘了，一旦被高级平台否定，那也会严重挫伤自信心。因此，没有最好的平台，只有最适合自己的平台。毕竟，是金子总能发光的。根据自己的能力，合理利用现有的平台，并调整自己的前进节奏，反而会取得事半功倍的效果。渐进发展总是最稳妥的进步路径。

  第二条原则，成功更多是一种过程而不是一个事件。任何成就的取得都是一种缓慢积累的结果，那些寄希望于一夜成名者，无异于把过程简化为一种突发事件模式，即便有也是极其稀少的。这也就是我们常说的事业发展的渐进之路与突变之路的区别。对于刚刚踏入学术领域的研究生来说，哪一种模式更适合自己呢？文学作品中所展现的那些成功科学家的故事，为了凸显事件的震撼力或者阅读效果，大多把科学家的成功凝缩为一种灵光闪现，然后一发不可收。笔者以前做过统计研究发现，科学家发表重要成果的平均年龄是38岁（牛顿是45岁），这也间接证明了缓慢积累是科技发展的常态。没有人否认天才的存在（爱因斯坦1905年发表划时代成果的年龄是26岁），但是，对于大多数研究生来说，还是采取脚踏实地的渐进做法比较稳妥，这也是中国学生最熟悉的从量变到质变的最好明证。

笔者前段时间读到一本书，是美国心理学家和神经生物学家理查德·戴维森（Richard J. Davidson, 1951— ）写的，其中提到他1972年刚到哈佛大学读研究生时，他想研究情绪，但是那时心理学界的主流范式是行为主义与新兴的认知心理学，他的选题明显与主流范式不同，因此，他选择了一个可以尽量靠近主流范式的主题作为论文题目，然后继续私下从事自己喜欢的研究。在随后的20年时间里，他发表了大量相关的研究成果，获得了很多基金的资助，也被聘为教授，并逐渐得到学界的认可，这时他才正式竖起研究情绪的大旗。这个故事很好地揭示了在学术界缓慢积攒学术资本的历程，最后证明他当初的选择是对的。不能轻易指望通过一个偶然发现就彻底颠覆整个科学界，要知道科学界是非常保守的（这是一种优点，捍卫了知识的继承性）。试想，如果戴维森不采取这种策略会怎样？如果他一味固执地坚持自己的研究方向，可能会没有老师愿意带他，也极有可能无法顺利毕业，如果那样的话，又怎么会有后来的著名情绪研究专家呢？科学史上，那种欲速则不达的案例很多。

第三条原则，利用长尾效应，从小处做起，尽早确立核心竞争力。科技界是一个分工比较深入而又高度竞争的社会，这就意味着它的既有生存空间与资源分配格局早已经确定，任何后起之秀只能通过自身的学术资本积累，借助于新陈代谢的法则，实现科学界的社会分层。个体在其中参与社会分层的基础在于其所拥有的学术资本存量。仅就狭义学术资本积累而言，笔者以前曾提出过一个模型，即 $\Sigma C = C_1 + C_2 + C_3 + C_4$。其中，$\Sigma C$ 代表个体所拥有的总的学术资本存量，C_1指人才自身的学术禀赋，C_2指地域文化梯度资本，C_3指机构的声誉资本，C_4指学术成果资本。上面提到的巨人的肩膀相当于这里的C_2与C_3之和，都是外源性资本，而真正学术资本中的内源性构成则是C_1与C_4。现在的很多评价体系过于看重外源性学术资本，这多少有些偷懒与无能的嫌疑，因为，这些外源性学术资本与个体的结合度并不是一个可以有效测度的过程，简单地照单全收，反而容易造成泡沫学术资本的泛滥。其实，真正让一个人获得学术界承认的是其内源性学术资本的构成，即你个人的禀赋与能力，以及你真正做出了什么成果。那么基于上述分析，任何理性的人都会合理利用他的外源性学术资本，同时最大限度上增加其内源性学术资本在整个资本构成中的比例。反之，过度依赖外源性学术资本则会被当成学术花瓶。因此，内源性学术资本才是一个人进入科学界分层游戏的快车道。道理很简单，但如何操作呢？

既然内源性学术资本在个人职业生涯中具有头等重要作用，那么问题就转变为学术成果发表战略的布局选择上。这里有常见的三种战略布局：第一种，高端路线，比如把成果发在顶级的杂志上等，这种战略，风险大收益高，成功概率低；第二种，中端路线，难度与收益适中，这也是目前学界学者们的常规做法；第三种，低端路线，这个模式经常被污名化。但是在互联网时代，原有的认知偏见会被迅速打破。大部分研究生作为刚踏入科研领域的新手，从这里入手未尝不是一个好的选择。之所以做出这个判断，是基于如下考虑。互联网时代，信息搜索能力大幅提升，这就意味着好的成果最大限度上不会被遗漏，孟德尔悲剧出现的可能性在互联网时代大幅降低。由于发表难度相对高端路线比较低，这就意味着，你可以比较快地取得优先权。科学社会学家默顿早已证明：优先权是获得承认的基础。因此，这种模式对于年轻科技工作者取得优先权是比较有利的，否则很可能丧失优先权。

从收益角度来看，成果发在非著名刊物上是否一定会吃亏？就目前的评价体系而言，肯定吃亏，但是对于学术资本积累与优先权的争夺来说，从长期来看结果未必吃亏。按照经济学家克里斯·安德森的说法：需求曲线的头部历来是竞争的重点，而被忽略的需求曲线的尾部同样暗含商机。目前商业领域中已开始关注需求曲线的尾部，这就是长尾效应。回到学术界，同样的道理，没有人不想发著名刊物、获得高级的承认，但是那里竞争激烈，影响因素众多，而且耽误时间

(可能丧失优先权);相反,那些不知名刊物,给你提供了一个难得的锻炼平台,虽然相较于名刊来说收益小,但是,其机会很多,从长远来看这里正是长尾效应发挥作用的地方。随着积累的增加,且逐渐被认可,被名刊接受的机会也在增加。屠呦呦关于青蒿素的成果就是发在国内刊物上,而不是外刊,结果抢到了优先权,从而最终获得了诺贝尔奖。从这个意义上说,长尾效应对于刚刚开始职业生涯的年轻人而言是一种有益的补偿。

要实现长尾效应,还需要做的一个准备就是核心竞争力的培养。在一个分工越来越细、越来越专业化的时代,培养核心竞争力,需要明确以下几个问题:首先,要明确自己的研究领域与产出方向;其次,作为知识的产出端,你要明确你的潜在客户群体是谁?他们有哪些要求,我如何满足这些需求?在这样的思考链条下,你会清醒地意识到自己的研究是产品导向型的还是消费者导向型的,你的核心竞争力就会在这种双向调整中被塑造出来。

第五节 走出学术舒适区,再创人生新辉煌

这两日,网上一则清华大学颜宁教授即将加盟普林斯顿大学,并将出任讲席教授的消息,一时间引发学界众多热议。比较典型的观点有如下三种:其一,颜宁由于没有获得国家自然科学基金委的某个项目而负气出走;其二,乐观地认为中国的高端人才开始逐渐得到国际上的承认;第三种,祝贺与祝福颜宁。冷静之余,我们应该审慎地思考两件事:如何看待这次人才流动现象,以及它对未来的启示意义是什么?

人才流动原本是一件很正常也很私人的事情,没有必要大惊小怪。颜宁此次归海之所以变为热点,原因有三:首先,颜宁受聘的新单位是普林斯顿大学,据2017年Times世界大学排名显示,普林斯顿大学位列第七名,是名副其实的世界一流大学,而且这所著名大学给颜宁提供的岗位是讲席教授(超级教授),公众对于这所大学的认

可以及此次普林斯顿的大手笔,自然是非常冲击眼球的新闻点;其次,颜宁在过去十年里已经成为中国科技界新生代的一个符号,她的出走自然会引发种种猜测;最后,由于国内科技体制改革的滞后与不完善,在科技界积压了太多的不满与怨气,自然会借着颜宁这个符号性人物的远走而释放出来。基于上述分析,所谓"负气"出走之说,可以不予考虑。只要看看颜宁在过去十年间的职业发展轨迹就可以清晰发现:先后获得杰青、长江以及 6 个 NSFC 项目,发表众多高档次文章。因此,无论从哪个角度来说,颜宁都是顺风顺水非常成功的科学家典范,如果说她有别的想法的话,那也绝不是钱的问题,而是人生规划中的大目标。

工作变动对于任何个人来说都是一件非常大的事情,每个人在做出最终决定的时候,都是经过了全面考虑,其中的主导偏好选择只有自己知道。颜宁对于自己应聘普林斯顿大学给出的解释是:"我生怕自己在一个环境里待久了,可能故步自封而不自知。换一种环境,是为了给自己一些新的压力,刺激自己获得灵感,希望能够在科学上取得新的突破。"这个表述直接指涉了学术界的生存模式中暗含的一种先天缺陷:由于过分熟悉所带来的能力退化与激情枯竭。基于此,笔者倾向于相信颜宁这句话的真诚性。笔者把这种选择称为:走出学术舒适区,再创人生新辉煌。

可以把颜宁的职业发展轨迹称为"颜宁模式"。根据科学社会学的基本理论,我们可以把这个模式分解出三个具有普遍意义的子命题。

首先,充分利用学术生命周期。任何科学家职业规划的最核心问题就是在学术生命期内做出最好的工作,并最大限度上延长自己的学术生命周期,由此,才能收获最大的自我实现目的。笔者前期的研究揭示:自然科学界的创造力峰值年龄是 38 岁,随着条件的改善,充其量可延伸至 45 岁,然后,创造力开始衰落。如何用好这段宝贵的学术生命周期是每一个科学家都必须认真考虑的事情。科学史的研究早已揭示出,任何优秀的科学家都是时间管理大师,知道自己在某个年龄段该做什么,以及充当什么角色。颜宁40岁了,相信她对自己学术生命的规划与时间管理是有清晰把握的。

其次,走出舒适区,可以延长学术生命周期。由于美国一流大学的学术环境是简单、宽松、业务为主型的环境,这种环境可以最大限度上延长学术生命周期。

最后,最大的收获一定来自于最高级别的承认。在"目的—手段"的链条上,手段是不可或缺的。从这个意义上说,颜宁的此次出走,恰好把这三条全部满足了,如果理论设想能够全部实现,那么未来什么奇迹都有可能发生,甚至我们都有理由期待英雄的再次归来。

"颜宁模式"不仅仅为科学家们的职业规划提供了有说服力的样本,而且通过颜宁模式,我们也可以发现高端人才内在偏好排序的变化,这也为未来人才政策的改革提供了一条可靠的切入路径。美国普林斯顿大学给颜宁开出的条件是讲席教授,在美国的教授系列(助教、副教授、教授)中,这是最高级的,也被称作椅子教授(Chair Professorship)。这个条件针对性非常强:首先,表明普林斯顿大学愿意为她提供一个教职,按照马斯洛的需求层次理论来说,这相当于为个体提供了爱和归属感;接下来再明确标明授予她讲席教授,这相当于在世界学术界对她个人能力的再次承认,这是超越金钱之外的满满的尊重的需要。这份聘用条件是很难让人拒绝的。相对来说,中国的引进人才政策仍然停留在需求偏好的较低端的二、三层面,仍然是单纯靠金钱的投入来吸引人才,这种政策模式成本巨大,无法持续,更为关键的是它缺少对人才高级需求的满足,从而无法引来最高端的人才以及最衷心的激情投入。

颜宁现象只是开始,未来会有越来越多的高端人才流出去,武断地关起门来显然是最糟糕的解决办法。而且,这个现象还谈不上人才流失,只要人才流入大于流出,人才蓄水池就会形成,因此,没有必要草木皆兵。有进有出,自由流动,这才是一个自信的、开放的科技系统应该有的胸襟。此次事件中暴露出的科技界的老问题倒是需要高度关注,否则,老问题迟迟不解决会对人才造成挤出效应。如何解决这个潜在危机，出路在于从下到上本着简化学术环境、降低制度成本、保证科技评价体系的公平性原则，这就相当于最大限度上延长了人才的学术生命周期、扩大了人才的利润空间以及增加了流动成本（不用出口转内销式的镀金也可以获得公平的承认与机会），这种努力变相地提高了挖人单位的成本，并以市场的方式解决了人才的流动问题。

第六节　学术界少有弯道超车但有马赫带效应可用

弯道超车是中国近几年来在社会治理领域的热词，它意指经济与社会的超常规发展。由于社会是多变量的组合，在某些关键节点，如果措施得当这种可能性还是存在的。问题是这个现象具有普遍性吗？随着近年来国家对科技发展的日益重视，从人才的引进、经费的投入、高校改革的推进、科技体制改革的深化等，这一套组合拳下来，效果显著，由此科技界力争在追赶中实现弯道超车的雄心势不可当。由于政策的传导作用，现在整个学术界包括个体都跃跃欲试，信心爆棚。如何看待这种"大跃进"心态，学术界是否也存在弯道超车现象呢？

笔者的观点很明确，除非不计后果，国家强制性地通过政策安排，或许会在某个研究领域取得比较优势。在大多数情况下，在学术界实现弯道超车现象的可能性很小，对于个体而言，由于调配资源的能力有限，很少能实现弯道超车。就如同当下的双一流高校建设，哪个学校不想实现双一流？可是很少见到有高校弯道超车成功的案例。

科学史的研究早已证明：学术界的发展与推进依靠的是知识库存的缓慢积累与灵活运用，而知识的积累与内化都是需要时间的。从这个意义上说，学术界作为整体几乎不存在弯道超车现象，它遵循的是渐进式的发展路径，只有当知识库存积累到一定程度的时候，才会发生整体性的突变或者加速。这是前期漫长积累的结果，它需要诸多相关条件的整体进步，世界科学中心的五次转移可以看作是这个过程的最好体现。

　　对于个人而言更应该避免弯道超车的幻觉，真正脚踏实地，一点一滴地增加自己的知识库存，假以时日，自然会有一番作为，这就是"千里之行，始于足下"的质量互变规律作用的结果。之所以关注学术界的弯道超车现象，是因为当下的很多政策目标过于宏大，导致社会的急躁心态，不可避免地影响到学术圈内的从业者，不惜违背正常的知识生产规律。结果欲速则不达，在造成资源浪费的同时，也破坏了科技发展的正常秩序与生态。客观地说，中国科技界的发展速度已经很快了，致使很多配套系统跟不上发展的节奏，此时，如果再点燃弯道超车的狂热会出大问题的。当下的中国科技界最需要的是静下心来，稳步推进，而不是急躁冒进，要清醒意识到我们在很多领域仍然处于追赶阶段，这种定位就要求我们要有巨大的耐心，通过渐进式的发展，积累知识库存，并逐步缩小与先进国家的知识差距。由于中国科技体量的庞大，一旦知识积累到一定程度，就会引发知识的链式反应，那是任何国家都无法相比的，因此，对于这么大的国家来说，超车不是最重要的，重要的是在追赶中不翻车。即便要超车，当下还有很多准备工作要做：科技布局的均衡、人才培养体制的完善、科技投入结构的合理化、科研文化的塑造与培养、科技评价机制的升级换代等，这些都是影响知识生产的重要环节，没有这些基础条件的协同进步，我们拿什么来保证在超车过程中不翻车呢？

　　对个体而言，虽然实现弯道超车不太可能，但是寻找有利于知识生产与个体成长的捷径还是有的。每个人都要在自己的最佳知识生产窗口期（通常在30—45岁之间），获得最多的机会、资源与承认，较早进入有效的知识市场，这样才能最大限度上实现自己的梦想。这就要用到马赫带效应（Mach band effect），它原本是由奥地利物理学家马赫在1868年发现的一种视觉现象，是指人们在明暗交界处感到亮处更亮、暗处更暗的现象。它是一种主观的边缘对比效应。这是一种普遍的关于人类视觉的生理现象，久而久之，这种视错觉会演变为评价领域里的扭曲认知定式。这种扭曲对于个体的知识资本积累、转化与实现收益最大化都具有重大影响。为了更好地展示马赫带效应，不妨通过一个具体的例子来揭示这种变化。众所周知，任何认知判断都受到背景因素的影响，假设 A 和 B 两个人具有同样的学术资质与能力，如果把 A 放在一个影响力高的平台，把 B 放在一个影响力低的平台，那么，人们倾向于认为 A 的水平比 B 的水平高，反之亦然。其实，在初始条件下，A 和 B 的能力是相同的，但由于 A 和 B 所处的背景是有差异的，即 A 所处平台水平较高，相对而言，竞争压力也较大，人的潜力发挥也更充分一些；而 B 的平台水平较低、竞争不充分，面临的压力也会低一些，从而导致 B 的潜力释放不充分，久而久之，B 真的在能力与知识积累上不如 A 了，这就是人们常说的学术界的马太效应。按照科学社会学家默顿的说法，这就是典型的优势累积现象。其实，对于这个结构，还可以深入挖掘一下，在人们最初对 A 的高估中，其实包含着 A 所处的平台带来的知识溢出部分，这部分溢出在起始处就被 A 收获了；同理在对 B 的低估中就包含人们对于 B 所处的平台的低估，这部分差额由 B 自身的知识库存来冲抵，结果导致评价受到背景因素的直接影响，即平台背景对于个体评价产生加分与减分现象。坊间所谓的"人往高处走"，其潜在意义在于获得高处的溢出价值。这就是典型的马赫带正向效应：亮处更亮，暗处更暗。

就常识而言，大平台拥有更多的机会与资源，小平台则机会与资源都比较少。问题是，在大平台里的机会与资源再多，也未必是你的；而小平台虽然机会与资源比较少，但未必不是你的。关键是你在平台里的相对位置，这就是选择的悖论。

天下没有免费的午餐，任何选择都是有代价的。在高平台，个人会获得机构声誉的溢出收益，但是由于高平台普遍水平较高，会造成个体比较优势的缩小、机会的稀缺以及竞争压力的加大，这一切都是个体无力改变的。学术界的通用规则是赢者通吃，在这种背景环境下，个体所承受的心理成本也会很高，这就是获得机构溢出收益（声誉）所要付出的代价。

既然社会认知评价与个体真实水平是两回事，那么，在马赫带负向效应中的情景又如何呢？由于所处平台的知识梯度较低，个体很容易确立自己的比较优势，即便做出同样的成果在高低平台之间所获得的收益也是不一样的。总体而言，在低平台获得收益也会更容易一些，而且容易形成赢者通吃局面。在大科学时代，知识的生产是需要条件的，没有条件支持任何美好设想都是无法实现的。也许更为重要的是在低平台承受的竞争压力与心理成本也会随之降低，从而为自己营造出较为宽松的环境，而这种宽松的环境更有利于知识的生产与个体的成长。从这个意义上说，一味地沿袭"人往高处走"的路径，并不见得就是最好或唯一的选择。按照经济学家舒马赫的说法：小的是美好的。同理，最适合自己的才是最好的。所以苏格拉底一再告诫世人：认识你自己。遗憾的是，很多时候，我们并没有遵从自己内心的召唤与判断，也不了解自己的真实偏好与潜力，只是没有反思地接受约定俗成的选择模式，从而影响自己的知识积累速度与发展进程。

提出上述判断基于两个预设：其一，随着互联网时代的深入发展，整个社会结构有日益从垂直型社会向扁平型社会演变的趋势。这就意味着知识的收集与检索进一步便捷化，从而不会把真正的好东西遗漏，这预示着知识的生产机构不再具有头等作用地位，而是成果的内容成为首要考虑目标。其二，随着市场经济的深入发展，对于人的评价会发生深层次的变化。换言之，在交换市场里，社会不再把人作为人来评判，而是把人作为生产者，按照他们产品的质量来评判。从这个意义上说，最容易获得支持并产出成果的选择才是最正确的选择。哲学家阿伦特曾说："活的精神"必须存在于"死的文字"中。对于任何个体而言，最快地把知识生产出来，才是头等重要的事情，如果你没有一定的资源和条件，又如何去生产呢？

因此，对于那些有志于学术研究的人来说，必须充分认识到：在学术界是不存在弯道超车现象的，但存在发展的捷径。这个领域颠扑不破的传统就是踏踏实实，持之以恒地快速积累知识库存。但是为了更快地发展，个体可以结合自身的特点，充分利用人们认知中的马赫带效应，寻找最适合自己的研究环境，为自己营造出最舒适的发展空间。

第七节　在学术界生存，你需要认识多少人？

在学术界生活的人同样需要社会交往，而且社会交往也是一个人积攒资本的重要方式。对于学术界的人而言，他的资本构成包括两部分，即学术资本与社会资本。学术资本就是一个人经年累月从事研究所积攒下的资本总和，如获得学位、发表成果、获得的奖励等；而社会资本则是指个体与科技共同体成员、社会其他部门之间由于实质性交往而获得来自他人或机构的支持、认可的那部分资本。任何一个学术人作为理性人，在工作中必须尽最大努力积攒下两类资本，并使之最大化，以此在市场中获得相应的收益和荣誉。抛开总资本中的学术资本积累不谈，笔者想探讨一下学术界社会资本获得的途径与特点。由于社会资本是由人与人之间形成的一种稳定关系所带来的，从而社会资本的积累与所交往互动的人的数量有关。从理论上说，你认识的人越多你所拥有的社会资本就越多，道理没错，问题是这种推论可行吗？由于人的精力有限，不可能把所有的时间都用于社会交往，这就引申出一个很现实的问题：在学术界生存你需要认识多少人？

一　学术界中人通常有多少好友？

英国牛津大学的人类学家与进化心理学家罗宾·邓巴（Robin Dunbar, 1947—　）在1992年发表的一篇文章中曾提出一个著名论断：人与人之间所能维持的稳定互动关系的规模是150人左右，这个数字被称作邓巴数（Dunbar's number）。这个结论是邓巴根据灵长类动物脑的大小与平均社会群体大小之间存在相关性推出来的，后来他从人类社会中的各种现存组织结构入手，证明这个数量规模在社会中具有普遍性。

由于学术界只是社会系统中的一个子集，除了专业分工有别之外，与其他子系统在生活属性上并没有多大分别，考虑到人类认知的有限性是一个普遍性现象，因此，学术界与其他领域一样相互之间可以维持的最大认识规模仍是150人左右。这里需要对认识进行一些简单的界定。认识是指相互之间存在实质性的交往互动，而非仅仅知道对方的名字。按邓巴的形象说法：如果你碰巧在酒吧里碰见他们，加入他们阵营时你不会因为未受邀请而感到尴尬。

在现实生活中，我们的交往规模远远没有这么大，150人可以认为是一个人在学术界交往规模的上限。那么真实生活中我们实际交往的人有多少呢？它的结构又是怎样的？在日常生活中，我们通常根据交往频率与密度（亲疏远近关系）对所认识的人进行划分，因此，这150人的群体可以划分为几个层级结构。关于这一点，邓巴并没有给出相应的说明，但不妨根据密切程度把社交群体划分为三层结构：核心群体、亚核心群体与外围群体。每个层次的群体人数又该怎样分配呢？虽然可以简单地把邓巴数平均分配，即每个层级的规模为50人，但是现实生活中，大多数人所认识的核心群体成员都是低于50人的。为了验证一个人所认识的核心群体成员的数量，通过一些实证调研，笔者发现，核心群体的规模应该是30人左右，亚核心群体的规模为60人左右，外围群体的规模为60人左右。这样的分布符合实际的人群交往结构，人数总和也符合邓巴数，而且，基于偏好与亲疏结构划分的三个认识层级的数量规模也与学术界的现状相一致。

上述分析意味着一个人在学术界所认识的核心成员在30个人以内，稍远一点的亚群体人数在60人左右，交往比较少的外围群体的规模以60人为上限。通常一个人在社会交往中的精力主要投向核心群体与亚核心群体，对于外围群体的精力投入就比较少了。一旦他遇到需要帮助的时候，首先会向所认识的核心群体成员寻求帮助，然后是亚核心群体成员，最后才是外围群体。这种关系结构也符合美国社会学家彼得·布劳的社会交换理论的要求。

二　我能直接影响多少人？

还有一个基础性问题需要解决，即把一个人所认识的群体根据偏好、亲疏远近做划分是否有道理呢？哈佛大学的社会学教授尼古拉斯·克里斯塔基斯提出的"三度影响力"原则可以支持笔者对群体结构的划分。按照尼古拉斯的说法：我们所做或所说的任何事情，都会在网络上泛起涟漪，影响我们的朋友（一度）、我们朋友的朋友（二度），甚至我们朋友的朋友的朋友（三度）。如果超出三度分隔，我们的影响就逐渐消失。尼古拉斯的"三度"分别对应笔者的核心群体、亚核心群体与外围群体。但是对于网络传递过程中的影响力衰减模式，尼古拉斯并没有给出具体的说明。联系到前期的一些观察，笔者给出影响力逐级衰减的比例是减半规则。为了形象地说明这个问题，下面给出个体在群体中影响力衰减的示意图（见图3-2）。

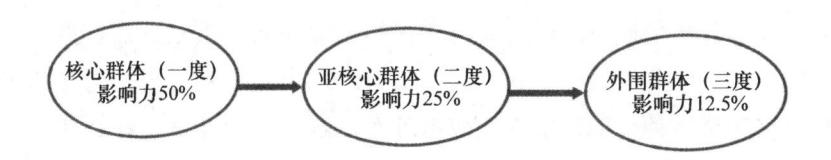

核心群体（一度）影响力50% → 亚核心群体（二度）影响力25% → 外围群体（三度）影响力12.5%

图3-2 个人维系的群体结构类型与影响力衰减模式

通过图3-2，可以很好地说明你所认识的群体的结构以及自己的偏好，也与尼古拉斯的三度影响力原则相匹配。一个人的影响力在第三度区隔已经衰减为12.5%，维持一个稳定的150人认识群体，已经接近个体影响力的极限。通过这个影响力衰减模式，我们还可以解释米尔格拉姆提出的六度分隔理论。这个理论是指任何距离遥远的两个陌生人之间，只需要通过六个人的传递就可以联系上。其实，在这个小世界效应里，从源头到第六个人影响力按照笔者的减半模式已经衰减为1.56%，这足以看作是陌生人了。基于这种分析，一个在学术界中生活的人，扣除很少关注的外围群体后，他真实有效的认识的人数规模应该在90—100人。笔者最近通过对微信圈好友的调查分析也印证了这个规模。笔者选取微信发帖获得最多点赞数来代表一个人的影响力的最大范围，统计结果显示微信朋友圈的平均影响力范围是84人，这个结论大致印证了最大认识规模在90—100人之间的假设。另外，通过最多评论数来检测核心成员的规模，结果大约是平均最高点赞数的1/3，即28人左右。这组数据可以粗略证明笔者提出的个体有效认识的人数与结构的猜测。

三　该花多大精力社交？

维持一个群体的稳定关系是需要花费大量投入的，由于时间和精力的硬性约束，不是认识的人越多越好，随着认识的人数的快速增加，维护成本也随之快速上升。按照经济学的说法，最大的认识人数规模的边界条件是群体边际收入等于边际成本的那一刻，超过这个边界，再多认识人就不划算了。对于学术界而言，毕竟主业是科研活动，标志其学术成色的还是其所取得的学术成就和贡献，而这些业绩的取得都是需要投入巨大的时间与精力的，因此，社会资本对于学术界而言只是一种辅助性资本，切不可本末倒置，把社会交往作为共同体成员追求的主要目标。通过实证数据分析，笔者发现一个有趣的现象：成就越大者，越容易扩大核心成员的规模，从而增加由影响力带来的社会资本，并处于影响链的上游；反之，成就小者，则处于影响链的下游，核心成员规模较小，交往占用时间即便很多，所增加的社会资本也有限。

灯塔模型图中符号的意义分别是：ABC的面积就是一个人所积攒的社会资本总量，t线就是影响力线，当个人能力提升的时候，影响力线从t_1向t_2上移，覆盖的面积增大，意味着积攒的社会资本也越多。这张图很好地揭示了提升个人成就对于影响力提升和社会资本积累的重要意义。另外，区域的社会平均水平线ST_0也会影响个体积攒社会资本难易程度。在水平高的地方混出名堂不容易，原因就在于社会平均水平较高。

由于个人积攒的资本总量=学术资本+社会资本，所以在积攒资本的过程中要避免两种走极端的路线：要么完全放弃社会资本，全身

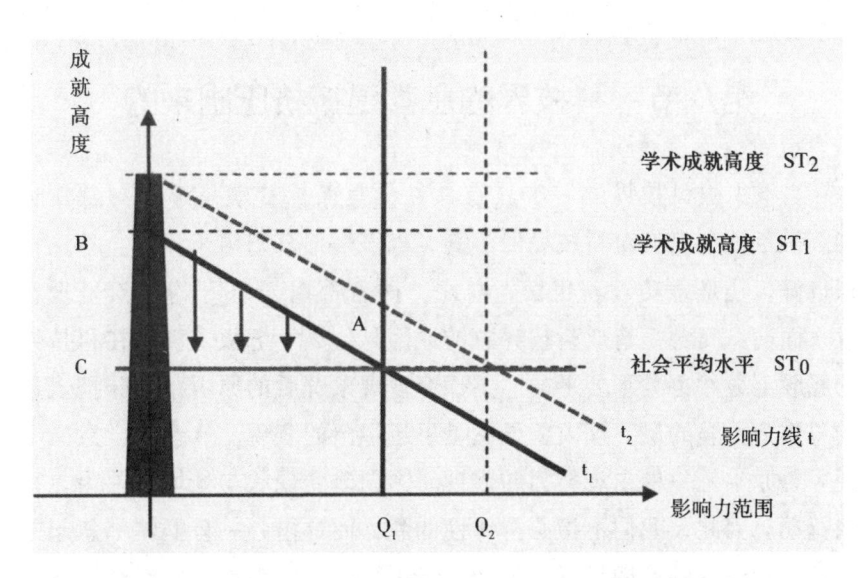

图3-3 灯塔模型：成就、影响力与社会资本积累

心投入学术资本积累；要么大幅缩减学术资本积累的投入，无限制地加大对社会资本积累的投入。一个理性的资本积累模式应该是合理分配时间与精力资源在两个领域的投入比例，在学术界生活，学术是主业，这部分投入应该永远占大头。如果学术界出现制度性的社会资本收益大于学术资本收益，那么这个社会的学术界一定是处于退化状态，这种趋势将极大地遏制学术的发展，如"跑部"钱进、拉关系等都属此类现象。社会资本的形成应该是一种自生自发秩序的结果，也就是说是顺其自然形成的，而非刻意建构，否则会出现社会资本的泡沫现象。

对于社会资本的积累而言，重要的是改变你所认识的人的群体结构，毕竟对于影响力而言，核心成员的数量与质量才是最关键的，从核心群体到亚核心群体已经占用你影响力的75%，这也是形成社会资本的主要区间，再拓展认识的人的规模就会面临边际收益递减的局面。因此，在学术界生存，认识90人以内的人足矣！

第八节　科技界的急都是被挤压出来的

　　当下中国科技界的一个具有共性的负面标签就是浮躁与急功近利。一旦社会上有对科技界的不满，也多是把其归结于浮躁。不论浮躁也好，还是急功近利也罢，总之，两者都以"急"的形象呈现在世人面前。问题是造成科技界急的原因是什么？把板子都打在科技界的屁股上显然也是不公平的。不探究该现象背后的原因，一味把表象的急作为不满的最终理由，显然是思想懒惰的表现。从现象学意义上说，急原本是一种主观努力的表现，力图改变现状与处境，并为之采取行动。因此，我们不担心群体性的急，而是担心一旦群体都急起来了而仍无法达到预期目标，那才是最可怕的，因为那会导致整体的幻灭感。从这个意义上说，一旦中国科技界不急了，反而是最糟糕的事情。基于人的生理、心理基础，急是有边界的，一旦长期越界会造成很严重的后果。由于急与个体的生存现状密切相关，科技界的急可以分为两类：源于外在压力的急迫，源于内在心理压力的焦急。现在笔者尝试分析两个问题：其一，造成科技界急的内外原因是什么？其二，急与产出成果的质量问题。

　　多方面的证据显示，中国科技界的急是由内外环境联合作用挤压出来的结果。通过结构性分析可以看到造成科技界出现整体性急的原因不外乎外部环境与内在压力。外部环境主要是指社会的整体氛围与政策安排（各种考核评价制度）。对社会整体氛围而言，当人类社会从农业社会走向工业社会，必然出现速度加快现象，随着科技的发展，人们并没有越来越闲暇，反而是越来越忙碌，从主观感受上看就是越来越累。究其原因，皆在于基于科技的工业逻辑表现出更高的速度与效率，而人作为整个社会链条中的一个环节，他的行动模式必须与整个社会的运行模式相匹配，即当社会形态升级的时候，人的行动模式也必须随之升级，否则会被淘汰，这是一个世界性现象，中外概莫能外。而制度安排则是基于特定行业的特点有针对性地制定出来的各种考评体系，这套规则体系通过相应的奖惩机制会以无形的方式被共同体成员内化于心，并以此指导行动。如果考评体系的标准设定超过特定时期共同体的平均能力，那么群体就会呈现出较强的压力感和焦虑。为了适应这种运行体系，个体必须在时间约束下以加快行动节奏的方式来应对这种变化。科技进步了，但属于个人的时间并没有随之延长。当机构也开始追求自身利益最大化的时候，它会通过悄无声息地提高评价标准来实现自己的目标，当新的考评标准被精准分解到共同体内部的每个成员身上时，受这套标准影响的个体会越发感觉力不从心，为了完成指标只好挤占其他领域本应投入的时间并尽最大可能提高效率，这时群体就表现可见的急迫征兆。这种症候会快速向其他领域扩散，想想20世纪初美国泰罗制所引发的后果就会明白这个道理。这个过程就如同踏上跑步机，当速度值设定越来越高的时候，跑步机上的人就会越来越吃力，为了不被跑步机甩出去，只能拼尽全力加快速度，从宏观上看就呈现为群体性的急迫。当下的中国科技界就是如此，而且有愈演愈烈的态势。

对于造成群体性焦急的内在原因在于资源的稀缺性。这种资源包括有形资源如岗位、项目、称号等，也包括无形资源，如荣誉、承认等。由于中国还没有形成一个成熟的科研环境，仍处于边发展边建设的阶段，上升渠道经常出现堵塞现象，导致各种资源经常被各层级拦截，真正能够流到中低端的已经很少了，而科学共同体的收益又完全采取绩效制，这种资源分配模式如何能让科技共同体不急呢？管理层发条越上越紧，有时真担心这种管理模式会让整个体系在某个节点毫无征兆地突然失灵，而我们并没有准备好一个周全的应急机制。在这种急迫的背景下，会对科技成果的产出产生哪些影响呢？

来源于外源性的急迫在日常科研生活中的最好体现就是求快，所谓天下武功，无快不破，说的就是这个道理。因此，化解急迫的最好办法就是对效率的追求，基于急迫情境，行动的选择在效率层面就体现为快慢两极，与之相关的成果品相也可以划分为两极：高质量与低质量。那么，根据两个维度的指标，利用四象限模式，科研活动会有四种演变类型：分别是快节奏下的：（1）快与高质量；（2）快与低质量。与慢节奏下的：（3）慢与高质量；（4）慢与低质量。不论在哪种科研体制下第一种模式都是被高度赞赏的，而第四种模式则都将是被淘汰的。排除这两种特例，真实科技界更常见的活动模式只有两种，即快与低质量模式（模式2）和慢与高质量模式（模式3）。按照常理来说，速度与质量之间是存在冲突的，如何兼顾与协调好并不容易。显然模式3比模式2好，毕竟研究成果的高质量才是任何科研活动所追求的。但是，模式3无法解决外源性的急迫压力，所以这种科研模式会越来越少，因为践行这种科研模式在当下的考评体制下会被过早淘汰，也是极度不经济的，毕竟活下来才是第一位，否则一切都是空的。所以，适应这种外源性急迫压力的科研路径是模式2，即快与低质量的组合。这种模式对于整个社会来讲不是最优解，既浪费了资源，也增加了整个社会的知识搜寻与鉴别成本。问题是如果不改变当下愈演愈烈的外源性急迫压力，空喊"板凳要坐十年冷"毫无意义。笔者早些年曾建议，国家在科研投入中应增加科研人员的保障性供给，减少竞争性项目的占比，给整个社会松绑。这就从根本上缓解了外源性急迫的压力。也许更为重要的是，这种保障性供给会改变科研环境的学术氛围，毕竟知识的生产是需要投入大量时间和精力的事业。

在外源性压力无法消除的背景下，过度竞争必然导致内源性焦急压力的上升，进而发展成对科技共同体整体身心的持久伤害。管理者以双重透支的方式竭泽而渔实在是得不偿失，这相当于对整个社会的宝贵智力资源的挥霍与浪费。近年来科技共同体成员过早夭折的报道屡见报端，就是这种状况的真实写照。笔者曾提出过一个推论：当科技共同体规模较小时，适当强化激励强度有利于产出，毕竟规模小导致内源性压力天生不足；反之，如果科技共同体的规模较大，内源性竞争压力会随着规模扩大而变大，这时需要适当降低激励强度。没有激励机制或压力不足是不行的，但是激励机制或压力强度过大，同样不适合科技共同体潜力的释放，激励与绩效之间呈现一种倒 U 字形关系。一旦激励/压力超过个体生理/心理的承受极限，绩效迅速降低，激励机制出现失灵现象，此时，科技共同体会出现整体性的功能失能现象。对于中国而言，我们的科技共同体规模已经足够庞大，这种内在结构就会产生足够强大与持久的竞争压力，不适于再无限加大刺激强度，否则会出大问题。

为了解决中国科技界的急现象，需要解决三个问题：其一，清理资源分布路径上的诸多利益集团截留造成的支流（滴漏现象），从而增加了资源主干道上的供给，一定程度上缓解由于资源稀缺性造成的急迫现象；其二，从制度安排层面降低激励强度，从而减轻共同体内心的焦急感；其三，增加科技投入的保障性供给，大幅减少竞争性项目的占比，从根本上解决中国科技界的急现象。通过这种改革假以时日我们就有望进入模式 1 型发展轨迹，并形成中高速与高质量型相匹配的科研路径，到那个时候才可以说我们是真正的科技强国。

第九节　高校：学术道德建设的主阵地与反向激励措施

近日教育部发文：南京大学梁莹教授由于学术不端，已按程序撤销其"青年长江学者"称号。这则消息在学术界还是引起了很大震动，一方面，惋惜一位青年学者就此陨落；另一方面，近年来高校学术不端现象的频发，引发社会对于高校学术道德建设整体状况的担忧与负面印象的扩散。那么，如何看待学术道德建设呢？

学术道德建设首先需要明确三个问题：其一，学术道德的主体是谁；其二，行为（结果）与规范的匹配度；第三，裁判机制。学术失范现象的发生大多与上述三个环节中的某一项或几项失灵有关。对于中国的学术道德建设而言，学术道德的主体是那些潜在的学术生产者。那么这些潜在学术生产者来自哪里呢？高校，从这个意义上说高校是中国学术道德建设的主阵地。

一 高校开展学术道德建设的必要性

高校是中国最重要的人才培养与学术研究机构,据已有的数据显示,在人才培养方面(从大学到博士阶段),国内高校承担了95%以上的人才培养任务。换言之,那些即将进入学术界的从业人员大多将在高校里接受学术规范训练,以此塑造合理的认知框架与正确的价值观,一旦认知框架与价值观形成,将内化为个体的心理习惯并以此影响其未来的行为选择。从这个意义上说,高校是开展学术道德建设的责无旁贷的主战场。下面笔者通过三张图(见图3-4—图3-6)来反映在高校开展学术道德建设的必要性。

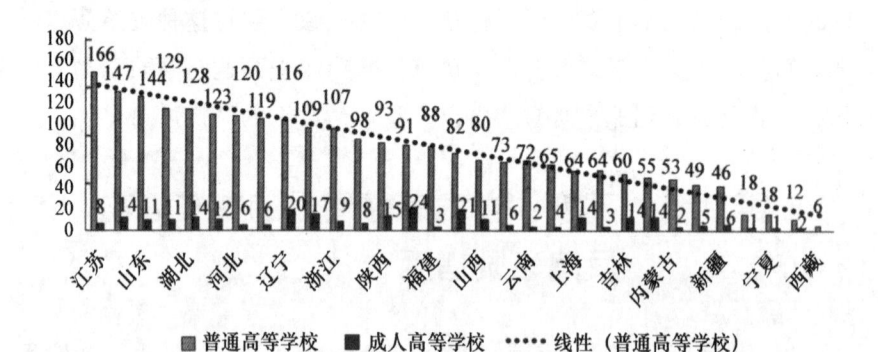

图3-4 中国高校的区域分布

资料来源:根据相关数据整理。

教育部最新统计数据显示,截至2016年5月30日,中国目前共有各类高等学校2879所,其中普通高等学校2595所(含独立学院266所),成人高等学校284所。这些高校在全国范围内均匀分布(见图3-4),几乎可以把所有适龄的优秀青年都吸收到高校内,这就为学术道德建设提供了一种全普及式的、齐一化的覆盖。而且高校相对封闭的环境也适合塑造个体的认知框架和正确价值观。一旦这些规范内化于心,这些学生即便走向各种工作岗位,也会习惯性地遵守与坚持一种规范，还会影响周围的人也受到规范的熏陶，这就是笔者所谓的道德在社会上的扩散效应。

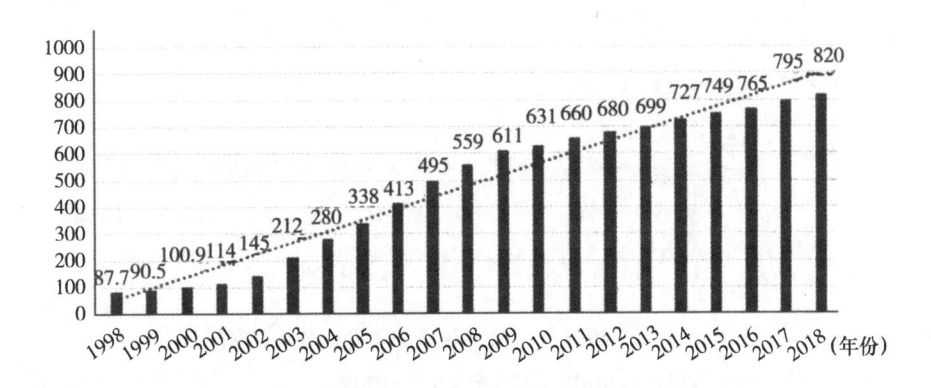

图 3-5　历年（1998—2018）高校毕业生人数

资料来源：根据相关数据整理。

根据图3-5可以清晰看出，最近21年，中国培养了9972万大学毕业生，如果再加上改革开放以来的大学毕业生，总数已经接近1.1亿人。如果这些人都把学术规范内化于心并付诸行动，那么中国的学术道德氛围将是完全不一样的面貌。考虑到道德规范发生效用的滞后性，即便1998年毕业的学生，到今天也已经41—42岁了。当下中国科技界最活跃的青年人（30—45岁）大多是过去20多年间培养出来的人才，从这个角度上说，当下发生的大规模学术失范现象恰恰是过去20多年间高校学术道德建设缺失造成的。今天的治理只是对过去失误的一种弥补措施，或者说是一种不得不付出的代价。

从科研产出的角度来看，以论文发表为例，高校研究成果占到国内科研成果总量的70%左右（见图3-6）。仅从管理角度来说，如果高校的科研成果质量得到有效控制，也就意味着中国科研成果的总体质量得到了控制，因此，高校加强学术道德建设对于中国整体科研形象的提升具有重要作用。再比如轰动一时的撤稿事件，2017年4月20日，著名学术出版商施普林格出版集团宣布，撤回2012年至2016

科技政策透镜下的中国

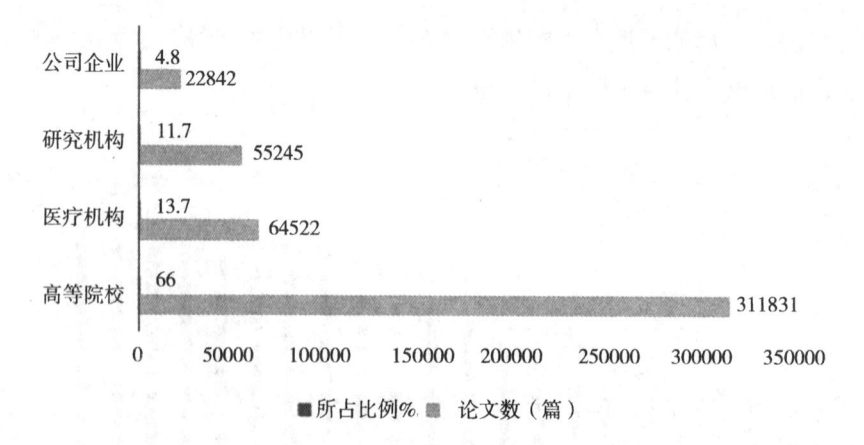

机构	所占比例%	论文数（篇）
公司企业	4.8	22842
研究机构	11.7	55245
医疗机构	13.7	64522
高等院校	66	311831

图3-6　2017年高校科研成果占总成果的比例
资料来源：根据2018中国科技信息研究所数据整理。

年发表在《肿瘤生物学》上的107篇论文。虽然撤稿原因比较复杂，但有一点是肯定的，那就是文章存在各种各样的违反规范的问题。笔者根据相关数据统计，这些撤稿文章中有76篇来自大学附属医学院，占总撤稿文章的71%，由此可以印证高校是学术道德建设的主阵地的说法。

二　高校学术不端的产生机制及表现

屡屡见诸报端的高校学术不端事件，显然已经证明高校在学术道德建设方面存在很多问题。在解决这些问题之前，需要厘清高校产生众多学术不端事件的内在原因是什么？在此基础上，才能找到真正有效的解决办法。为此，笔者把高校产生学术不端的群体分为两类：学生（以研究生为主）以及科研人员（高校里教学科研人员）。他们的偏好是不同的，在引发学术不端的驱动力方面也可分为两大类，分别是：内源性驱动与外源性驱动。所谓内源性驱动是指道德主体基于个人偏好（负性偏好）做出的选择。对于学生而言，主要是指在科研中怕吃苦、想走捷径等，出于懒惰偏好而发生的学术不端行为；对于科研人员而言，其发生学术不端的内在原因在于投机取巧。这类学术不端的比例总体上还是很低的。造成学术不端的主要原因在于外源性驱动。现在高校的竞争压力普遍偏大，这些压力会通过政策工具传导到每个个体身上：对于学生而言，为了毕业，必须完成学校规定的发表任务，从而出现抄袭现象；对于科研人员而言，为了满足晋升职称、报奖、申请项目等职业压力，在能力提升有限而任务指标上升很快的背景下，面临非升即走（publish or perish）的现实压力，促使一些人铤而走险，在很多时候，造假、篡改数据等成为完成任务的一种有效途径，并且在违规成本极低的情况下，也是一种默认的捷径。在国家科技资源投放有限的情况下，通过项目治国与项目治校的激励措施，资源的硬性约束都会把竞争压力传导到科技界的各个层级，这种过度激励与过度竞争的捆绑式治理结构是造成中国高校学术不端事件频发的主要外在原因。具体的学术不端产生的动力机制见图3-7。

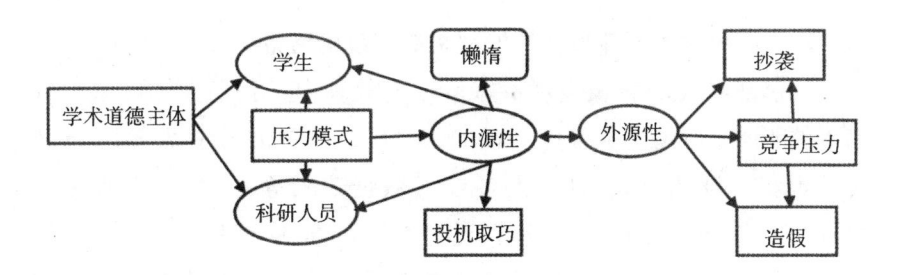

图3-7 高校学术不端事件产生的内在机制

三 高校典型学术不端的特点与新形式

结合最近五年曝光的学术不端事件，笔者梳理了科技界从最顶端的院士、长江学者到最底端的研究生的整条生态链的学术不端案例，发现其有如下特点：首先，学术不端现象涉及所有人群。所不同的是，越是高端群体学术不端发生的比例越低，这是个体学术成本约束的结果，一旦出事，其前期积攒的学术资本就会变为沉没成本。其次，学术不端的表现形式从低技术含量（抄袭）到高技术含量（数据造假），谱系齐全。越是高端人才，学术不端的技术含量越高，越难发现，由于涉及的利益面较广，处理起来难度较大，因而被处罚的概率越小，反之亦然。另外，笔者倾向于认为撤稿也是一种学术不端。最近，高校撤稿现象频发，撤稿原本是学术界的一种自我纠偏机制，可惜被钻空子：撤稿人利用后来的被撤稿文章实现了自己的目标（如晋升职称、申请项目、报奖等）。虽然文章撤了，但基于那些撤稿文章所获得的不当收益却无法收回，基于这种考虑，笔者认为撤稿已经沦落为一种新的学术不端形式。由于撤稿原因众多，这里既有主观学术不端的情况，也有客观失误的情况，很难界定，也没有人和机构愿意去复查这些撤稿的当事人及其成果，结果导致撤稿成为学术治理中的道德飞地。近年来出现的数千篇的撤稿文章，已经严重影响了中国学术界的声誉和诚信，这种愈演愈烈的现象已经证明在学术道德建设中存在明显的制度性漏洞。

四 高校学术不端事件的处理机制与反向激励

从目前曝光的高校学术不端事件的处理中，我们大体可以发现如下情形：小人物/小事件（单纯抄袭），只要曝光，大多可以及时处理。一旦涉及大人物/大事件（数据造假等），处理起来大多缓慢与不透明、涉事单位希望通过拖延时间将事件的影响稀释。究其原因，小人物/小事件，涉及的资源较少，高校处理起来阻力较小，而且容易获得好评；反之，大人物/大事件牵涉学校的资源比较广泛，处理起来要困难很多，而且处理该事件所获收益远远小于其损失，高校动力明显不足。从这个意义上说，基于成本—收益分析，将学术不端事件的处理与高校利益进行切割是当下必须要做的事情，否则遏制学术不端（零容忍）就仍停留在纸面上。因此，当下自我疗伤式的惩戒模式必须改变，积极引入中立的第三仲裁机构，这样就可以最大限度上保证客观中立地处理高校学术不端事件。

如何开发一种行为抑制器？美国经济学家亚历山大·J.菲尔德

（Alexander J. Field）曾指出：文化是怎样控制了这些恶性趋势的呢？这是通过表述和传播社会准则来克制理性个体，还有控制群体的破坏行为倾向。表述与传播是行为检测的载体，规范通过这些载体发挥激励作用。大凡激励机制都包含两个层面：正向激励（鼓励与奖赏等）与反向激励（惩罚与惩戒）。基于人类的特点，人们对于正向激励的印象不如反向激励强烈，所以在道德规范层面，为使其能够发挥最大影响力，在规则设置层面，通常采用反向激励，比如摩西十诫，它开篇就用否定性的陈述来传达规范。借鉴这种模式，对于学术道德建设我们可以采用正向激励与反向激励同时运行的模式，但是突出强调反向激励的作用，使学术不端的后果得到充分的展示，并在时间的放大作用下，禁区与底线意识得以确立，由此形成长期的警示作用。鉴于中国高校处理学术不端存在的困境，笔者提出抓大惩小的原则，即对重要人物和事件紧抓不放、干净利索地处理，以此形成广泛的震慑作用；对于小的人物和事件及时惩罚，如果处理不及时、不透明，学术不端事件还会对高校印象造成持久的负面影响，这也是高校印象库存的主要耗费者。至此，学术道德建设才能真正落地生根。

第四章 科技政策与产业

第一节 硅谷没有秘密——关于硅谷科技生态系统的两点思考

总是被模仿,从未被超越。把这句广告词拓展到科技界,恐怕美国的硅谷就是这种状态的最好写照。资料显示,硅谷是20世纪60年代中期以来,伴随着微电子技术以及计算机技术的高速发展而崛起的。目前硅谷的GDP占美国总GDP的5%,而人口不到全国的1%。同时,硅谷也是美国高科技人才的集中地,尤其是美国信息产业人才的集中地。那些世界著名的大公司,如谷歌、Facebook、惠普、英特尔、苹果公司、思科、特斯拉、甲骨文等都把公司落脚在硅谷,可见其魅力。时至今日,无数专家学者以及业内人士,已经对硅谷进行了全方位的解剖式研究,客观地说,硅谷没有秘密。然而,恰恰是没有秘密的硅谷,成了世界高科技产业发展的圣地,它的模式也很少被世界其他地方所成功克隆。到底是什么原因造成硅谷的奇迹呢?为此,笔者尝试从科技创新生态的视角,就两个问题对其展开一些分析。

第一,创新对基础支撑条件是高度敏感的。如果把科技看作是一个由严格的输入与输出决定的完整产业链的话,那么,它大体的链条如下:科技生态系统+资源配置+人才=科研成果(产出)。资源配置与人才都是可见要素的投入,这也是最易被模仿与克隆的地方。然而，世界各地的实践证明，在同样的资源配置与人才投入的情况下，两者的产出绩效完全不可同日而语，甚至在整个产业链条上的"状态—结构—绩效"都存在巨大的差异。显然，决定硅谷奇迹的应该是科技生态系统的差异。那么科技生态系统从实践层面来看应该包括什么？笔者前几年曾提出支撑创新的五要素模型，即制度条件、经济条件、人才条件、文化条件与舆论条件，这五要素之间存在耦合关系。研究显示，实现创新的最小支撑边界条件是"2+1"模式，即两项硬性基础支撑条件与一项软性基础支撑条件，这里有六种变体。缺少这些必要的基础条件，任何创新都是无法实现的。这个模型为区域创新能力的快速诊断提供了便捷的工具。基于这个模型对科技生态系统进行分解，可以看出，科技生态系统应该包括三部分内容，即制度支撑条件、文化支撑条件与舆论支撑条件。制度支撑条件本身兼有两种职能，既是硬性基础支撑条件，同时，又是要素之间形成耦合作用的协调者与推动者。

制度基础支撑条件对于创新的重要作用在于大幅降低制度成本，为创新的存活留下更大的生存空间，这一点对于具有高度不确定性的高科技产业发展而言，是至关重要的。研究显示，大凡制度成本比较低的地方，创新能力与实现的概率都比较高，反之亦然。这皆源于制度可以为创新提供公平的竞争环境、透明的规则以及开放的市场。综观全球，那些创新能力强的国家与地区，其制度环境的表现都很优异，从而为资源的集聚降低了风险和不确定性；相反，那些制度环境比较糟糕的地区，创新能力普遍比较弱，而且不易形成资源的集聚效应。制度环境还可以继续分解为要素间耦合作用的协调者，具体表现为，市场的法治程度、激励机制、资源自由流动的便捷程度以及政策质量等指标，恰恰这些要素是很难在短期内被成功模仿的，这就是硅谷在世界其他地方无法被成功克隆的原因所在。一些创新能力较强的地区正在朝这个方向努力，比如中国的深圳、北京的中关村，印度的班加罗尔等新兴创新城市或地区，都在有意识地改造拖后腿的制度环境。科技生态系统的建设是一个缓慢的系统工程，一旦形成，其后续的影响力也是运行久远的。

至于文化基础支撑条件，是科技生态系统赖以存活的土壤，它决定所在区域的群体的整体认知图式与行为选择模式，它是存在先进与落后之分的。按照科学哲学家拉卡托斯的说法，文化要素构成了一个社会的进步研究纲领或退化研究纲领的硬核。世界上各种文化的兴衰起落，其背后的决定因素就是特定文化硬核所引发的整个社会生产率与创造能力的变化。如果一种文化长期不能为世界提供具有标志性的产品，以及提供持续的创新激励机制，那么这种文化就是退化的研究纲领。至于舆论则提供了促进信息交流与反馈的渠道，它有助于降低信息的收集与获取成本，以及来自外部的免费监督与激励机制。一个文化范式封闭、舆论萧条的科技生态体系注定是没落的体系，它无法为创新提供必要的支撑与保护。

第二，科技遗传特征的匹配度与创新模式选择。在科学技术日益交叉渗透的今天，科学日益技术化，技术日益科学化，科技之间的传统界限已然模糊。即便如此，科学与技术之间由于其内在范式存在的巨大差异，两者遵循不同的运行规律。这种缘于遗传性的差异，决定了区域创新的模式选择问题。换言之，一个区域是选择以科学突破为主，还是选择以技术突破为主，要根据区域自身的科技基因与选择的科技主导方向之间的匹配度来决定。对此，可以借鉴孟德尔的遗传规律把这种科技遗传特征做些简单分析。假设一个区域固有的科技因子可以分解为科学因子（S）与技术因子（T），在历史的演进中，当一种区域优势科技因子与政策安排所要发展的科技因子进行自由组合时，会出现四种变化模式，见表4-1。

表4-1　区域优势科技因子与政策安排科技因子自由组合模式

匹配类型/区域科技因子（A/B）	S	T
S	SS	ST
T	TS	TT

第四章 科技政策与产业

　　这四种科技发展模式可以称作纯科学型（SS型）、科学主导型（ST型）、技术主导型（TS型）与纯技术型（TT型）。这些模式都是理想化的存在形态，现实中由于会受到很多外部条件与政策因素的影响，导致当地的科技表现形态发生扭曲。因此，任何地区都要花时间去诊断本地区的特定科技遗传因子，找出优势遗传因子，在此基础上制定相关科技政策才可能达到事半功倍的效果。非常遗憾，这个工作当下在很多地区仍是无人关注的空白领域。根据这个图式，硅谷是典型的技术主导型地区：其周边有著名的斯坦福大学以及多所具有技术支持作用的理工科大学，在此基础上发展微电子与计算机产业。这就使当地的技术主导型优势遗传因子与产业技术因子很好地匹配。从表面上看，硅谷很好地利用了其独特的地理位置、技术储备库存、人才优势，以及充裕的风投基金。实质则是，硅谷的科技遗传因子与新兴产业的技术因子之间非常匹配，排异性较小，所以才能快速发展壮大，这也是它成功的重要原因。

　　由此，可以得出一个有价值的推论：同型科技因子之间能形成正反馈现象，导致各类资源出现集聚效应。道理很简单，同型科技因子之间容易形成竞争与互补关系，并且有利于人才的激励与流动。从这个意义上说，任何地区要想发展高起点的科技创新源头，必须充分利用本地区的优势科技遗传因子，毕竟，任何创新高地都不是建立在知识要素的洼地之上的。问题是，一个地区在做科技产业决策时，必须精准了解自己的科技优势因子所在，只有这样才能降低学习成本以及知识的获取成本，并形成高知识梯度优势，否则是无法形成科技与产业中心的。这个现象很好理解，市场上的同类产业集聚、人才集聚与资源集聚背后，都是沿着低成本轨迹演化的必然结果。优势科技遗传因子在资源集聚中起到了催化剂作用，否则，盲目的政策安排只会带来资源的低效率使用与浪费，无法实现计划中的科技目标。

　　因此，硅谷的成功恰恰是其自身各种优势的集聚与共振，是充分利用其科技遗传因子与匹配的产业方向相结合的结果。至此，我们大体了解了要形成科技创新的重镇，要做好科技生态系统的两方面工作：其一，检视社会基础支撑条件是否完备；其二，要发展的科技产业方向是否与自身的优势科技遗传因子相匹配。这也从另一个侧面证明：任何科技产业以及创新中心的形成都是需要严格苛刻的外部条件支撑的，同时，也需要其内在遗传因子之间相互匹配，否则是断然不可能形成科技产业与创新中心的。

第二节　城市的规模到底应该多大？

近日网上一则消息称：《2017年非上海生源应届普通高校毕业生进沪就业申请本市户籍办法》正式发布。虽然2017年进沪落户标准分仍然为72分，但此次非上海生源毕业生落户办法却进行了近年来最大一次调整，堪称史上最严毕业生落户新政。这则消息牵动了无数人的敏感神经，抛开长期饱受诟病的僵化户籍制度不谈，这个案例也反映了长期困扰中国城市治理的一个老大难问题：城市的规模到底应该多大？这个规模是由谁来决定的？我们的城市达到它应该达到的规模了吗？

理论上说，一个城市的规模通常是其历史自然演化的结果，通过市场的作用最终形成资源承载量的合理配置，从而使城市达到最佳规模。这个过程最初是自生自发的自然选择的结果，随着社会的进步，城市的规模也开始日益受到政策引导的强烈影响。人类社会之所以会发展出城市，是因为城市更适合人类生存。这一切皆源于城市自身所具有的优势导致的：首先，城市能够形成各种资源的集聚效应；其次，城市的市场能够提供更多的机会；最后，城市能有效地降低信息的获取成本，并有助于市场分工的细化与个体发展空间的拓展。从这个意义上说，对于任何人而言，城市都是个体发展的孵化器、新观点的倡导者或接受者，也是创新的推进者，对整个社会而言，城市更是文明的播种机。对于中国这样正处于赶超阶段的国家来说，城市化的过程就是在最短时间内对整个社会进行文明与素质培训的过程。基于此，赶超才是可能的，否则任何现代化的设计都是建立在沙滩上的大厦。综观世界，城市化不高的国家是无法成为文明与发达国家的。基于这种理解，那么中国的城市达到它应该达到的规模了吗？为了更好地揭示城市规模问题，我们不妨从世界主要国家或地区的首位城市人口占全部人口的比例这一指标来对比一下。下面笔者选取 G20 国家的数据来做一些简单的分析与说明。

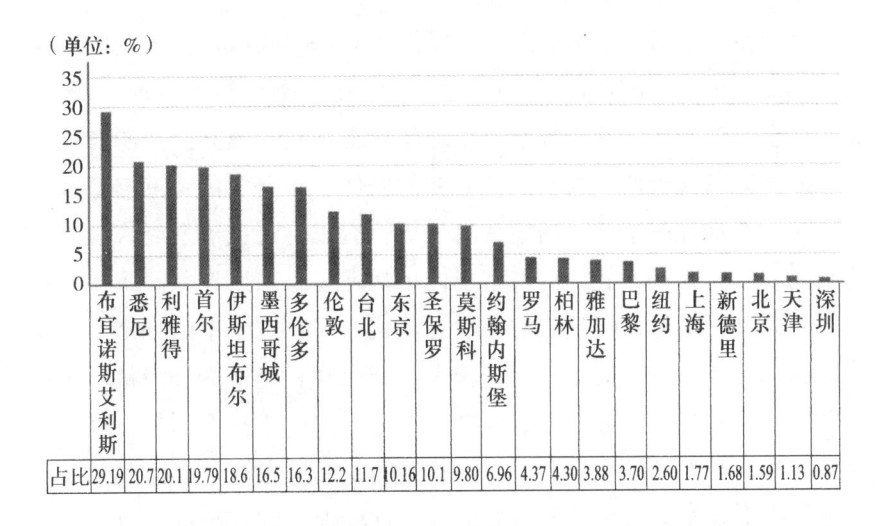

（单位：%）

	布宜诺斯艾利斯	悉尼	利雅得	首尔	伊斯坦布尔	墨西哥城	多伦多	伦敦	台北	东京	圣保罗	莫斯科	约翰内斯堡	罗马	柏林	雅加达	巴黎	纽约	上海	新德里	北京	天津	深圳
占比	29.19	20.7	20.1	19.79	18.6	16.5	16.3	12.2	11.7	10.16	10.1	9.80	6.96	4.37	4.30	3.88	3.70	2.60	1.77	1.68	1.59	1.13	0.87

图 4 - 1　G20 国家及中国主要城市人口占全国人口比例

资料来源：根据相关数据整理。

所谓的 G20，也就是我们常说的二十国集团，代表了世界各类主要的经济体。G20 成员涵盖面广，代表性强，构成兼顾了发达国家和发展中国家以及不同地域利益平衡。二十国集团人口占全球人口的67%，国土面积占全球的60%，国内生产总值占全球的90%，贸易额占全球的80%。考虑到欧盟本身已是一个国家联盟，故在图 4 - 1 中省略掉。从图 4 - 1 中可以清晰发现，G20 国家中，随着人口基数增大，主要城市人口占比就随之降低，如阿根廷的布宜诺斯艾利斯（29.19%），换言之，阿根廷有接近 1/3 的人口生活在首都。美国的人口基数较大，因而，纽约（2.60%）是发达国家中人口占比最低的国家，即便如此，也远高于中国的四个主要城市。仅从统计意义上说，中国主要城市的人口占全国人口的比例严重偏低，这是很吊诡的事情。如果从发展水平来看G20中有很多国家的发展水平赶不上中国，那么为什么它们的城市规模却会远远超过我们呢？即便从亚洲来看，中国的主要城市人口比例也远低于韩国的首尔（19.79%）、日本的东京（10.16%），甚至远低于印度尼西亚的雅加达（3.88%），仅和印度的新德里（1.68%）接近。

由于各个国家人口基数差异，以及地理空间的限制，城市的规模不能按照一个简单的比例一刀切，但是，在信息化时代随着社会的发展，社会治理水平的稳步提升，治理半径随之扩大是必然的趋势，这一切都为城市规模的扩大提供了潜在的条件，看看中国香港与新加坡的情况，不难理解这些。据笔者的分析，造成主要城市发展规模受限的原因有三：其一，我们的城市规模仍然是完全采用计划经济模式控制的结果，并不能真实反映群体的心理偏好。其二，中国城市的核心区域和边缘区域的发展水平差异较大，城市开发率不充分。核心区域的发展程度和整个城市的发展水平不匹配，如广泛存在的老城区、工业区与尚待开发的城乡接合部，很难使拥挤的城区人口向这些地区扩散以及吸引外来人口向这些地区流入，这就像是围在超级城市中心区的一个真空带，限制了城市规模的扩大。其三，中国城市人口的统计口径是：户籍常住人口与外来常住人口。以上海为例，2014年末，上海全市常住人口总数为2425.68万人。其中，户籍常住人口1429.26万人；外来常住人口996.42万人。由于设立的诸多政策壁垒严重制约了外来常住人口转为户籍常住人口的数量，这就制约了中国主要城市的规模无法达到理想状态。而且这种制度安排还面临一种道德风险，即那些外来常住人口在缴纳各种税费后，由于种种原因却无法最终享受到相应的回报，这些最终无主的"飞钱"就成为管理者非常喜欢的用来填补社会窟窿的小金库。想想前些年各地运行的社保缴费不连续就清零的做法，实在是有违道义和伦理原则的。早在2400年前柏拉图就指出：城邦的最大美德就是正义。这种饮鸩止渴式的道德风险直接侵蚀了城市的正义美德与社会认同。

城市规模达不到理想状态造成的后果主要有三个：首先，各种资源要素无法实现最优配置，造成资源的效率损失；其次，无法形成规模经济效应，不能最大限度上降低公共服务的成本，使得城市集聚效应的优势丧失；最后，从长远来看，城市达到最佳规模是城市繁荣的基础，城市人口的会聚是一个城市活力和创新能力的蓄水池。按照经济学家萨缪尔森的说法，推动经济发展的四个轮子是自然资源、资本、人力资源与技术。前两项是边际收益递减的资源要素，它是工业社会及之前社会形态的发展支撑；而后两项资源要素则是边际收益递增的，也是后工业化社会发展的主要依托。在技术与人日益一体化的今天，扩大城市规模，对于城市的持久发展也越发显得重要。仅就基础设施建设而言，城市规模保证了其运行处于经济状态。如京沪高铁是中国目前所有运行高铁线路中最赚钱的。

如何让城市达到合理规模，完全市场经济国家喜欢采用小政府的自由迁徙模式，以此达到城市的合理规模；而大政府国家则喜欢采用计划经济模式，人为地控制城市的规模。考虑到中国特殊的社会治理模式，完全放开，短期内会带来较大的社会震荡，不可取；如果仍然沿用以往的严格计划模式，则会严重阻碍城市规模的合理发展。鉴于此，在大政府与小政府之间，我们曾提出中型政府模式，这样的改革，既可以加速城市规模的合理发展，又不会带来太大的社会震荡与阻力。现在的问题是，中国有些城市把人口流入的门槛无限提高，所谓引进高端人才，这种政策安排表面看起来很好，其实是不符合生态学规律的。在人才的金字塔结构上，如果一味引进高端人才，而缺少起到支持作用的中低端人才，高端人才的功能是无法正常发挥的，头重脚轻的城市也是无法走得更远的，到最后所有人的福祉都会因此受到损失。如不时涌现的蓝领工人短缺以及高薪技工现象，悄无声息地拉高整个社会的服务成本就是明证。根据2010年第六次全国人口普查数据测算，在全国平均教育基准线仅为8.2年/人（考虑到这些年的发展，全国人均教育年限也将将接近10年/人）的背景下，一个大学毕业生平均16年的教育水准，已经是不低的门槛。可喜的是，最近一些二线城市纷纷放开落户政策，这是非常英明的决策。客观地说，这轮人才争夺战的结果，将直接决定各区域未来在中国经济版图上的位置。对于一线城市而言，决不能孤芳自赏，作茧自缚，那将会丧失宝贵的发展机会。美国哈佛大学教授爱德华·格莱泽在《城市的胜利》一书中指出：真正决定一座城市成功的因素是人，而非建筑。对此，笔者是深以为然的。

基于上述考虑，笔者认为中国应该有几个超级城市，这对于整个国家经济与社会的均衡发展非常重要，超级城市凭借其自身的辐射力无形中成为整个区域最大的文明播种机，也是带动周边经济发展的有力引擎。超级城市的规模应该按照美国纽约的标准来测算，毕竟纽约的城市规模是自然选择的结果，没有遭遇太多政策壁垒的限制，故而能够反映群体的真实偏好。由此推之，未来中国超级城市（如上海、北京）的规模应该占到全国人口的2%—2.5%之间，随着二胎政策的放开，可以预测不远的将来中国人口总量将达到15亿，那么，按照占总人口2%—2.5%的比例计算，上海的人口将达到3000万—3750万之间。这个预测值与当下还有很大差距，因此，降低户籍限制门槛，既可以维持城市的繁荣，还可以增加城市的新陈代谢与自我更新的能力。如何实现城市规模的有序扩大，办法还是有很多的，如可以实行大城市分区落户的政策，不同城区的落户条件按情况不同设置，目前处于非核心地带的区域可以放松落户的条件，以及只限在该地区买房的房产政策等。这样一来既缓解了中心城区的人口压力，又可以大量吸引外来人才的流入，这些人在享受到大城市的便捷和福利的同时，又为大城市非中心区域的发展建设注入了活力，从而在总体上扩大了城市规模以及弥补了城市发展的不平衡状态，使得城市的发展水平进一步拉齐。因此，即便从功利主义角度考虑，投资于大城市也比投资小城市更符合经济原则，更何况，大城市对于社会进步还有巨大的推动作用。

第三节 培育思想市场，提升区域创新能力

一个区域的创新能力与什么因素有关？这是一个具有很强实践指向性的问题。在笔者看来，区域创新能力包含两个维度：技术能力与接收能力。技术能力大多体现在具有独创性的想法与某项专门技术上，而接收能力则是指所在区域的知识结构对于那些具有前沿性的想法与技术拥有很好的接收与转化能力。目前关于创新能力的研究大多聚焦于技术能力维度，由于现代科技的特点，独创性想法与技术知识大多嵌入在具体的人才的头脑中，因此，当下各区域都在以各种方式争抢人才，从创新能力建设的角度来说，这些措施都是有道理的。但是，为何在同样的理念主导下，各区域实际的创新能力表现存在天壤之别呢？关键问题在于要让那些独创性想法和前沿性技术真正在某地扎根，其社会的整体接收能力必须要配套建设。如果没有这种能力作为支撑，任何创新实践都不能开花结果。

让一个区域的经济与社会面貌以渐进的方式发生不可逆的根本性转变，需要维持一个比较高的知识密度。英国经济学家亚当·斯密曾有一句名言：很多改善和进步得益于其发明者的独创性——有些则归功于被称为哲学家或思想者的才能，他们只是观察事物，再无其他；而正因为此，哲学家往往能够将最离散、最相异物体的力量结合起来。对此，我们约略可以感觉到经济与社会发展得益于有形与无形的资源的共同支持。按照经济学家萨缪尔森的说法，推动经济发展的四个轮子是人力资源、自然资源、资本与技术。不同时代的发展依托不同的资源禀赋，前现代社会主要依托前两项，而工业时代与后工业时代的发展则主要依托于后两项资源要素。20世纪50年代，美国经济学家索洛用余值法对增长进行分解，最后用数据雄辩地证明技术对于经济与社会发展具有头等重要作用。

当下，科技知识日益嵌入人才的头脑之中，人才已成为二合一型资源，由此，可知未来影响区域发展的核心要素就是人才：有了人

才,也就等于有了技术与科学知识。现在的问题是,要形成实质性的创新首先需要使区域的知识密度达到一个合理水平,然后,那些分散的、沉没的知识,才会被激活与相互激发,由此促成创新的发生,这是科学史已经证明的具有普遍性的创新背景。然而,当下人们一谈到经济与社会发展首先想到的就是对那些有形资源的争夺,很少关注那些对创新发生起到至关重要作用的无形资源的保护与建设问题。我们不妨自问一下:人才凭什么要去你那里?

一 区域的知识密度与创新的临界点

创新是一种知识聚合反应的结果,这就要求区域内的知识达到一定密度,然后,各种知识之间才能够克服知识稀薄导致的无法交流与激发的困境,从而发生相互激励,这个时候创新才有可能发生。在此最低知识密度下实现的创新就称为创新的临界点。创新不仅仅体现在可见的跳跃性的跃迁,更多体现在缓慢的、渐进的、微小改进的累积,当这些不可见的改变积累到一定程度的时候,就会发生可见的跳跃性的重大创新。正如美国创新专家内森·罗森伯格所言:关于创新过程的主流观点仍然是熊彼特式的,过分强调不连续性和创造性破坏,而忽视了众多微小的、循序渐进的变革长期积累的力量。从这个意义上说,那些缓慢的、渐进式的创新才是创新的常态,在悄无声息地改变着当地的劳动生产率以及全要素生产率,这种持久、渐进式的改变就是我们通常所说的宏观层面上的社会进步。

那么,如何形成知识的集聚效应并达至创新的临界点呢?这里要解决一个重要的产权问题,即知识是有产权的,它不属于特定的城市,它属于拥有者个体。基于此,为了拥有这些知识,那些特定的区域就必须先拥有这些人才,否则区域知识是无法达到创新所需要的密度。人才作为知识产权的拥有者,自然希望这些知识资本在市场中实现收益最大化的目的,从而实现其自身的价值。通过知识获得荣誉与收益是近代科学得以发展的最大内生驱动机制。

传统计划经济模式下,区域为了维持基本的知识密度,大多通过户口、档案等人事制度安排强制性地把人才固定在某处，即便那些知识无法正常发挥应有作用也要阻拦人才的流出。与此同时，由于制度安排的局限，那些或隐或显的制度障碍也在阻碍人才的顺利流入，从而形成一种僵化的知识场域，这就出现了人才的"围城效应"。在这种场域内原有的知识无法形成有效的交流与碰撞，处于一种自然退化状态。一旦这种局面持续下去，该区域就会形成一种强烈的反智文化氛围，毕竟群体心理偏好于确定性与厌恶风险，而知识的集聚会造成确定性的丧失与新陈代谢速度的加快，这些变化对于安于现状者来说都是无法接受的。这就是我们在生活中常见的社会现象：越落后的地区越反智，厌恶改革与风险，群体越趋于保守；反之，越先进的地区，越喜欢接纳新知识，并且群体更富于进取心。

从这个意义上说，一个处于上升势头的区域，更愿意尊重知识产权，也更愿意把人当人对待，并为接纳新知识主动打破各种制约知识集聚的落后与僵化的制度障碍，即便付出一些代价也在所不惜，从而在整体上表现出开放、包容与共享的市场精神，人才也往往喜欢往这个区域流动，因此，该区域在发展谱系中就会呈现出一种积极的进步态势，反之亦然。

二 吸纳知识中间阶层与培育思想市场

一个区域要呈现出持续的进步性，必须维持一个合理的知识密度与梯度，否则社会的进步是无法维系的。如何在一个区域内形成稳步提升的知识密度？通过对世界上各主要创新国家的考察，已经证明培育知识中间阶层在这个过程中起到了决定性的作用。那么，知识中间阶层是由哪部分人构成的呢？大学毕业生群体已经是知识中间阶层的绝对主力。那些世界著名企业家（也是重要创新者）很多就是大学毕业生，个别人甚至出现大学辍学现象，如微软的比尔·盖茨、脸书的扎克伯格等人，这些已经充分说明大学毕业生在形成区域知识密度中占有绝对主力地位，也是勇于创新的排头兵。从这个意义上说，一些主要二线城市如长沙、武汉、西安等地主动降低户籍门槛，积极吸引大学生到该区域创业与就业实在是由于了解而做出的精明决策，值得称道。相反，那些固守僵化条例，甚至变相提高人才准入门槛的各项举措实在是短视的做法。在一个人均受教育年限不足十年的国家，大学毕业生平均16年左右的受教育年限，其间的知识梯度差，已经是不低的门槛，实在没有必要再人为加码。水涨船高是通过市场来完成的，否则，即便从经济学角度来说，那也是极度不经济的干预行为。

当下的现实决策困境是：是通过引进少数高精尖人才来增加区域的知识密度，还是通过知识中间阶层的扩容来维持区域的知识密度，答案显然是后者。更为重要的是，知识中间阶层不仅仅对于区域知识密度的提升有帮助，而且，知识中间阶层也构成了区域的整体文化环境，这个环境更有利于高精尖人才发挥作用。由此可知，保持知识梯度的连续性是发挥知识功能的不可或缺的条件。同时，当知识密度达到一定程度后，也容易发生知识间的相互吸引作用，所有的人才集聚效应的背后都可以发现知识密度对于分散知识的吸附作用。

知识中间阶层的出现，只是为创新的实现提供了可能性，如何把这种可能性变为现实性，这就需要培育思想市场，只有通过思想市场才能触发知识的聚合效应。众所周知，市场的功能主要有三个：交换功能、反馈功能和调节功能，对于思想市场而言同样具有这些基本功能。思想市场的出现可以把分散的知识聚拢在一起，也只有在思想市场里知识才可以实现其价值。同时在知识产品的供需链条上，知识的生产者和消费者能够在思想市场中自由交换信息，从而引导生产者按照市场偏好实现有序化的生产。另外，思想市场的存在也能够极大地降低整个社会的知识搜寻成本，从而有利于知识功能的发挥。再有，思想市场也可以对知识产品与人才的质量提供筛选与甄别机制，否则，缺少思想市场，只能造就"民间有高人"的神话。在市场化充分的地方，很少会出现人才与优秀成果被埋没的现象。市场通过竞争机制的作用，从而实现知识产品的质优价廉，这些溢出效应会无差别地被所有人分享，从而无形中提升了整个社会的福祉。

一个思想市场繁荣的地方，自然会吸引知识中间阶层的集聚，从而带来区域知识密度的提升，而这种知识密度的提升又通过市场的反馈作用，在区域内形成知识、人才与资源的集聚效应，这就在实践层面上极大地促进了创新实现的概率。根据世界主要发达国家的经验，保持思想市场繁荣的条件有三条：法制的环境、公平的机会与自由的进出。

市场拥抱市场，封闭对峙封闭。那些希望进步的区域是时候打破僵化的政策栅栏，积极吸纳知识中间阶层，用开放的心态培育思想市场，力争在最短的时间内提升区域的知识密度与接收能力。到那时，人们所期待的创新成果自然会源源不断地涌现。

第四节 智慧中国从大学与县级区域的联姻开始

要实现全社会的创新驱动发展战略，需要解决两个认识上的问题：其一，创新是自上而下发生的，还是自下而上涌现的；其二，创新的基础支撑条件来自哪里？正是由于对这两个基础性问题的认知模糊，导致我们的创新政策总是处于要么只开花不结果、要么雷声大雨点小的尴尬状态。

对于第一个问题，通过对世界范围内的创新活动的考察，可以明确地说：创新都是从基层开始的。无论是马云、马化腾、比尔·盖茨、乔布斯还是马斯克，中外成功的创新者无一例外，这就意味着自上而下的创新模式是无效的。因此，实现创新的关键在于自下而上的涌现，随着创新范围的扩大，其对环境的要求越来越苛刻，此时，破除创新成长过程中所遭遇的各种制度障碍与短板就是政府需要做的事情，而不是相反。毕竟创新的主体是来自基层的企业或个人，而不是各级政府，因而，政府需要做的就是营造适宜的创新土壤，提供公平的竞争环境，最大限度上降低制度成本，给创新的存活留出最大的生存空间。

对于第二个问题，从宏观角度来看，创新驱动发展战略要能有效实施，关键在于基层创新能力的提高。而基层的选择在于县级层面，恰恰是这个层面直接决定了中国的整体创新能力。遗憾的是，以往的研究很少关注县级区域，导致中国的创新出现一个奇怪的断流现象，即从中心城市扩散开来的创新活动无法向下游有效传递，由于缺少必要的接受与学习能力，创新总是被迫停留在半空中，这种模式逐渐演变为一种社会构造壁垒：城市是城市，乡村是乡村。在省、市、县三级垂直治理结构中，县级区域状况直接决定了中国的社会状况，如果能够盘活县级行政区域的创新能力，那么从上到下的创新驱动链条就能真正连接起来，一旦实现，整个中国的创新面貌将为之一变。

由于任何创新的实现都是需要支撑条件的，而人才和知识则是所有基础支撑条件中最具活性的要素，现在的问题是县级区域在整个创新链条中基础最薄弱。在创新谱系中：高端创新、中端创新与低端创新是处于连续统状态，三种类型的创新对应不同的基础支撑条件，在物理空间上就呈现为省、市、县三级创新体系，只有这样创新活动才能引发扩散效应与溢出效应。就当下的实际境况而言，县级区域已经成为中国创新驱动战略中的最大短板。为了激活这个层级的创新能力，县级区域的知识与人才从哪里来呢？自己储备显然不现实，那么可用的模式就是借鸡下蛋或者借船出海。据官方信息报道，截至2018年6月19日，中国共有34个省级行政区、334个地级行政区域和2851个县级行政区（其中独立设县单位为1359个）。非常有趣的是，截至2016年5月30日，中国共有各类高等学校2879所，其中普通高等学校2595所（含独立学院266所），成人高等学校284所。这组数据对比起来，不难发现：中国的高校数量与县级行政区域的数量基本相等（见图4-2）。

从图4-2中我们可以发现两个有趣的现象：首先，高校数量多于县级行政区域数量的地方，经济发展都比较好，创新能力也比较强，反之亦然。比如2017年全国经济总量前四名的省份都是高校数量大于县级区域的数量，如广东、江苏、山东、浙江等。其次，那些高校数量明显少于县级区域数量的地方，经济转型短期内很难实现，

第四章 科技政策与产业

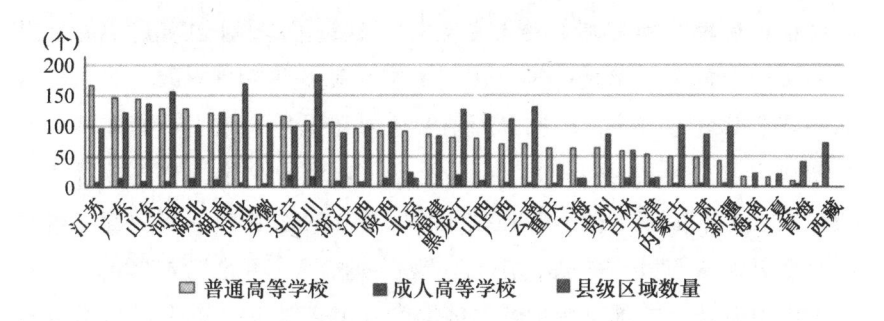

图 4-2 中国高校区域分布与县级行政区域分布
资料来源：根据相关数据整理。

而且其创新能力也是不强的。如图 4-2 中显示的 13 个县级数量高点区域，如河南、河北、四川、黑龙江、山西、广西、云南等省区。

之所以会出现这种结果，与现代高校的功能有关。通常来讲，高校具有培养人才、输出先进理念与生产知识的功能，而这些功能直接决定了区域的创新能力与社会转型进程。一项创新的实现，需要经历从前沿的理念开始的创意阶段，到具有接收能力与实践能力的企业操作阶段，并有市场的需求与认同作为潜在支撑力量，而这些要素都是高校所输出的主要知识形态。做一个推论：高校密集的区域群体竞争意识更强，也更喜欢市场机制，反之亦然。

从理论上说，把高校与市场打通，能够实现双赢：高校获得发展所需的物质资源，而市场则获得发展所需要的人才与知识，这一点正在被双方认识到。遗憾的是，在高校与政府之间，目前中国大多数地区与大多数高校仍然处于很少联系的阶段，就像两个分立的世界，各自按照自己的轨迹运行，虽然都运转得很难，但是就是无法实现有效的沟通，这已成为当下的一种通病，两套系统间的范式不可通约性，造成的经济后果就是：两方的优势资源都处于闲置状态，造成资源的严重浪费。

整个中国经济转型能否成功不是看几个节点城市的表现，而是看全国基层区域的表现，否则拖后腿现象就会阻碍社会的整体进步。如

· 161 ·

何让基层县级区域与大学实现实质性的关联并取长补短就是本部分想要阐明的一个主要观点：任何一个县级区域都要与一所最近的大学形成实质性的智力关联，以此弥补基层区域知识与人才不足的现实。众所周知，现代的任何一所大学几乎都是一家综合大学，它内部所拥有的知识与人才足够支撑一个县级区域综合发展的需要。如果能够实现这种县级区域与大学的联姻，将给当地带来实质性的长久影响。

客观地说，中国有数量众多的大学，但是其并没有发挥出应有的社会影响力，大学对于社会的影响与引领作用微乎其微，不能不说这是大学的失败。造成这种局面的原因主要有两点：首先，整个社会仍处于条块分割状态：政府是政府、大学是大学、市场是市场，这种无形的分割造成两种严重后果：其一，三方相互不认可，尤其是政府与大学之间，这也是造成整个社会认知分裂的重要原因。很多问题在大学看来早已解决根本不是问题；而政府则认为大学的观点属于好高骛远型，缺乏对实际的指导作用；整个社会则以旁观者的身份出现，甚至不时讥讽一下大学与社会之间的脱轨。其二，由于三者运行范式的差异，导致整个社会无法收获由知识带来的溢出效应，这对于整个社会来说就是巨大的福祉损失。知识管理专家曼斯菲尔德（Mansfield）早就指出：诸多证据表明众多行业中存在显著的学习溢出效应。如果一个区域无法形成有效的知识溢出效应，那么这个区域注定是处于退化状态的。其次，制度安排造成的隔离作用，也是大学影响力孱弱的重要原因。民间关于大学的所谓"象牙塔"比喻就很好地说明了这种情况，问题是这种隔离模式会造成知识的"堰塞湖"现象，一旦社会上出现违背常识的决策，就会造成基于知识的社会动荡。

中国社会之所以进步缓慢，就在于基层缺少学习能力，习惯性地陷入封闭自足状态，从而无法促成进步趋势的形成。要破除这种惯性，唯有从外部强行注入知识，即被动学习模式，从而在干中学的过程中形成知识的溢出效应。中国的社会问题大多出在基层，由于基层决策水平的低下，导致一个区域人为地陷入退化轨迹，而大学作为一个活的知识源会极大地改变这种状态，这也就是我们极力倡导每一所

第四章 科技政策与产业

大学助推一个县级区域的初衷所在：使之被迫进步。照常规来说，一个县级区域遇到的问题对于一所大学来讲，应该不是问题。通过外援知识的介入，可以最大限度上遏制县级区域不时产生的很多愚蠢决策，而且大学在助推地方政府决策科学化的过程中，也获得了相应的收益与影响力，从而导致整个区域因为正确决策而获得源于知识的收益与进步。而且，通过这种方式，政府、市场与大学之间会形成良性互动局面，这对于当地文化的改变与社会的转型也是具有深远意义的。

为了验证大学对于县级区域发展的基础性支持作用，我们再来看一下2018年全国百强县的分布，可以间接说明大学与区域发展之间存在较为明显的相关性。见图4-3。

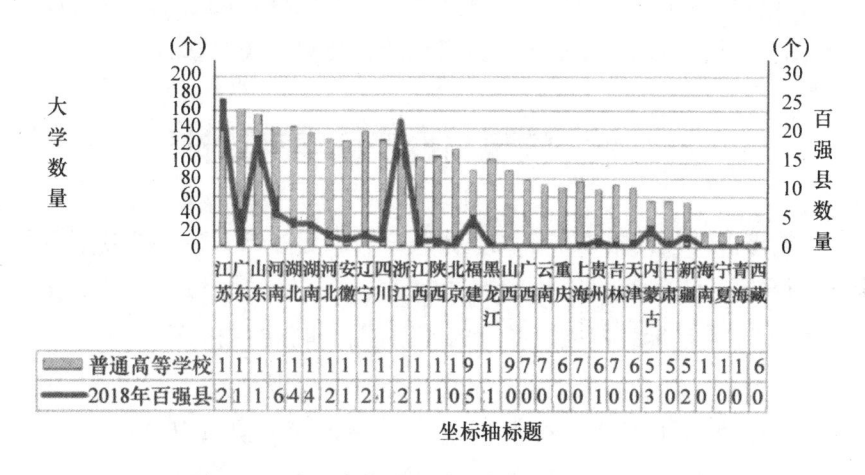

图4-3 中国高校的区域分布与百强县的分布

资料来源：根据相关数据整理。

不包括市辖区，中国现有1359个县，百强县在全国县级区域总量中占比不到8%。仅就百强县的分布而言，也已经间接证明了这个主题，如江苏、山东、浙江的高校数量与百强县之间存在明显的相关性。如果富裕县的比例扩大到20%，相信就更能充分反映高等教育对于区域经济发展的强大支撑作用。现在的问题是，大学与县级区域

· 163 ·

的合作动力机制是什么？

首先，要明确这种合作不是基于行政命令，而是源于双方各自发展的内在需求，是立足于市场的双赢行为，否则会出现事倍功半的拉郎配现象。其次，县级行政部门要清醒地认识到，随着社会的进步，社会治理的复杂度在快速增加，仅靠自己的智力资源是无力应对这些新生的复杂问题的，必须引入社会的智力资源，从而提升社会的治理水平。对于大学而言也要放下骄傲的身段，积极参与社会服务，不仅可以借此获得原本短缺的资源，同时也可以把自己的知识与智力贡献给社会，从而实现自我价值，并增加大学的社会影响力。最后，在大学与县级区域政府的广泛合作中，对于区域内市场机制的维护以及社会转型具有重要的助推作用。历史无数次证明：那些荒谬政策频繁出台的区域也多是知识与智力资源严重不足的区域；反之，那些发展比较好的区域，也多是知识与智力资源库存相对比较丰富的区域。

第五节　核电站投产后电卖给谁？

据澎湃新闻网报道，三大核企董事长联名呼吁：核电按基本负荷运行保障核电消纳。事情起因于2016年，全国核电机组按发电能力可生产2428亿度，但由于各种因素限制，实际完成的计划电量1829亿度，参与市场交易消纳137亿度，总计损失电量462亿度，弃核率达19%，相当于近7台核电机组全年停运（澎湃新闻2017-03-08）。联想到未来几年中国还将有多个核电站进入投产阶段，到那时核电卖给谁呢？这则消息反映出当下电力市场有三个问题急需认真思考。

第一个问题，中国的电力供应是否充分。为了更好地展示中国电力市场的供给情况，需要对中国的电力市场的整体有个粗略了解：根据国家统计局数字，2015年全国发电量为58145亿千瓦时，其中火电42420亿千瓦时，水电11302亿千瓦时。国家能源局的数据显示，2015年全社会用电量为55500亿千瓦时，同比增长0.5%。更为严重的是，2015年，全国6000千瓦及以上电厂发电设备累计平均利用小时为3969小时，同比减少349小时。其中，水电设备平均利用小时为3621小时，同比减少48小时；火电设备平均利用小时为4329小时，同比减少410小时。这组数据说明了两个问题：其一，当下电力产能供过于求，有效需求增长缓慢，现有发电能力几乎都处于不能满负荷工作状态。这里还没有提到大量的弃风电、光电现象。据介绍：2016年全国弃风和弃光电量分别达到497亿千瓦时和74亿千瓦时，较上年分别增加了46.6%和85%。即便产能如此严重过剩，2015年，全国电源还新增生产能力（正式投产）12974万千瓦，其中，水电1608万千瓦，火电6400万千瓦。其二，目前的电力能源结构主体仍然是以火电为主，化石燃料也是造成环境污染的主要源头。至此，不需要再罗列数据了，电力供给市场目前存在严重产能过剩情况，即便处于用电高峰时段，现有的生产能力也足以满足市场需求。因而，核电的加入会让这种供给过剩现象更加严重。

第二个问题，核电的加入能否有效促成电力供应结构的改变：由污染型能源供应向清洁型能源供应转型。就目前情况看有点难。自2002年电力体制改革以后，国家电力公司拆分为两大块：电网与发电。名义上产供销分离，但是在结构安排上则呈现生产多元化而销售渠道单一化，人为造成严重垄断，这就意味着发电受制于输送与销售渠道，从而导致发电企业远离市场，并不了解市场的真实需求。问题是在市场经济社会，电网与发电厂家都是相对独立的市场经济主体，都要追求利益最大化。据介绍，就目前公开的发电成本排序而言，水电成本最低；其次是核电，约合每度3—4角钱；再次是火电（笔者猜测真实成本在2—3角之间）；最后是风电。但是，这种成本核算仅仅是发电成本（建造成本+运行成本），如果考虑到社会成本，那么核电就是最高的，如核电机组的退役成本是多少，根本没有靠谱的计算。如果再出现核泄漏等意外事故，那就不是成本问题而是灾难了。现在全国各类电厂建设之所以如火如荼，究其原因皆在于垄断造成的超额利润所致，也许真实成本很难为外人所知。但有一点，火电的真实成本可能远低于现在国有企业的报价，甚至低于核电。山东魏桥电厂以低于国家电网 1/3 的价格卖电，还有 25% 的毛利润，由此可知，不赚钱谁还费心做这事。再加上核电目前仅占总发电量的 4%（按 2016 年数据测算），短期内靠核电改变能源结构显然还有很长的一段路要走。

电力资源的最大特点就是无法储存，核电由于其自身的特殊性，调峰性能差，更不能停机，一旦运转最好满发，这样能够充分利用核燃料，并为后续的核废料处理提供便利。因此，核电一旦投产最稳妥的方式就是按基本负荷运行。如果完全按照当下的行政指令去运营，可以很容易猜测到，这个模式在实际运行中会出现折扣现象，电网会以各种名义消解行政指令，让指令在执行中打折扣。在电力需求不紧张，而且核电成本无法与传统电力竞争的情况下，再加上反核的声音、无法回避的核废料处理难题，以及巨大的外部成本，希望利用核电去改变传统能源结构的设想在当下仅具有理论意义，由此可以推断核电生产的未来之路仍是不确定的。由于成本与市场价格的约束，用风电、光电等清洁可再生能源逐渐替代造成污染的化石能源结构的设想同样面临技术与成本的约束，如果没有大的技术突破，转型困难，除非国家补贴，但这不是长久之计。如何破解这个困局？只有市场化才是最终的破解之道。

第三个问题，能源结构升级转型的出路。仅就国家电网而言，虽然目前高居全球 500 强企业的第二名，但这份成绩单并不值得骄傲。客观地说，中国电网的市场化改革严重滞后，由于电力需求的刚性特征以及其超级垄断地位，导致其改革的动力与动机严重不足。基于常识，市场供给增加，消费价格应该下降才对。试问中国的企业和公众享受到符合市场预期的电价了吗？显然没有。在当下以火电为主的能源结构下，煤炭价格都快降成白菜价了，也没见电价有多少变化，导致电力需求严重不足。时至今日，市民用电大多平均在 5—6 角，工业用电更贵一些。如此巨大的差价：一则造成了垄断利润；二则限制了有效需求。当下中国电力市场的情形是：电力公司严重产能过剩，而电网公司通过各种隐形计划手段向电厂买电入网，并在各个生产厂家进行销量限额分配，这种运行模式严重扼杀了竞争与创新的潜在空间。

由于水电、火电、风电、光电与核电等生产厂家都要依靠单一渠道卖出产品，会造成既无法实现满负荷运转，也无法实现充分竞争。导致的结果只有两个：其一，在计划定额下，双方都没有动力去改革与创新；其二，消费者剩余永远被垄断企业独占。在这种模式下，市场是失灵的。由此可以推测，企业会有强烈愿望去实行自救行为：与当地用户私下交易卖电，当然这种价格是以比国家电网价格更低的价格出货的，但是电网肯定会阻击这种私下交易行为。在这种零和博弈中，我们会经常听到抄表工高额薪水的信息以及面临整个社会用电的有效需求长期不足的困境。

一个理想模式应该是，通过市场的力量淘汰落后产能，降低电的成本，扩大用电的需求。作为超级垄断企业的电网本应把基于垄断价格卖电所得的利润中的一部分用于实现电力供给结构的改革，支持属于清洁能源的风电、光电、核电等进行技术革新，以促其降低成本，从而大幅替代火电所占比例，实现能源结构的转型，并助推全社会降低污染保护环境，履行企业的责任。现在的问题是：电网的垄断模式堵死了所有改革与创新的可能性与意愿。鉴于当下中国电力供给严重产能过剩的现状，以及未来核废料后续处理的艰难性和高昂成本，核电的发展切记不要出现大跃进。

第六节　知识产权：让保护与应用并行

知识产品的属性与公共物品的属性极为相似，都具有非竞争性与非排他性，这就导致知识产品也面临一种公地悲剧的命运。为了避免这种情况，人类发明了知识产权保护制度，以产权的形式使之具有排他性与竞争性，从而极大地激励了知识的生产。这是人类近代以来的一项伟大制度发明，由此推动了科技与社会的快速发展。道理很简单，如果知识产品的所有权得不到法律的保护，那么生产知识的成本就无法收回，更无从获益，将导致人们不愿意去生产知识，反而都会去随意使用别人生产的知识产品,这不可避免地会造成搭便车现象的泛滥,从而让整个社会的知识供给快速萎缩。

在知识产权制度设立之初,就在保护与应用之间暗含了一种紧张关系:保护严了,应用受限。从而导致社会资源的浪费。这里预设了一个边界条件,即购买者对于知识产品的购买基于他对一项知识产品所带来的潜在收益与购买成本的核算,这个最小边界条件为收益大于或等于成本,否则是不划算的。如果实行严格的知识产权保护,会带来潜在的垄断利润,往往导致购买者要交付额外的成本,此时就抑制了知识产品的扩散。众所周知,知识产品具有正外部性,即向市场传递知识的内容和研究进展,同时也为该类知识的进一步开发起到提示和参考作用。如果保护过严,这种外部性就会受到极大的遏制。反之,保护不严,应用扩张,会导致知识生产受到抑制。这种保护与应用之间的矛盾在制度设立之初就潜在地存在着。

在全面实施创新驱动发展战略与工业4.0时代,这种全新的发展模式是完全建基于知识应用基础之上的,由此,可以清晰地传达出一个信号,整个社会对于知识的需求将处于一个井喷式增长的时代。那么,如何解决知识供给问题呢?加强知识产权保护在当下就具有非常重要的实践意义。综观世界各国,大凡知识产权保护比较好的国家,也多是科技与社会发展比较迅速的国家。

客观地说,改革开放以来,中国知识产权制度有了长足发展,现在我们的专利申请量连续数年位居世界第一,这份业绩也从侧面说明知识产权对中国近年来的快速发展提供了巨大的知识支撑,这都是不容置疑的进步。但是我们也要看到,我们的知识产权保护还存在一些深层次问题,这些问题如果不解决将无法有效支撑新的发展模式的运行。总体来看,中国的知识产权制度存在以下几个问题。

其一,知识产权保护仍停留在观念层面,现实中的保护范围非常狭窄,保护力度也严重不够。侵犯知识产权案件仍屡屡发生,一旦发生知识产权纠纷,诉讼旷日持久,即便胜诉,惩处也极为轻微,无法形成具有穿透力的震慑作用,导致侵犯知识产权的违规成本极低,这就变相地遏制了知识的生产。在操作层面急需设立国家知识产权法院与区域知识产权法院，使知识产权保护真正落到实处。根据知识产品的特点，这类案件的审理需要更加专业的知识与人才，因此，这类法院不适于设立在县市一级，应该维持在国家与省一级为妥。

其二，专利虚胖，急需瘦身。据世界知识产权组织（WIPO）公布的数据，2016年中国国际专利总量位列世界第三，达4.3万件，仅次于美国和日本。2015年中国专利申请的受理量已经达到110万件，世界排名第一。这组数据反映中国的专利体量已经很大了，但是从有效发明专利的平均维持年限仅6年来看（更有研究指出：维持年限在5年以下的占54.3%），这里的专利维护成本也是巨大的。毕竟专利的盈利模式是申请者先垫付维持费用，以期获得未来的预期收益，这种模式的代价是专利持有者需付出巨大的维持成本。如果考虑到那些沉睡的大量专利，其中还包括很多注定无法卖出的死专利，这笔维持与管理成本很有可能会变成沉没成本。更为严重的是，这些庞大数量的专利的存在，也意味着知识的扩散与共享将受到较大的抑制，这对于整个社会而言也是一种巨大损失。

其三，在当下随着中国专利的井喷式发展，出现了一个奇怪的景观：一头是高高耸起的专利保护之山，另一头则是应用端的小山包。这种知识的生产与消费结构是严重不合理的。如何破解保护与应用之间的鸿沟。出路有三个：第一，专利保护之山要降低库存高度。社会上经常诟病中国专利的转化率严重偏低，据资料显示仅为5%—10%，而国外的相关数据比我们高出数倍。从专利授予结构上看，中国当下以实用新型专利、外观设计专利为主，发明专利为辅，这其中真正有技术含量的则是发明专利，《2012年中国有效专利年度报告》显示，发明专利仅占15.7%，而许多发达国家开始缩减甚至取消实用新型专利。至此，我们大体可以看出中国在专利申请与授予的结构上存在严重问题，一些低质量的专利越积越多，导致专利保护之山越来越高，严重浪费社会资源。必须进行结构改革，制定更严格的专利评估标准，把专利泡沫挤出去，从实用新型专利入手，大量削减应用水平低、难以实现转化的专利,通过瘦身大幅提高中国专利的质量。换个角度来说,之所以专利的转化效率低,是因为很多专利根本没有转化的价值,即专利的转化成本高于其转化后的潜在收益,市场对于收益是高度敏感的,之所以不转化,是因为不值得转化。另外,在实践层面知识产权无法得到切实的保障,谁敢投资转化啊?还没等获得收益,山寨遍地。第二,专利应用端的小山包也要自觉快速提升。整个社会要塑造尊重产权的意识。以往,我们的企业在专利问题上搭便车搭习惯了,不舍得花钱购买专利,往往热衷于山寨、克隆甚至偷技术,这些旁门左道在规范的市场经济社会注定是无法持久的,因此,养成尊重知识产权的意识对于企业的长远发展尤为重要。假以时日,就会逐渐提高专利的应用山包的高度。第三,让政府成为两座山包之间的沟通者。知识产品的生产者和购买者之间往往不能对知识内容的确定性形成共同理解,另外,对于知识产品的市场预期两者也难以达成共识,使得交易成本快速增加,从而导致知识产品的闲置与转化的障碍。因此,政府应积极充当两座山包之间的桥梁,并提供更多的服务,用制度的力量促使两座山包之间形成并行的趋势。

任何时候,把知识束之高阁都是一种浪费。而且,维持泡沫专利也会带来巨大的维持与管理费用,这对于社会而言也是一种浪费,因此,消减专利泡沫势在必行。在创新驱动发展战略作为国策的今天,如果专利保护的栅栏设置过密,则会严重影响知识的正外部性的发挥,从而制约科技与社会的发展。因而,通过对保护端采取结构性改革的做法,有效削低保护性山头的高度,同时,在专利的应用端,通过设置积极应用专利的激励措施(如税收减免等),提高应用端山头的高度,从而达到知识产权的保护与应用并行的局面。

第七节 中国医疗资源的分布结构与改革的突破口

生老病死是伴随每个人一生的现象,没有人可以置身事外。再加上中国老龄化社会的提前到来：据报道，2017年全国人口中60周岁及以上人口为24090万人，占总人口的17.3%，预计到2020年，老年人口将达到2.48亿，老龄化水平达到17.17%。相应的一系列社会问题也会随之涌现出来，这其中最为紧迫的问题就是医疗保障。而医疗保障的主要工具载体就是医疗资源，包括医院、经济投入与卫生技术人员。为了清晰展示这些工具载体的分布现状，笔者选取一个静态的横截面数据，即2015年中国医疗资源的空间分布结构与特点，以此探讨这种卫生资源分布结构存在哪些问题，以及未来医疗改革的突破口应该选在哪里。

一 中国医疗资源的分布结构与特点

本节对于医疗资源的定义采取广义医疗资源的概念，即凡与维护公民身心健康有关的资源都属于医疗资源范畴，在实践中主要分为三部分：卫生人力资源、卫生物力资源与卫生财力资源。医院是最为显著的卫生物力资源，通过对区域内医院数量的盘点，大体可以衡量一个区域卫生资源的硬件部分的分布情况。

（一）中国医院的区域分布结构与特点

关于医院的层级，需要做一点简单说明。卫生主管部门依据医院的功能、设施、技术力量等指标对医院的资质进行评定，中国现有的医院分为三级，每级再划分为甲、乙、丙三等，其中三级医院增设特等，故中国医院分为三级十等，级别越高的医院其水平、资源等也越多。通常三级医院大多集中在省会城市以及地级市，二级医院大多位于市辖区与县级区域，一级医院多位于街道、乡镇区域。

图4-4显示了2015年中国各类医院在31个省、自治区、直辖市间的区域分布情况。中国政府网站的信息显示，截至2015年7月底全国共有各类医院26673所，到2016年7月底有各类医院28341所，一年间增加1668所医院，增幅达到6.3%。一年间，公立医院减少447所，民营医院增加2115所。这组数据反映了两个问题：其一，整个社会对于医院的需求在快速增加，医院数量增幅

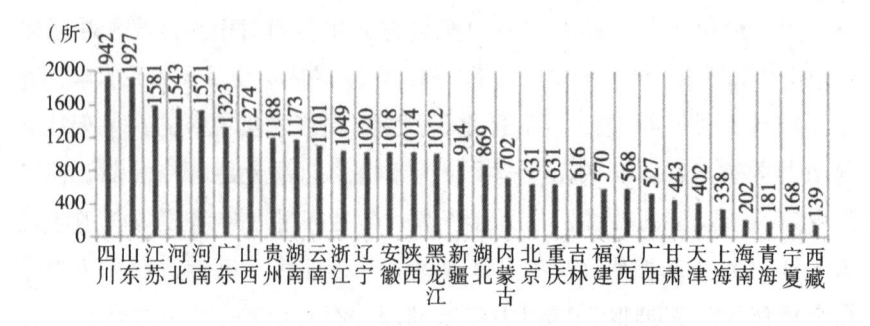

图 4-4 2015 年中国医院的区域分布结构

资料来源：根据《中国卫生统计年鉴》（2016）数据整理。

省份	数量（所）
四川	1942
山东	1927
江苏	1581
河北	1543
河南	1521
广东	1323
山西	1274
贵州	1188
湖南	1173
云南	1101
浙江	1049
辽宁	1020
安徽	1018
陕西	1014
黑龙江	1012
新疆	914
湖北	869
内蒙古	702
北京	631
重庆	631
吉林	616
福建	570
江西	568
广西	527
甘肃	443
天津	402
上海	338
青海	202
宁夏	181
海南	168
西藏	139

6.3%就是明证；其二，政府的医疗投入有限，民间资本向医疗领域扩张。从医院的区域分布结构上可以看出：人口大省也是医院数量比较多的区域，比如四川、山东等省，总体而言，全国医院的人均分布情况差距不是很大。问题是，医疗行业是一个资金与技术高度密集型的公益性事业，数量并不能完全代表医疗资源的公平分配。为此，我们需要对于高等级医院（三级甲等医院）的区域分布做出定量描述，见图4-5。

图4-5显示，中国的高级医院大多分布在东部经济条件比较好的地区，拥有超过30所三级医院的12个省份中除了辽宁和黑龙江的经济表现欠佳外，其余10个省份的经济表现都比较好。相对而言，这些区域的民众可以接受到比较好的医疗诊治。尤其是北京、上海、天津，人口相比其他省份不是很多，但是拥有数量较为丰富的三级医院，甚至周围省份有疑难杂症的病人也会赶赴就医，这三个区域也应该是中国医疗资源最为丰富的地区。这么多年民间一直在抱怨"看病难"现象，问题是这种难到底难在哪里，要给出一个客观的判据。根据供需平衡原则，如果民众的某项需求是刚需，而又不能得到满足，这种不满足的状态就呈现为一种难。众所周知，市场是最敏感的，面对刚需市场一定会做出某种回应。图4-6从市场的变化反馈可以佐证这种情况。

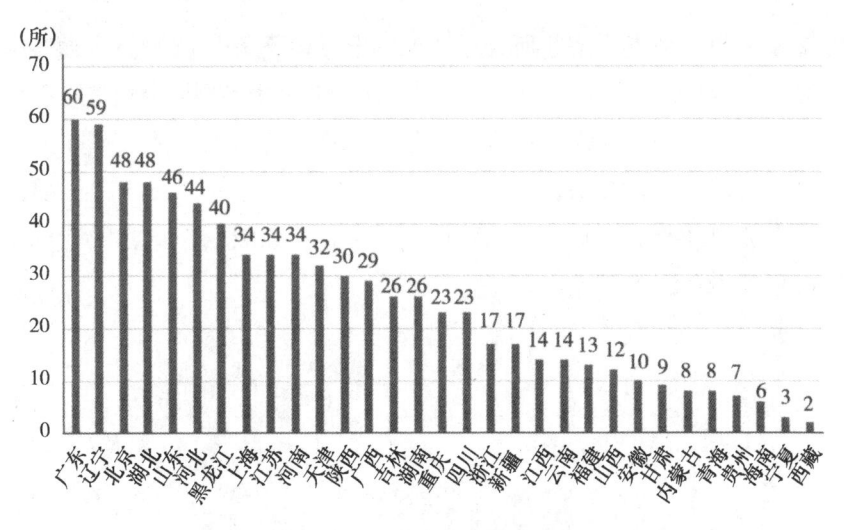

图 4 - 5　2015 年三甲医院的区域分布

资料来源：根据《中国卫生统计年鉴》(2016) 数据整理。

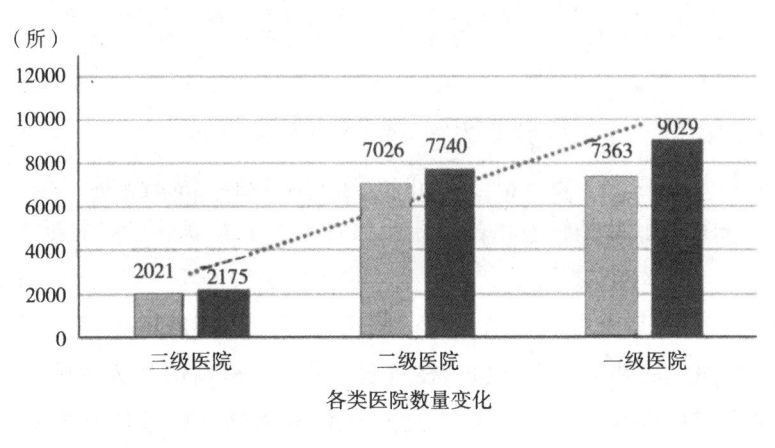

图 4 - 6　2015—2016 年中国各类医院的数量变化

资料来源：根据相关数据整理。

从图 4 - 6 中不难发现，中国各类医院在过去一年里都有了较大幅度的增加，由此可以验证：看病难在中国的当下是真实存在的。仅从最高级的三级医院的增幅来看，过去的一年里就增加了 154 所三级

· 173 ·

医院，平均每个省增加5所，这个比例不可谓不大，但是仍然无法满足当下民众的迫切需要。由此可知，医疗资源的供给，历史欠账太多。中国公众的医疗需求在未来数年内仍将快速增长，尤其是在人口年龄结构回归正常之前，这个趋势不会发生太大变化。由于中国的人口大多分布在县级区域，下面我们来看看各省三级医院与县级区域的匹配程度，见图4-7。

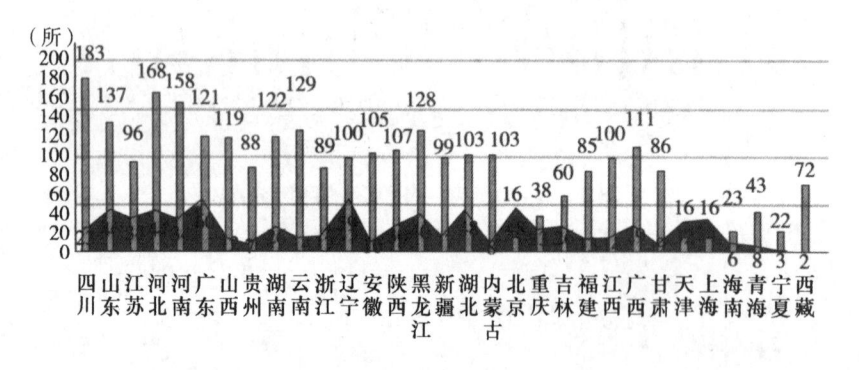

图4-7 2015年各省三甲医院与县级区域分布的匹配度

资料来源：根据相关数据整理。

从图4-7中可以清晰发现：蓝色山包比较高的区域都是优质医院比较集中的地区，而红色的柱状图代表各省所辖的县级区域（包括市辖区）的多少。图4-7中蓝色山包的高度高于红色柱状图的区域只有三个：北京、天津与上海；几个低矮的蓝色山坳区都是优质医疗资源分布比较少的区域，如四川、山西、贵州、安徽、内蒙古、福建、江西、甘肃、西藏等省区。从这张图上可以直观地看出区域优质医疗资源的分布结构，以及与县级区域分布的匹配程度，就目前情况来看，中国县级区域能分配到的优质医疗资源还极其稀少。

（二）中国卫生支出结构的区域分布与特点

从图4-8中可以粗略看到各省区域在卫生支出方面的投入力

度，这个投入是由三部分组成的，即政府＋社会＋个人。全国平均卫生支出占 GDP 的比例为 5.95%，全国有 12 个省份低于全国平均值，另有 19 个省份的占比高于全国平均值。图 4-8 反映出医疗支出在区域间的负担程度的差异，由于支出的多元构成，仅凭图 4-8 还无法看出具体差异所在，只能说目前在全国范围内有超过 60% 的区域（19 个省份）卫生支出已经成为公众负担的很大部分。令人迷惑的地方在于：就拿低于全国平均值的 12 个省份来说，全国 GDP 排名前 4 名的省份都在这个阵营里，而高于全国平均值的 19 个省份里还有北京、上海这样的一线区域。为了解释造成这种局面的原因，我们需要对卫生费用总支出进行分解，或许这样才可以充分解释图 4-8。

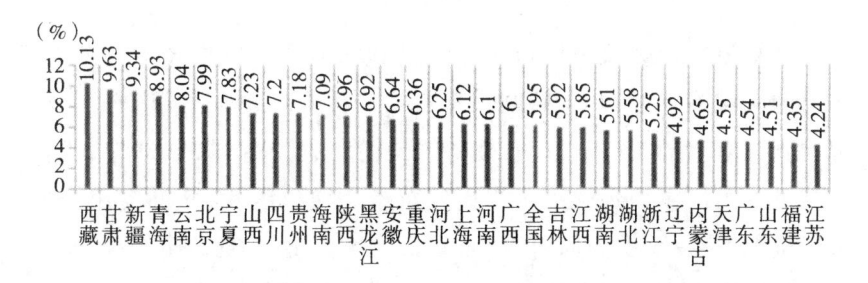

图 4-8　2015 年卫生总费用占 GDP 比例的区域分布

资料来源：根据《中国卫生统计年鉴》（2016）整理。

图 4-9 显示了各区域卫生支出的构成比例：政府支出大于其他两项支出的省份有 9 个（西藏、青海、贵州、江西、甘肃、海南、云南、广西、宁夏）。其中西藏自治区政府支出最高，约占总支出的 70%，青海与贵州政府支出占总支出的比例都接近 50%。社会支出高于其他两项支出的省份有 18 个（安徽、重庆、山西、湖北、四川、福建、湖南、新疆、陕西、广东、黑龙江、天津、山东、北京、江苏、浙江、上海、辽宁）。其中，北京社会支出占到总支出的 58.31%，上海占到 57.43%，江苏占到总支出的 50.3%，这些

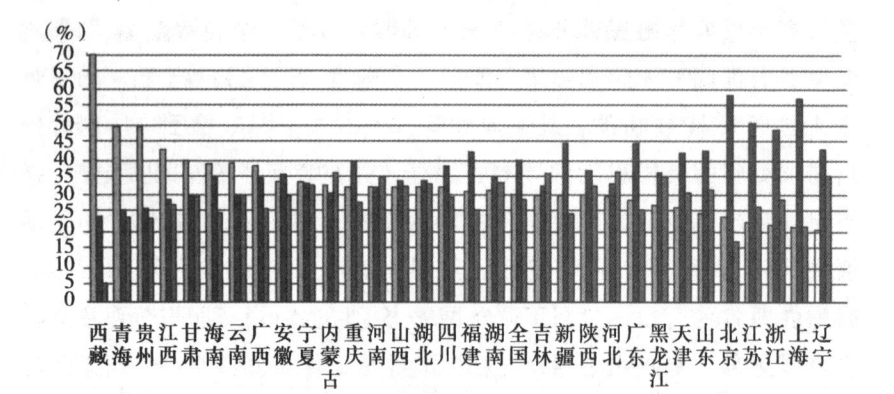

图4-9 2015年卫生支出中政府、社会、个人占比区域分布

资料来源：根据《中国卫生统计年鉴》（2016）整理。

区域都是卫生社会保障做得比较好的地区。个人支出超过其他两项支出的区域有4个（内蒙古、河南、吉林、河北），平均个人支出都占到总支出的36%，其中最高的是河北省，达到36.89%，这些区域可以明显感受到医疗负担比较沉重。通过图4-9的支出分解，可以解释图4-8中为何有19个省份卫生支出占GDP比例高于全国平均值，因为有9个省政府支出高于其他两项支出。另外，图4-9也告诉我们中国有接近2/3的省区（19个省）源于社会支出的医保开始发挥社会托底功能。根据笔者的研究，要真正做到老有所养、病有所医，一个远期的合理卫生投入结构应该是：政府、社会与个人的投入比例为：40:45:15，近期的投入结构应该是：35:45:20。2016年三者的平均投入比例是：30:41:29，从这组数据可以看出，即便从近期目标来看，政府的投入也是严重不足，这也是目前整个社会对于看病问题诟病较多的原因所在。为了更好地探析卫生支出结构的变化，笔者选取近40年的卫生投入数据，对其进行简单分析。见图4-10。

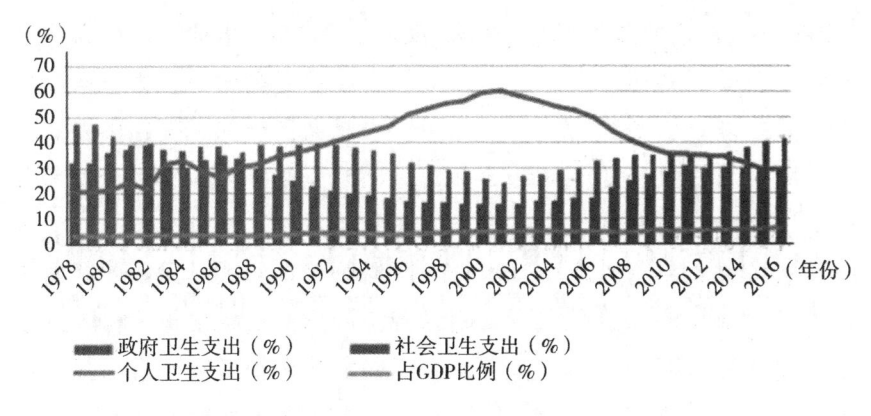

图4-10 1978—2016年卫生总支出结构变化

资料来源：根据《中国统计年鉴》（2017年）数据整理。

从图4-10中可以看到三个现象：其一，卫生支出占GDP的比例从1978年的3%缓慢上升到2016年占GDP的6.23%，虽然近40年间翻了一番多，但与国际平均水平相比差距甚大。国际上主要发达国家这一数据都在10%以上，2015年美国更是达到占GDP的17%以上。其二，政府支出从1982年的最高点占总支出的38.86%逐渐下降，形成一个长期的"锅底形"投入结构，最低点为2000年的占总支出的15.47%，这段锅底时间持续26年（1986—2011），亲身经历过这段时期的人们自然会有切身感受。然后开始缓慢爬升，最近几年政府支出数据维持在30%左右。其三，卫生个人现金支出部分，在锅底期间曾出现一个长期的山包现象，持续时间与锅底时间相匹配。纵观近40年的平均卫生支出结构为26∶35∶39，可以清晰看出：政府投入严重不足，社会保障系统不充分，个人在过去40年间承担了医疗支出负担的大部分，这也是整个社会对于卫生事业不满的深层原因。为了揭示这种负担，下面我们简单看一下2015年人均卫生支出情况，见图4-11。

从图4-11中可以清晰发现，2015年人均卫生支出全国平均值是2981元，另据国家统计局的数据，2015年全国居民人均可支配收入为21966元，医疗支出占可支配收入的13.6%。这个支出比例对于绝

科技政策透镜下的中国

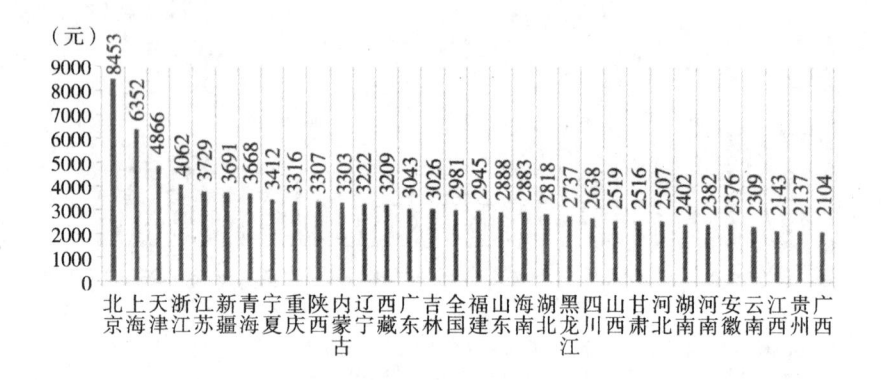

图4-11　2015年居民人均卫生支出区域分布

资料来源：根据《中国卫生统计年鉴》（2016）整理。

大多数的公众而言都是很大的负担。2015年有15个省超过平均值，另有16个省低于这个平均值。其中区域间在人均卫生支出上存在天壤之别，如北京的支出是排在最后面三个省份（江西、贵州、广西）的4倍之多。人均卫生支出较高有两个原因：其一，区域经济比较发达，人们更关注自身的健康问题；其二，自然条件比较差，生存状态较糟糕，不得不把钱花在医疗上。人均卫生支出较低的地区，只有一个原因：经济条件限制了个人的卫生支出。

（三）卫生人力资源结构的区域分布与特点

一个区域要提供良好的医疗服务，仅有医院和投入还是远远不够的，这些只是提供医疗服务的基础支撑条件，要真正使患者得到医疗帮助，还需要有专业的卫生技术人员来提供具体的诊治与服务，从这个意义上说，卫生技术人员的规模与质量才是最终实现医疗帮助的决定性因素。基于这种思路，笔者对全国各区域的卫生技术人员的配置结构做一些梳理。

卫生技术人员包括所有与医疗救助有关并从卫生机构领取薪水的人员，其中包括医师、护士、药剂师等医疗辅助性人员。卫生技术人员的规模与质量直接决定了医疗服务的质量。从图4-12中可以清晰发现，全国每万人拥有的卫生技术人员均值是58人，执业医师是22

· 178 ·

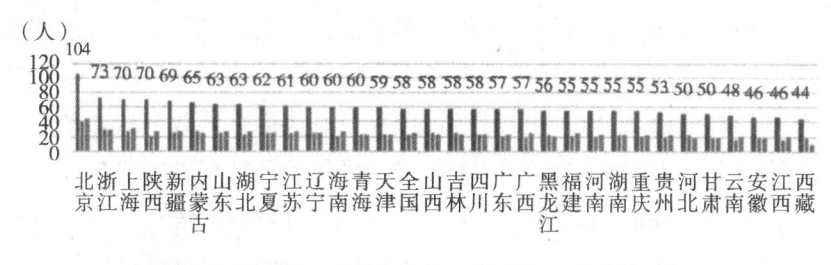

(人) 104
120
100 73 70 70 69 65 63 63 62 61 60 60 60 59 58 58 58 58 57 57 56 55 55 55 55 53 50 50 48 46 46 44
80
60
40
20
0

北京 浙江 上海 陕西 新疆 内蒙古 山东 湖北 宁夏 江苏 辽宁 海南 青海 天津 全国 山西 吉林 四川 广西 广东 黑龙江 福建 河南 湖南 重庆 贵州 河北 甘肃 云南 安徽 江西 西藏

■卫生技术人员数　■执业（助理）医师数　■注册护士数

图 4 – 12　2015 年每万人拥有卫生技术人员区域分布

资料来源：根据《中国卫生统计年鉴》（2016）整理。

人，注册护士 24 人。除了北京、上海、浙江等区域外，这组数据在各区域间差距不是很大，这说明中国目前已经具备了提供基本医疗服务的卫生技术人员队伍，这个基础是未来中国进行医疗改革的可靠人力资源保障。现在的问题是，区域间真正的差距在于卫生技术人员的质量，在东、中、西部地区间存在明显的技术梯度差，这个差距导致东、中、西部区域在为公众提供医疗服务时是存在服务质量打折现象的。这就需要中、西部地区加紧医学人才的培养与引进，否则这个技术梯度差会让患者选择用脚投票，这也是中国医疗领域长期推行的分级诊疗制度失灵的根本原因所在。

二　基于医疗资源分布结构的几点改革建议

第一，根据医院级别的区域分布结构，建议增加中、西部地区以及人口稠密区的三级医院的数量与规模，适度增加公立医院的数量，以防止出现市场失灵，并保证公平与正义，进而提升医疗资源的利用效率与分布结构。当下的紧迫任务就是以较大的比例裁撤基层医疗卫生机构，这类机构数量众多，水平参差不齐，效益不明显，是资源利用效率的洼地。最新数据显示，2016 年 7 月全国共有基层医疗卫生机构 927598 家，占用大量医疗卫生资源，而又没有起到应有的作用。尤其是城市里的社区卫生中心，数量庞大，如 2016 年全国就有 34000

余家，作用有限。在城市里人们生病大都去一级、二级、三级医院看病了，哪里还有人去社区卫生中心呢？边远农村地区就医不方便，这类机构存在尚有其合理性。另外，随着交通便捷化，数量庞大的村卫生室（2016年有642505家）也应该大幅削减，没有必要村村设卫生室，由于设备简陋、人员技术水平低下，很有可能耽误患者诊治的最佳时机，这类机构只对那些交通不便的偏远地区有保留的价值。

第二，加大投入。一方面，加大政府的医疗投入占GDP的比例，使之达到占GDP的8%—10%；另一方面，改变医保的自愿参与型为强制参与型，全覆盖，对于极度困难的人群可以由国家代为支付。发达国家通常公共支出占90%，个人支出占10%，目前我们连续三年（2014年、2015年、2016年）公共支出占总支出的30%左右，必须快速提升到占总支出的35%，社会支出提升到占总支出的45%，使个人支出逐渐降到占总支出的20%左右，这样将极大缓解医疗对于整个社会造成的紧张与焦虑。

第三，加快培养医疗人才。看病难的实质在于优质医疗资源的极度稀缺，而最稀缺的恰恰是高水平的医疗人才。在供给严重不足的背景下，需求又是缺乏弹性的，这种局面就是导致看病难产生的根本原因，解决之道就是增加优质医疗资源的供给。患者之所以愿意忍受诸多的困难以及糟糕的服务也要到大医院去，是因为大医院有更好的设备、更好的专家，可以真正解决问题。反之，那些低级别医院即便服务态度再好、再方便，但不能解决问题又有什么用呢？为了缓解这种看病难的现状，除了增加优质医疗资源供给之外，还需要解决两个问题：首先，快速实现医保全国联网，在人员流动如此频繁的今天，一些发达地区的优质医疗资源自然是患者趋之若鹜的，如果医保全国联通问题解决不了，不但增加了看病难的现状，而且还会给患者带来极度糟糕的诊疗体验与社会问题；其次，要让分级诊疗能够真正实现，提升低级别医院的诊疗水平是关键，这就需要通过制度安排，在高级医护人员的评价体系中明确规定：要想考评合格或晋升必须满足在低级医院完成一个服务期才可以，并辅以适当的经济补偿，同时加大低级医院卫生技术人员的定期进修也是快速提高水平的有效办法，只有双管齐下才可以快速改变低级医院的面貌。当低级医院的水平有了实质性的提高以后涌向大医院的人群自然会被分流。这也是笔者建议大幅裁撤社区卫生中心与村卫生室的原因所在，节省下资源用于提升低级别医院的质量才是关键。否则，摊子铺得再大对于改变现状也是于事无补。

第八节　重大科研仪器研发的现状与困境

在党和国家把创新驱动发展战略定为国策的当下，整个社会的发展引擎已经开始转向以科技知识为表征的创新驱动（推与拉的混合型，即 push and pull），任何创新都是基于知识的创新，没有知识的高效产出就没有创新涌现的可能，这已成世界范围内的共识。而知识的产出是严格受条件约束的行为，大体可以把知识生产链条分解为：（经费＋人才＋环境）×工具（仪器等）＝科技知识。在其他变量等同的情况下，有什么样的工具水平，就有什么样的知识产出水平。最近 10 年国家在科研经费（R&D）的投入、引进人才以及科研环境的营造上已经投入大量精力，取得了举世瞩目的显著成就。但是，原创性高端科研成果的产出仍然严重不足，发展瓶颈已经从隐性向显性转化，那就是加速知识生产的工具环节已成制约中国科技发展的瓶颈因素，因此，解决重大关键科研仪器问题就是推动科技与创新迈上新台阶的一个关键举措。而且对于重大科研仪器的研发，不仅可以解决当下知识生产中面临的工具性问题，而且仪器研发本身就是一种具有高度创新性的行为，并且蕴含巨大商机。长期来看，重大仪器研发可以带来三方面的进步：首先，降低知识生产的成本，加快知识生产与更新的脚步；其次，通过仪器研发带动相关产业、技术的发展；最后，通过仪器研发可以培育相关领域的人才。基于这种现实考量，从 1998 年起中国相关部门就开始有计划地加大重大科研仪器的研发，时至今日，已经运行近 20 年的时间，其间取得不少成绩，但是存在的问题也越发凸显,导致项目实际运行效果并不理想。基于此,本节力图梳理两个问题:其一,近20年重大科研仪器研发的现状与存在的问题;其二,现有项目组织架构下重大仪器研发中存在的困境与解决策略。

一 中国重大科研仪器研发的现状与存在的问题

自1997年起中国相关部委就科技发展的现状,开始有计划地考虑设立重大科研仪器研发项目,以期改变科技发展面临的短板问题,并于1998年正式启动,至今已经20余年。这里所谓的重大仪器设备是指:"在重大民生需求、社会经济发展以及科技创新方面有重要作用,需要投入更多研发方法、研发技术以及部件,投资成本较大,具有较高经济价值的科学仪器设备。在研发过程中主要具有以下特征:首先,对集成创新比较重视;其次,软硬件的共同开发。"[1] 这也意味着重大科研仪器的研发涉及多学科的协同攻关,并且通过软硬件的建设与开发为未来的市场化提供准备。对于这些要求,我们的准备普遍不足。

根据最新一期C&EN杂志(2016年4月)公布的2015年度全球仪器公司排名前25名的分布,可以清晰地看到,美国占有10席,其中前四名全部是美国公司;日本有6席,居全球第二位;紧随其后的德国占有3席,瑞士3席,英国2席,荷兰1席。排名第一的赛默飞世尔科技(Thermo Fisher Scientific)2014年的销售额高达42.4亿美元,排名第二的丹纳赫(Danaher)的销售收入约为24亿美元。据学者研究:"2012年赛默飞世尔亚太区收入占公司总收入17%,中国区收入逾7亿美元,中国首次跃居为赛默飞世尔全球第二大市场。同样,沃特世(Waters)的中国区域也在2012年跃升为全球第二大市场。由此,可以看出中国仪器和应用市场发展的强劲情况。"[2] 从这组数据中,我们大体上可以看到中国现在是世界科技仪器生产商的主

---

[1] 饶蕾、陆力、马素萍、刘娟:《重大科学仪器设备研发与科研经济一体化分析》,《财经界》(学术版)2017年第2期。

[2] 李昌厚:《现代科学仪器发展现状和趋势》,《分析仪器》2014年第1期。

要销售对象和进口国，虽然目前无法查到中国每年用于科研仪器采购的准确数据，但一个相关的信息可以佐证这种情况："国家科技基础条件平台中心副主任吕先志说，近年来中国每年购买国外科研仪器设备的投入至少在400亿元以上，由于缺乏信息沟通，有些设备重复购置，有的利用率很低，而资源共享是解决这一问题的捷径。"[1] 学者王大洲等人通过实证研究指出："（1991—2010年）购置和研制比例有一定变化。'八五'、'九五'期间，仪器研制比例分别为3.0%和2.7%，但'十五'期间研制比例下降到2.3%，这与自2004年来大型科学仪器设备购置的快速增加有关。'十一五'期间研制比例出现微弱提高，较'十五'上升了0.1%。"[2] 换言之，"十一五"期间在重大仪器来源中，有95.9%是采购的，仅有2.4%是研制的，这种情况已经很能说明我们在重大科研仪器的研制方面所面临的紧迫形势。客观地说，中国在高端科研仪器研发方面起步较晚，虽然这些年的大力推进取得一些进步，但总体落后的局面并没有得到根本性的改变。如果我们把影响重大仪器开发的原因分为内外两部分，那么来自外部的原因主要有以下几条："根据我们进行的问卷调查，最关键的三个制约因素是'国内加工能力无法支持仪器创新'、'绩效评价机制不鼓励仪器的创新研制'、'缺乏实现创新的高水平的技术人才'，被调查者认为其重要和最重要的应答率分别为68.9%、56.5%、45.8%。"[3] 其中第二条的绩效评估机制所带来的制约因素，可以看作是影响研发的组织内部因素。因此，重大仪器研发效果不理想，除了研究基础比较薄弱外，最主要的内部因素就是项目设置的组织架构模式存在严重缺陷。"牵头人+合作单位"模式仍是小科学时代的组织模式，无法适应大科学时代的高度集成式创新

---

[1] 《我国每年购国外科研仪器设备投入400亿元以上》，2017年7月24日查询，http://www.instrument.com.cn/news/20140605/132831.shtml.

[2] 王大洲、何江波、毕勋磊：《我国大型科学仪器设备研制状况及政策建议》，《工程研究——跨学科视野中的工程》2016年第4期。

[3] 同上。

的要求，正是这些内外制约因素的互动，最终导致研发的预期目标出现严重打折现象。笔者在本节主要关注来自组织内部的因素对研发的影响。在讨论重大仪器研发项目的运行困境之前，我们需要对过去近20年的投入情况做一个简单的回顾，由此，可以直观地反映出重大仪器研发中所呈现出的"投入—产出""质量—进度—成本"诸多目标之间存在的问题。

从图4-13可以清晰看出，自1998年以来，国家在重大科研仪器研发上的投入总体上呈现出增长的趋势，但是在1998—2010年之间的增长幅度非常缓慢，多有政策性试探意味，直到2010年以后投入和支持的数量都呈现快速增加的态势。从1998年的总投入400万元，立项5项重大仪器研发项目，到2016年总投入5.5亿元，立项85项，投入增长了137倍，立项数量增长了16倍，总体而言，增长幅度还是很大的。2010年显然已成科技发展拐点，其背后的深层原因还有待挖掘，当年中国GDP增长率为10.6%，已从2007年顶点（14.2%）一路开始下滑，当年R&D投入占GDP的1.76%，此后R&D的占比逐年上升，可以明显感觉到决策层希望通过科技来保障GDP增长的目的。总之，这个上升曲线总体上反映了中国科技事业正

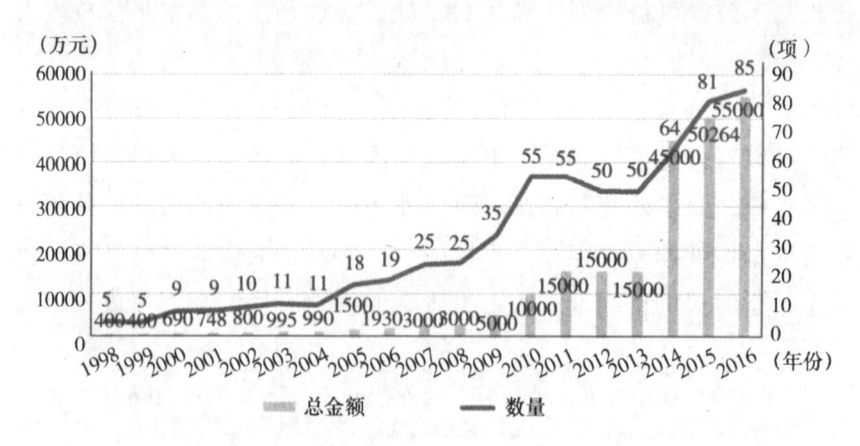

图4-13 国家自然科学基金重大科研仪器研发项目（自由申请）总投入

资料来源：根据相关数据整理。

处于快速发展阶段,决策层对于科技的认识与期待在实质性地提升,科研仪器问题显然已经成为阻碍科技快速发展的显性瓶颈因素之一,这个时候加大仪器研发就是整体推动中国科技上新台阶的重要举措。

图4-14显示近20年来重大仪器资助额度从最初的80万元/项,上升到2016年的647万元/项,即便扣除物价因素,资助强度也在加大。自然科学基金委和科技部等部门对申报金额在1000万元以下的重大仪器项目采取自由申请模式,自2011起,对于1000万—1亿元之间的项目采取部门推荐制。这种区分,可以看作是管理部门对于特大型科研仪器研制项目增加一道筛选与监督的门槛。但是一旦中标,在运行流程上与自由申请类项目之间并没有质的差别。下面整理出2011—2016年部门推荐类重大科研仪器的相关数据。

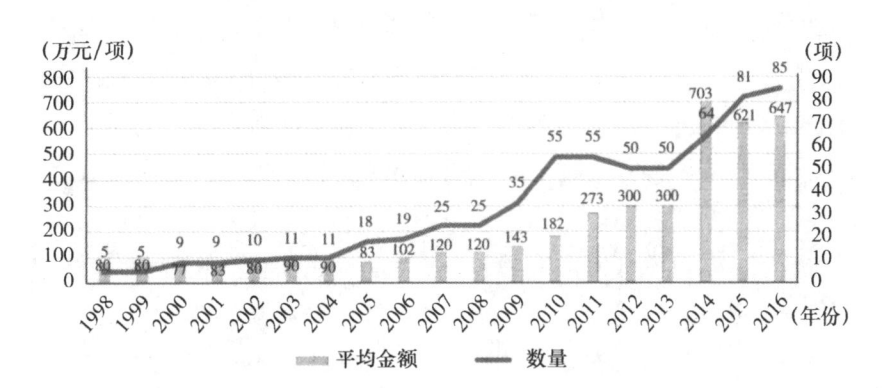

图4-14 国家自然科学基金委重大科研仪器研制项目
(自由申请)平均资助额度

资料来源:根据相关数据整理。

图4-15显示,六年间采用部门推荐制的重大科研仪器研制项目一共立项45项,总投入35亿元。自2012年以后,立项数量逐渐减少,2016年仅立项4项。这个变化趋势预示着此类项目的管理方式或许有变。

图4-16显示,这些超级项目的资助额度都非常巨大,平均每项7778万元,2014年更是达到平均每项资助1亿元。

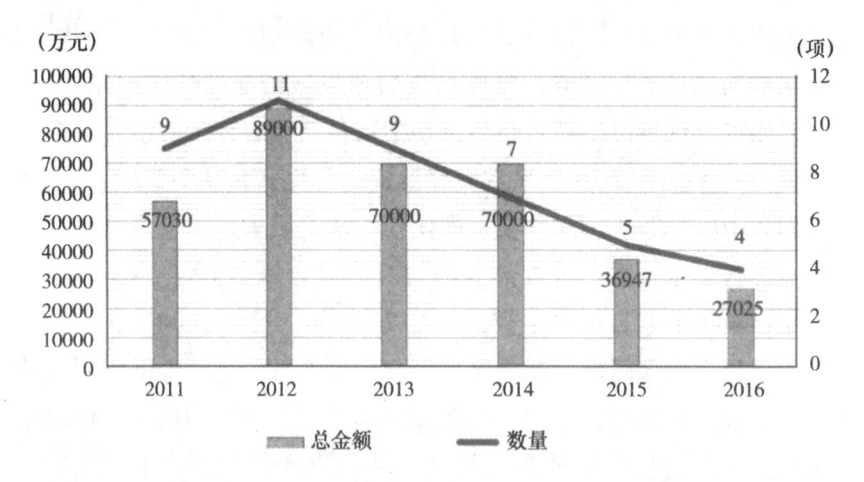

图 4-15 国家自然科学基金委重大仪器研制项目（部门推荐）总投入

资料来源：根据相关数据整理。

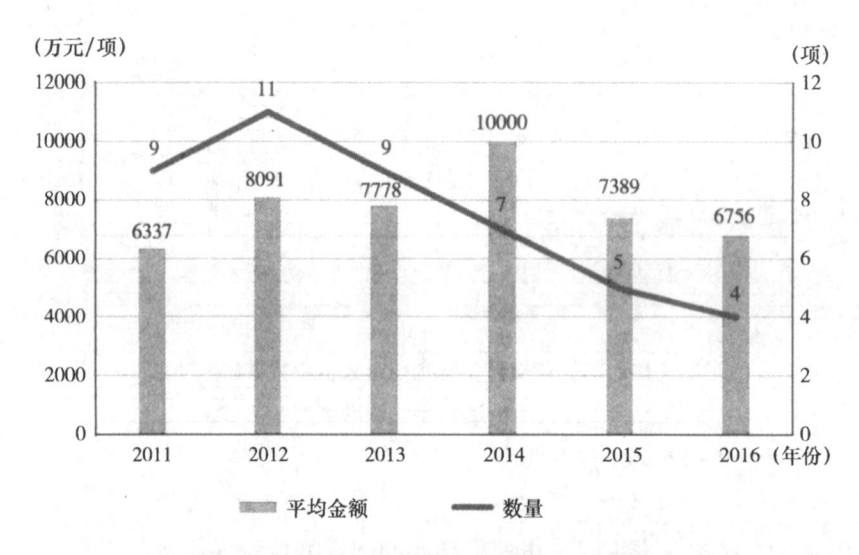

图 4-16 国家自然科学基金委重大仪器研制项目（部门推荐）平均资助额度

资料来源：根据相关数据整理。

综上，我们看到在过去的19年间，自由申请类重大仪器研发项目共立项622项，总投入22.47亿元，平均每项资助额度为361万元。部门推荐类重大仪器研发项目6年间共计立项45项，总投入35

亿元，平均每项资助额度 7778 万元。部门推荐类项目每个的资助额度相当于 21 个自由申请类重大仪器项目。现在，笔者想知道，国家为此投入了接近 58 亿元，总计 667 项的重大科研仪器项目到底有多少变成了现实？很遗憾，我们无从找到这些相关项目后期成果的信息。不难猜测这些项目的产出率并不是很理想。

重大仪器研发项目运行到现在暴露出哪些问题呢？检视这些巨型项目的组织架构模式大体是这样的："牵头单位＋合作单位"模式。尽管这个组合模式拥有很大的弹性，可以涵盖产、学、研与政多重力量，看起来研究团队很齐全，但是，由于产、学、研、政之间在理念与偏好上存在巨大的差异，这些差异一旦无法统一并达成充分共识，那么，所谓产、学、研、政强强联合的操作在实际运作中就必定出现能力打折现象。由于这些项目都是临时组建的团队，其联系是松散的。众所周知，科研仪器是一种高科技产品，它受益于各种前沿技术最新成果的运用，但由于团队间松散的组织模式，各个子系统处于平行状态，相互之间调动资源存在很大的局限性，再加上没有强有力的监督、协调机制，导致各个部分在组织的结合度与"质量—进度—成本"的目标安排上都无法达到最优。

很多学者从宏观层面撰文强调重大科研仪器研发中过程管理的重要性，观点没有错，只是这个过程在实际操作中的可行性存在严重问题，如于海婵认为："大型仪器研制项目的管理模式可划分为行政/管理和科研/技术两条线。行政/管理系统包括项目主管部门和项目承担单位的行政领导及管理人员，在项目实施过程中承担重大决策、组织协调、资源配备、策划执行、过程监督和服务保障等工作。"① 我们不妨就这个过程管理结构回到实践层面检验一下，看看是否可行。据笔者的统计，19 年来自由申请类重大仪器研发项目平均资助额度为 361 万元/项，只有 2014 年、2015 年、2016 年每项平均资助额

---

① 于海婵：《浅谈如何加强大型仪器研制项目的过程管理》，《科技管理研究》2014 年第 10 期。

度达到600万—700万元之间。通常一个研究团队包含4—5个合作子课题组，这也就意味着每个子课题的经费额度在72万—140万元之间。试想，这个规模是否有行政主管部门或者领导愿意实质性地介入管理？真实情况是，这些行政主管部门大多是虚设的，起不到实际监管作用，具体运作还是由项目牵头人来组织。同样在这个体量中设置专门的财务人员、质量监督员以及知识产权管理人员等也几乎都是不可能的，项目本身无力支撑这些人员的费用支出。因此，对于自由申请类项目在实际运作中真正肩负管理职责的就是项目牵头人与合作单位的子课题负责人。相反，对于部门委托类重大科研仪器研发项目，由于每项平均资助额度都在7778万元，他们有能力支付这些人员的费用，并设立相应的管理机构，如项目综合办公室、项目指挥部等。但是，他们采用的运行模式仍然是"牵头人＋合作单位"模式，导致本该拥有的行政/管理的执行力被多个平行单位分解与稀释，换言之，管理的垂直度不够，而且这些超级项目的整合复杂度也远远超出了个人能力范围与管理幅度。从这个意义上说，重大仪器研发中面临的问题主要集中在项目的组织架构与管理问题的本质特性上。

二　重大科研仪器研发中的组织与管理困境

为了更加清晰地揭示出目前组织框架下重大科研仪器研发中面临的组织与管理困境，笔者把这些困境划分为内部管理困境与外部管理困境。对于内部管理困境来说，我们需要把仪器研发的常规路线图揭示出来，然后就能清晰发现问题产生在哪里，以及相应的解决策略。正常的研发路线图应该是这样的：基础理论—技术原理—技术能力—多种能力整合—重大仪器样机—中试—规模化量产，在这七个环节中与仪器研发直接相关的环节就是前面5项，即"基础理论—技术原理—技术能力—多种能力整合—重大仪器样机"，后两项与仪器的市场开发有关。

为了实现仪器研发的路线图，我们可以把这个链条梳理出一个标准的组织模板：某单位潜在项目牵头人A拥有一个很不错的想法（主要体现在基础理论的先进性与技术原理的可行性），然后寻找合适的技术合作单位B（对项目的技术原理与技术能力的实现提供支撑，也是未来的主要子课题负责任人）支撑项目的可行性，并构建基本技术框架与技术路线图。在此基础上，项目牵头人A召集一批相关领域的知名专家C联合申报（B未来是核心子课题承担者，也是众多合作单位中的一员）。在这个组织架构下，一旦申报成功，A按计划把具体研发任务分解为各合作单位的子任务，然后分头行动。

在这个重大仪器开发的组织模板里，存在着如下无法避免的组织困境：

（1）"牵头人+合作单位"模式的强制性管理力度欠缺。牵头人与各合作团队负责人之间不存在直接的隶属关系，而且在学术声望上非常接近，无法在组织架构上形成明显的声望梯度差，这就为整个研发项目中的管理权威的树立留下困难，导致管理的指令性强度不够。由于团队合作的组织模式，使各团队之间处于扁平状态，从而导致任务的推进在各团队内部处于随意状态，造成在子系统内人员、资金与时间的投入上无法得到有效保证，这也是重大仪器研发项目表现欠佳的深层原因所在。这种困境缘于当下申报机制内在的悖论：没有豪华团队，在评审中不容易中标；有了豪华团队，易中标但不出活。由于豪华团队的各路学术诸侯，大多项目堆积，无暇全力以赴投入研发。对于政府管理者而言，有豪华团队背书感觉放心，即便未来不出活或者项目失败，遭受到谴责与社会压力时也会大部分转移到豪华团队的负责人身上；如果团队不豪华，即便肯干活也不放心，如果项目失败，管理者要承担项目团队失察的部分责任。这种管理者与研究者的内在偏好差异，决定了基于团队声望支持项目的游戏规则符合各方利益最大化的原则。然而，这种内在组织悖论却是以牺牲项目的成功性为代价的。根据系统论的观点，一个好的合作系统在产出上要达到系统能力大于部分之和，然而现实却是团队之间的机械式组合模式，让团队之间处于松散的联系状态，结果导致系统能力等于或小于部分之和。豪华团队对组织管理而言带来的最大问题是拉平了系统间的声望梯度差。通过对科学史的考察，笔者曾提出一个命题：重大基础理论问题的解决适合采取扁平式的松散组织模式来推动，而重大技术问题的解决适合采取垂直式的组织来完成。前者要求的条件是自由，后者要求的条件却是强制力的有效传递。

（2）最大的内部管理困境在于子项目之间的技术整合的匹配度很难协调。由于重大仪器研发的一个最大特点就是集成度比较高，涉及声、光、电、理、化、生等多学科的协同攻关。任何一个部分要做到最好都需要大量投入，由于各个团队也在追求自身利益的最大化，那么在收入确定的情况下，投入成本最小则是收益最大的，这种可能性制约了各子系统的投入最优化动机。在时间节点处，各个合作单位（子项目）要把自己的研发部分整合起来，由于各个部分在监督弱化，以及投入的有限性，导致任务的实际完成进度与完成质量与预期存在巨大差异，进而整合后的样机功能无法达到目标要求。这种问题处理起来异常困难，即便问题排查出来，项目牵头人要求各相关合作单位进行整改、返修与调适所遇到的难题，由于结题时间与经费的硬性约束，整改效果也并不是很理想。再加上当初申报时为了增加中标的可能性，把各项指标定得过高，这一切都导致整合而成的样机无法达到预期目标，至于后面的中试与规模化量产更是遥遥无期。因此，在团队内部的组织困境与管理困境的双重限制下，已造成仪器研发领域出现大量"烂尾项目"，或者"钓鱼项目"，这几乎是当下重大仪器研发专项的通病。

（3）仪器研发中的外部管理困境主要包括如下几个方面，如知识产权管理的制约和后期应用开发不足。知识产权的管理制约导致了各个子项目之间出于保护的目的对知识产品的使用心存芥蒂，难以共享，削弱了项目的整合度与创新性，进一步使得研发成果难以转化和推广，导致前期投入的资源出现沉没效应（同类项目未来很难再获得资助），这已成常态。试问我们在过去20年间立项的接近700项重大仪器研发项目，有多少形成了批量化生产，并被社会所认可，又有多少成功替代了国外进口？所有这些数据都很难查找，相信成功的概率还是比较小的，否则，早就被媒体披露并广为人知了。之所以造成这种局面，还与另外一种常见的外部管理困境有关，即风险管理的困境。按照学者吴家喜等人的观点，重大仪器研发中的风险管理困境主要指："风险管理能力不足。目前重大科学仪器设备研发项目实施中缺乏足够的风险防范意识，也缺乏相应的风险管理计划，往往对项目实施中的不确定性因素估计不足，可能造成项目实施的目标难以实现，甚至可能导致项目失败，造成巨大的资源浪费。"[1] 风险管理原本就是非常复杂的事情，对于未来不确定性因素的研判也是需要专业人士进行深入研究的。在社会分工如此细化以及专业化的时代，这些事情往往不是一个项目的牵头人与合作者所能够直接掌控的。由于对未来的不确定性因素的研判没有一个固定的标准，在实践中项目牵头人往往都是凭借个人经验与直觉做出判断，根本谈不上科学性与针对性。这种情况也是导致重大仪器研发项目经常遭到失败的重要原因之一。

三 重大科研仪器研发中的验收困境

重大科研仪器研发项目的验收作为项目质量把关的最关键环节，在实际的运行中往往没有起到应有的作用，这也是中国实施重大仪器研发项目20年取得重大成果寥寥的原因所在。对此，根据笔者近年来对于项目验收实际状况的考察，发现在项目验收中存在一个普遍性的问题，可以称作项目验收困境。所谓项目验收困境是指：验收者在面对一个既成事实时所遭遇到的价值观判断与世俗规则之间的矛盾冲突：要么坚持个人的价值观果断放弃世俗规则；要么坚持世俗规则，变相放弃个人价值观。无论选择哪种模式作为个人评判标准，对于评审者而言都面临巨大的道德与现实的成本—收益考量。造成这种情况

---

[1] 吴家喜、于忠庆：《重大科学仪器设备研发项目管理模式探讨》，《项目管理技术》2011年第12期。

的原因在于两种标准所追求的形而上目标是存在巨大差异的。价值标准追求真善美的客观原则；而世俗规则追求的是个人收益最大化，一切基于利己主义的计算考量。对于科技界不用拔高，也不用贬低，它就是社会的一个子系统，科技界里的从业者同样受这些因素的影响。尤其是在成果质量验收方面，评审人无论选择哪种模式都是矛盾的，为了避免这种矛盾，验收者通常采用一种折中模式，即半价值观原则+半世俗规则模式，这种兼顾模式一定程度上缓解了评审者的道德困惑，但却是以牺牲项目评价的完全客观性为代价的。这也就是中国的项目评审结论千奇百怪、五花八门的深层原因所在，诸如填补国内空白之类的说法，对此哪个人又会去较真呢？结果评审者与被评审者达成了一种微妙的共谋关系，牺牲的却是国家的利益。试问这些年又有哪项重大仪器项目没有通过验收评审？

为了探讨评审困境的成因，不妨从行为者的社会与心理层面深入挖掘一下。为什么评审者在评审中愿意放弃价值原则，而采取世俗原则的半推半就或者干脆放水呢？这里涉及三个认知判断：首先，在权力本位的社会，权力资本相对于其他资本（如经济资本、学术资本等）具有最高的兑换率，这就意味着评审者个体面对来自管理者与被评审者的双重压力；其次，项目团队的组织架构在被评审中具有消解评审压力的功能，换言之，豪华团队的光环效应对评审者产生实实在在的心理压力，一次否定性评判有可能遭到对方未来惩罚性的报复；最后，基于成本收益的考量，当下评审的收益与未来可能的损失不对称，因此，做出否定性评判结果得不偿失。还存在一种隐约的担忧，面对一项不完全达标的项目，如果完全否定了，管理者与社会都接受不了，与其彻底否定，还不如既让其通过，又让其整改，至于改与不改和评审的关系就不大了。基于上述分析可知，在目前的评审架构下，半推半就与放水是符合多方利益的，损失的是国家。这也间接证明了中国的科研项目评审质量不高的深层原因。

为了避免这种评审困境，目前一个热门的解决方案是采取第三方评估策略，希望以其中立客观的位置，来提高项目的评审质量。从理论上说，第三方评估从制度设置上最大限度地隔离了评审者与被评审者之间的利益冲突。现在的问题是，由于科技界的范围是极其狭小的，再加上能够中标重大仪器研发项目的被评审人都是本领域内的知名专家学者，因此，对于评审者来说，被评审人是透明的，那么如何避免被评审人与评审人之间的利益交换呢？对于第三方评估可能出现的越轨行为，可以采用评估结果的社会公开化，扩大约束人群的规模，这样来自社会的评价力量会遏制第三方的越轨动机以及约束被评审人的行为选择，一旦出现越轨行为并被发现，将会遭到来自社会的信任危机，以及连带的信誉与职业生涯危机。

目前还有一个被热议的补救性评估阶段，即项目的后评估。根据笔者的考察，这种后评估理论上很有意义，在实践中意义有限。之所以得出如此暗淡的结论，是因为在项目通过验收结项后，项目预留的尾款以及各项目组的余款都不多了，对于项目本身无法做出大的改进，而且由于重大仪器研发项目是由一个组合团队完成的，一旦项目结项，临时组建的合作团队也就自动宣布解散，此时即使项目牵头人想做大的改进，也无法有效地召集研发人员来攻关，除非这个项目具有巨大的市场潜力，有后续资助介入，否则后评估仅具有理论意义。更何况对于项目牵头人来说，通过中标项目能够获得的个人荣誉已基本获得，项目本身已经变为鸡肋，除非这个项目有巨大商业前景，否则大多数重大仪器研发项目就成为烂尾项目。

在整个项目生命周期中，真正具有强制力的评审是财务评审，因为财务评审背后是有国家法律法规在支撑的，如果不符合这些规矩很有可能触犯法律。但是，由于任何重大研究项目都无法事先预料到所有可能的研究变化，因此，项目预算的变更应该是很正常的事情。但是项目实际进展的变化与几乎不变的项目预算之间也存在评审矛盾，虽然近年来一直有来自国家层面的松绑声音，但在实际运行中仍然是按照老规矩执行。相信现实中很多重大项目都遭遇到有钱无法花的困境，这也制约了重大仪器的研发进展。

四 结语

综上所述，目前立项的很多重大科研仪器研发项目，在执行过程中都面临着自身无法破解的组织困境、管理困境与评审困境，导致项目运行中的三大核心问题"质量—进度—成本"的三元控制无法达到预期目标，从而导致众多重大仪器研发项目沦落为半截子项目与烂尾工程而又无人负责，造成国家资源的严重浪费。为了改变这种现状，笔者提出如下两项解决建议：其一，"牵头人+合作单位"模式仅限于自由申请类项目，即资助额度在1000万元以下的项目采用，这几乎是个人管理能力的极限。为了避免项目成为半截子工程和烂尾项目，可以采用倒逼机制，即项目牵头人对于项目达成的目标负有连带责任。因为在当下的科研评价体系下，此类项目的最大获益者是项目牵头人，因此，他也要承担最大的责任。通过倒逼机制，迫使项目牵头人努力在"质量—进度—成本"之间实现最优管理，从而保障重大科研仪器研发项目的目标得以实现。其二，对于部门推荐类超级重大科研仪器研发项目，必须坚决放弃"牵头人+合作单位"模式，改由政府部门直接管理，该项目的主要理念与构想的提出者可以成为首席科学家，但不能由他全权管理项目。重大仪器研发是一项复杂的系统工程，其复杂与烦琐程度远非个人能力所能驾驭，因此，这种结构性改革能够最大限度上破解重大仪器研发中遭遇的组织困境、管理困境与评审困境。从科学史上看，那些成功的大科学项目，如美国的曼哈顿工程、航天飞机，以及中国的"两弹一星"等项目，都不是采用"牵头人+合作单位"的承包模式，而是采用集中管理模式。科学是自由探索的事业，而技术则是目标导向下的集中攻关。如果采用现在的研发模式，中国是造不出"两弹一星"的。

第九节　大科学工程建设面临的双重危机

随着中国经济体量成为世界第二大经济体，以及创新驱动发展战略的实施，国家在科技上的投入也逐年提高，所有这一切都助长了科技界的冒进之风。各种上大项目的浪潮从各个领域渗透到科技界，科技界也开始出现各种大科学工程如雨后春笋般涌现的壮观景象。问题是我们的科技投入养活得起这么多的大科学工程吗？现有的知识与人才储备支撑得起这些大科学工程吗？如果这轮大跃进之风不能得到有效梳理，将从根本上扭曲中国科技发展的正常轨迹。

一　大科学工程的信任危机

大科学工程通常是指："以大型科研装置、设备、工程等硬件设施为依托，集中多个领域科技资源组织开展的系统性科学工作。大科学工程也是为国际公认、主要以开展原始性科学创新所必须依托的工程项目。"[1] 这类定义的一个共性特点就是突出其工程性，即工程规模的庞大与技术的复杂性，问题是，大科学工程首先要考虑到这个载体所承载的科学研究是否具有前沿性与创新性。遗憾的是，在当下语境中科学内容的首要性正在逐渐降低，而工程性则在快速增加。从这个意义上说，明确大科学工程立项的第一标准就是内容的前沿性，这一标准应该在所有考虑中占有绝对的优先性，否则非但不能促进科技的快速发展，反而会扭曲科学发展的整体布局。

由于大科学工程涉及的内容基本上属于基础研究领域，其未来产出的成果大多具有公共物品的特性，短期内难有商业回报，由于产权问题，市场不会主动投资基础研究，因此，这部分的投入只能依靠政府来推动，这就决定了基础研究从一开始就面临投入的先天困境。一个国家该如何安排科学结构的布局，这与该国的整体社会发展水平密切相关。鉴于中国仍然是一个发展中国家的现实，决定了中国在科研结构布局上的选择更偏好于应用研究，这种战略安排短期内很难改变。政策范式一旦成型就会潜在地产生制度惰性，并

---

[1] 邢超：《参与或加入国际大科学工程（计划）经费投入模式刍议》，《中国科技论坛》2012年第4期。

呈现出高度的路径依赖性。因此，基础研究规模在当下无法达到理想的区间，这是由现实国情决定的。笔者以前曾撰文指出，中国科学刚刚实现了从"穷科学"向"小康科学"的过渡，这就决定了我们必须利用这段时间耐心与努力地夯实科学基础，切不可急躁冒进。近年来国家的科技投入增加了，应该适当发展一些大科学项目，但是不能出现"大跃进"现象。因此，大科学工程不是不能搞，而是应该仔细评估，尽量缩小规模，力争在资源的硬性约束下，评选出少而精的大科学工程项目，以此达到对科学发展的引领作用，而非科学界的圈地运动。

开展大科学工程需要具备一些基础支撑条件，除去宏观层面的政策支持外，还需要中观层面的基础条件支撑。缺少这些基础支撑条件仓促上马的大科学工程很难取得预期效果，由于工程建设的不可逆性，一旦决策失误，这些项目未来极有可能成为科学界的烂尾工程。为了简要说明这种情况，笔者作图4-17。

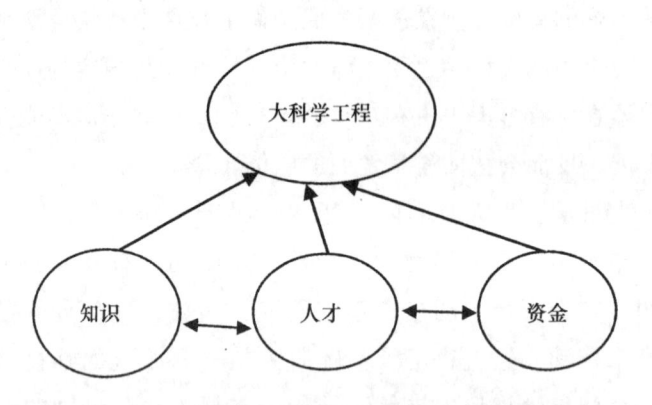

图4-17 大科学工程中观层面的基础支撑条件

根据图4-17大科学工程支撑条件模型，简要分析中国开展大科学工程的边界条件问题。在知识储备方面，由于中国自然科学的诸多学科在国际比较中，尚没有一个学科排名世界第一，这就意味着中国在前沿知识领域整体上距离科学发达国家还有一段距离;这就决定了我们不能盲目上马太多大科学工程项目。那么基于现有的知识与人才储备现状,大科学内容该如何选择呢?根据笔者的研究,通常有两个路径:其一,选择基础最好、实力最强的学科作为突破口,这样通过大科学工程的载体能够让该学科很快走到国际前沿;其二,根据美国科技管理专家斯托克斯(Donald Stokes)提出的"巴斯德象限"(Pasteur's Quadrant)理论,中国大科学研究内容的选择应该从"由应用引发的基础研究"入手,这么做的好处就是,从现实国情出发,虽然不能说是最前沿的研究,但可以解决当下面临的最紧迫的理论问题。如大飞机工程,这类研究内容的市场转化前景比纯粹的基础研究(玻尔象限)要容易,而且,也更适合中国的国情。在研究内容的选择上一定要避免那种理想主义的主张:研究不要带有任何功利目的,为研究而研究。听起来很崇高,但是,这种做法恰恰是对中国科技的最大不负责任:因为你所花的经费是纳税人的钱,研究者必须对他的投资人负责。在研究者与纳税人之间存在一个无形的"委托—代理"关系。科研人员作为具体研究工作的代理人必须全力以赴完成委托人期待的工作,由此,才能获得委托人的信任,从而在科技与社会之间形成良性循环。否则,完全不顾纳税人的期望与偏好,一味凭自己所好,为科学而科学,到最后就会失去社会对科学的信任与支持。

在人才储备方面,以获诺贝尔奖数量作为参考,高端人才严重不足,而中低端人才数量庞大,在总量上已经是世界第一,在世界主要国家的人才存量结构的比较中:"中国万人劳动力中科学家仅有18人,而第一梯队的英、美则有79人,第二梯队的法国、澳大利亚等国家则有68人。"[①] 由于大科学工程的特点决定了其对高端人才存在高度的依赖性,现有的人才储备结构决定了中国开展大科学工程的数

---

① Noorden, R. V., "India by the Numbers: Highs and Lows in the Country's Landscape", *Nature*, No. 521, 2015, pp. 142–143.

量与内容的选择模式：少而精与从应用切入基础研究。在经费支撑方面存在的问题更加明显，对此，下面有详细的分析，不再赘述。因此，上述三项基础支撑条件决定了中国发展大科学工程的边界条件。

幸运的是，中国早期开展的大科学工程研究内容的选择与数量配置大多处于"巴斯德象限"内，即由应用引发的基础研究，在资金的硬性约束下选取少量的大科学项目。如20世纪50—60年代，为了应对国际上的压力与威胁，开展的"两弹一星"工程，都是著名的大科学工程，其研究内容的选择与数量配置大多基于隐性的基础支撑条件而定。这也是早期大科学工程成功的内在机制，大科学工程的成败对于后续的科技发展意义重大，如果失败了，科技界整体将陷入规模萎缩与不被信任状态。幸运的是，"两弹一星"的成功，抛开其广泛深远的政治与社会影响外，对于科学界而言，为其自身赢得了持久的声誉与信任。客观地说，作为中国大科学工程的代表，"两弹一星"工程为中国科技界积攒下大量的信任资本，时至今日，国人对于中国的大科学工程无条件地充满信心，皆源于这份前期积累。这种充分信任对于任何行业来说都是一种宝贵资源，它对于未来的项目立项、支持与认同至关重要，这就是所谓的信任红利。那么，群体信任是怎么形成的呢？通常来讲，群体信任要处理好三者之间的关系：国家偏好（国家目标）、机构偏好（科研目标）与个体偏好（个人诉求）之间达至兼容，这样就会形成共识，由此会衍生出信任感，兼容度越大信任感越强，反之亦然。如果三者之间的偏好严重背离，将无法形成共识，相互之间的信任也就无从谈起。但是也要清醒意识到中国文化背景下形成的无条件信任暗含一种危机：毕竟这种信任源于对以往成功的认可，而非基于自己独立判断得出的结果，缺乏共识基础，这就意味着这种信任基础薄弱，信任红利也极容易随着不满与失败的增加而迅速消散，群体的盲从效应在信任领域比在其他领域要大得多。塔西佗陷阱恰恰是信任红利消失后的最好体现：不论你说什么，人们都不信任你！对于科技界而言，这是致命的，为了防止大科学工程泛滥导致的信任危机，我们需要从资源约束角度检视大科学工程面临的现实风险。

二 大科学工程的资源危机

所有大科学工程的投入都是非常巨大的，资金约束是任何国家和地区在建设大科学工程时首先需要考虑的问题，为此，不妨看看历史上的大科学工程的投入情况。据介绍："ITER（国际热核聚变实验堆计划）是目前全球规模最大、影响最深远的国际科研合作项目之一，建造约需10年，耗资50亿美元（1998年值），其目标是验证和平利用聚变能的科学和技术可行性。由于该计划是人类受控核聚变研究走向实用的关键一步，因此备受各国政府与科技界的高度重视和支持。为实现ITER计划的目标，七个参与方（中国、日本、韩国、印度、俄罗斯、美国和欧盟）签订相关协议。在东道国法国成立了独立的国际组织（ITER组织）协调管理该计划的执行。"[1] 再来看看科学史上的其他大科学工程的投入，就更能印证这些工程对于资金的高度依赖性。据英国历史学家彼得·伯克（Peter Burke, 1937— ）介绍："曼哈顿计划很有名，也很昂贵：雇用了25万多名科学家，耗资20亿美元，而这些，不过只是一个更为庞大的故事的一部分……载人登月的阿波罗计划耗资70亿美元，而其实实际花费高达1700亿美元。另一方面，非载人的空间探测任务则便宜很多，探测火星的'维京计划'（1975— ）和探索天王星的旅行者一号、旅行者二号（1977—），分别耗资10亿美元和6亿美元。"[2] 欧洲核子研究中心（CERN）建造大型强子对撞机（LHC）花费近90亿美元，1990年美国发射的哈勃空间望远镜计划（Hubble Space Telescope），耗资30亿美元。再来看看国内研究原子弹的投入也可以佐证这个问题，据学者介绍："若从工程耗费总量计，从铀勘探到制造出第一颗原子弹，按1957年价格计，

---

[1] 王敏、罗德隆：《国际大科学工程进度管理——ITER计划管理实践》，《中国基础科学》2016年第3期。
[2] ［英］彼得·伯克：《知识社会史——从〈百科全书〉到维基百科》，汪一帆、赵博囡译，浙江大学出版社2017年版，第258—259页。

约107亿元人民币。而1957年全国财政总支出才290亿元,107亿元相当于1957年国家预算的37%。"① 另据报道:"中国载人航天工程20年(1992—2012)的发展进程中投入390亿元人民币。"② 笔者刚刚获悉,国内投资最大的重大科技基础设施项目"硬X射线自由电子激光装置"获批启动,该项目投资额达到83亿元人民币(具体数额还有待确证)。联想到2016年国内学界热议的建造超级对撞机项目,即中国科学院高能物理研究所提出的建造正负电子对撞机—质子对撞机(CEPC-SPPC),据王贻芳测算,该项目需要投入1000亿元人民币。而杨振宁则估计需要花费要高于200亿美元(1335亿元人民币)。③ 目前还有一大批大科学项目在排队中,这种大科学项目如井喷式涌现的现象对于中国科学未来的发展有什么影响?还没有人对此做过详细的研究。暂且不论这个现象背后的动机为何,有一个问题是无法绕开的,即当下中国的科技投入是否能够支撑得起这么多大科学项目同时上马以及运行呢?大科学工程一旦建成就要运行以及改造升级,这些费用都是非常庞大的。据学者介绍:"大科学工程是科学研究的重要工具,本身没有产出效益。因此,建成后就应立即安排运行费,同时为保持其先进性,也需不断改进和改造。按照国际惯例,大科学工程年运行费是工程总投资的1/10,技术改造费亦为1/10。"④ 很多时候,实际投入比这个比例还高。如1984年兴建的北京正负电子对撞机(BEPC)投资2.4亿元人民币,2004年北京正负电子对撞机重大改造工程(BEPCII)开始建设,投资人民币6.4亿元人民币。由此可知,即便运行与改造的费用合计约占总投资的20%,就拿热议中的超级对撞机来说,按照王贻芳

---

① 聂继凯、危怀安:《大科学工程的实现路径研究——给予原子弹制造工程和载人航天工程的案例剖析》,《科学学与科学技术管理》2015年第9期。

② 《中国载人航天实施20年 中央财政共安排390亿元》,http://news.cntv.cn/china/20120629/110738.shtml。

③ 《中国该不该数百亿造大型对撞机得回答这4个问题》,http://new.qq.com/cmsn/20160905054509。

④ 张厚英:《大科学工程管理亟待规范和改革》,《中国科学院院刊》2001年第3期。

的数据 1000 亿元人民币的投资来说，用于维护与改造费用也将达到 200 亿元，试问这些投入从哪里出？这笔庞大的投入对于其他学科来说会造成什么影响？

由于众多大科学项目都是基于基础研究目标立项的，很难产生经济效益，显然这类设施的投入无法通过市场融资来解决，它的建设只能依靠政府投入，而国家的科技投入在任何时期都是有限的，这势必造成对其他学科的挤压效应，为了更清晰地展示这种可能性，我们不妨看看中国科技投入的结构，就拿 R&D 投入最多的 2016 年来看，当年 R&D 投入占 GDP 的 2.1%（见图 4-18），达到 15676.7 亿元，其中，全国基础研究经费 822.9 亿元，应用研究经费 1610.5 亿元，试验发展经费 13243.4 亿元，基础研究、应用研究和试验发展经费所占比重分别为 5.2%、10.3% 和 84.5%。2016 年全国基础研究经费 823 亿元人民币，这些基础研究经费根本无法维持如此众多的大科学项目的建设与运营。随着经济运行下行趋势的常态化，尤其是基础研究经费绝大部分来自于政府的财政拨款，在财政收入结构没有大的变动的情况下，可以预期，短期内中国的 R&D 经费投入不会有太大的增加，这就意味着当下的科技经费投入规模与结构根本无力支撑如此众多的大科学项目的建设与运行。

图 4-18 基于中国过去近 20 年（1999—2016）的 R&D 投入占 GDP 比例的数据，并对未来的趋势做了一些推测。就整体趋势而言，国家对于科技的投入一直处于缓慢上升阶段，2016 年达到 2.1%，随着创新驱动发展战略的实施，科技投入缓慢增加的大趋势不会改变，但是我们要考虑到，随着整体经济下行压力的加大，R&D 投入增加的速度会变慢：乐观估计：未来五年置信上限将达到 2.72%；悲观估计：未来的置信下限将达到 2.26%，取个理想的折中值，2021 年的 R&D/GDP 将达到 2.49%。换言之，2.5% 将是未来一段时间科技投入的上限。基于制度的惯性，未来的科技投入规模与结构都不会发生太大的变化。由于大科学工程大多集中在基础研究领域，那么，R&D 的投入结构会发生大的改变吗？

科技政策透镜下的中国

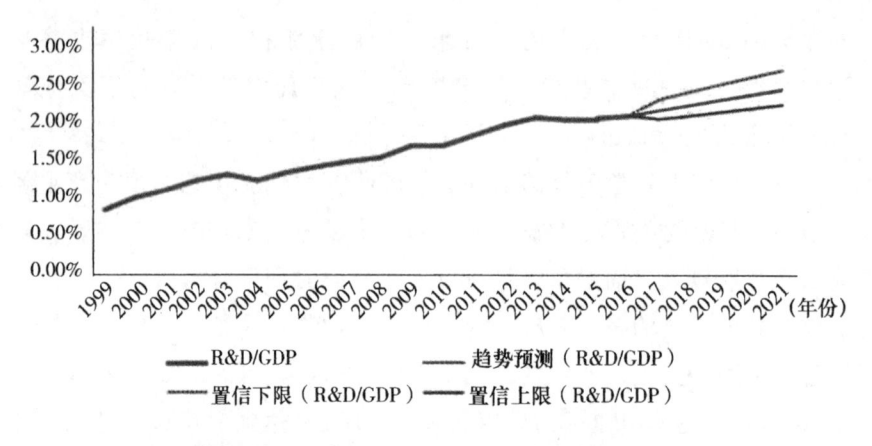

图4-18 中国R&D/GDP比例及趋势预测

资料来源：根据历年（1999—2016）全国科技统计公报数据整理。

关于科技投入结构，有两个问题需要厘清：其一，要清醒意识到中国科技投入的水分比较大，尤其是试验发展部分，这部分大多是企业的科技投入。中国科技统计公报的数据显示近10年（2007—2016），试验与发展经费占R&D的比例一直处于82%—85%之间，而国际上该数据通常在60%—70%之间，这种高投入状态与中国企业的真实表现不符。苏依依等人的实证研究显示："基于全球上市公司近10年（2005—2014）的研发数据，研究发现，相对于美德日韩，中印企业的研发回报率并不显著，部分揭示了两国企业研发不足的内在动因。"[①] 企业的本性是追求利润，如果企业投入研发却不能获得理想的回报，那么企业是不愿意进行研发投入的。苏依依等人的研究显示，中国企业研发投入回报很不理想，但恰恰是在几乎同一时间段，中国企业的研发投入数据又处于高位运行状态，这种矛盾现象该怎样解释呢？显然，这部分虚增的研发投入只能看作是企业为避税而采取的一种手段而已，尤其是在中国企业税费负担严重偏高的情况下，否则很难解释企业研发投入占R&D接近85%的夸张表现。其

---

① 苏依依、张玉臣、苏涛永：《中国企业研发投入有效吗？——基于上市公司研发回报率的跨国比较》，《工业工程与管理》2016年第2期。

二，当下科技界有一个普遍的呼声，即中国的科技投入结构不合理。其中，基础研究经费严重偏低，希望三大领域的投入结构在未来达到国际平均水准，即 10—15∶20—25∶60—65，这种说法学界已经呼吁了很多年，然而实际状况基本上没有任何改变。笔者通过对近 20 年中国科技投入结构的考察发现，基础研究的比例一直维持在 4.5%—6.0% 之间，见图 4-19。

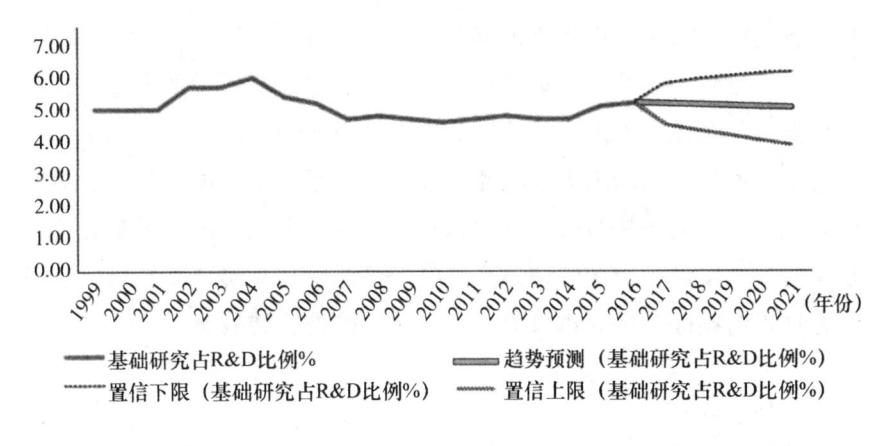

图 4-19 中国基础研究占 R&D 的比例及发展趋势

笔者也认为，这个投入比例严重偏低了，但是实际状况很难改变，造成这种局面的原因有很多，已有学者做过论述，这里不再赘述。清华大学刘立教授称这种现象为："基础研究经费 5% 已成为中国特色的规律。"[①] 基于当下的科技投入模式，可以对未来基础研究投入的规模做出简单预测。乐观地估计，2021 年，基础研究投入达到 6.19%；悲观地预测未来将下降到 3.88%；折中的预测是 5.03%，考虑到全社会都认识到基础研究的重要性，出现置信下限的可能性基本不存在。从这个意义上说，基础研究投入在未来会占到 R&D 的 6%

---

① 刘立：《再论基础研究经费 5% 已成为中国特色的规律》，《科技中国》2017 年第 11 期。

还是有可能的，甚至会更高一些。即便达到了这种比例，基础研究的总盘子还是太小（见图4-20），根本无力养活这么多大科学工程。当下这种一哄而上搞大科学工程的喧嚣，无异于断送中国科学的未来，这场豪赌对于中国整体基础研究领域将会带来灾难性的后果。这种情形可以用"抽水泵效应"来解释，大科学工程相当于资金池里的巨型吸水泵，在基础研究经费原本就很有限的背景下，这些巨型吸水泵持续不断地侵蚀基础研究的资金池，毋庸讳言，基础研究经费很快会被其吸干榨尽，以崇高的名义形成资源的高度垄断与局部集中，其他学科自然会萎缩，毕竟任何学科的发展都需要资源的支撑。这些大科学工程会极大地改变科技界的生态结构样貌，科技界的割据化会成为全面均衡发展的阻力。因此，大科学工程不论怎样解释都会对其他学科产生强大的挤占效应。问题是，这种以大换小的选择是否符合国家的长远发展，中国的整体科学布局是需要几朵鲜花来点缀，还是趁着难得的国际和平时机采取快速的全面推进发展战略？

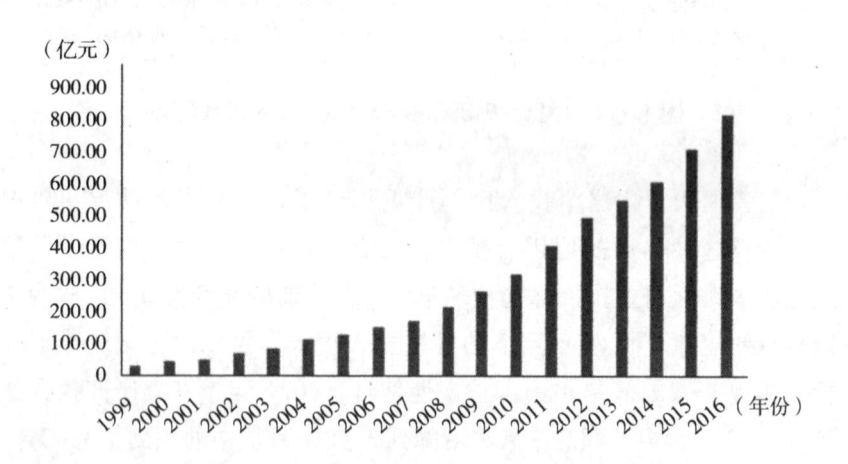

图4-20 1999—2016年中国基础研究的投入规模

大科学工程建设中还面临两个难以回避的道德风险难题：其一，为了获得立项通过，申报者往往会尽量缩小预算，一旦审批通过，该项目就演变为"钓鱼项目"，成为投入的无底洞。毕竟，在目前的制度安排下，项目不能建一半就放弃，一旦开工就没有人敢责令其停下来，否则前期的投入都将变为沉没成本，这是国家、机构以及个人都无法承受之重。因此，国家被裹挟着不得不继续加大投入，没有人想把责任留在自己这一方。其实，更多的是即便计划最后失败也无人负责。稍有工程建设经验的人都知道，由于施工面临的诸多不确定性，经常导致预算超概算，决算超预算。大科学工程涉及更多的高精尖设计要求，以及诸多的非标设备的制造等，这一切都会导致项目投入严重超过预算。更为严重的是，这种情形会固化路径依赖现象，按照美国科技管理专家内森·罗森伯格的说法："早期的压力和决策会在随后很长一段时间'锁定'某一技术或市场结构，并可能远远长于社会最佳时间。一旦做出某种技术的决定，要逆转它就非常困难，也非常昂贵……未来的创新和抉择都建立在今天的选择上，未来创新的回报和代价，取决于今天技术采用的决策。显然，如果创新与当前的系统契合，其潜在的回报便会增值。由于要确保兼容性，决定一旦做出便很难逆转，因此，这些决定会左右未来决策者的算盘……实际选择了的哪一条道路，很大程度上是偶然事件，是早期贫乏的信息导致的结果。"[①] 坊间所谓：船小好掉头，尾大甩不掉，说的就是这个道理。联想到20世纪90年代美国国会果断放弃超导超级对撞机项目（SSC），即便如此，也投入了20亿美元，做这个决定是艰难的，好在美国有国会这样的机构敢叫停SSC。如果中国出现这种情况，又有哪个机构来终止错误决策呢？一旦路径依赖现象形成，由于改变的艰难与昂贵，不可避免地造成科技界的割据化局面，而割据化的最大危害在于它导致整个系统处于退化状态。

其二，资源的高度集中一定有利于创新吗？众所周知，科技界的发展水平是不均衡的，那些处于领先位置的学科凭借其优势地位以及话语权，通过影响决策，从而加速使自己成为资源集中的获益者，最

[①] ［美］内森·罗森伯格：《探索黑箱——技术、经济学和历史》，王文勇、吕睿译，商务印书馆2004年版，第248—249页。

近20年这种情况由隐性向显性转变已成不争的事实。遗憾的是,资源的过度集中是否会影响创新绩效以及科技界的布局,这些问题目前还没有多少人给予关注。鉴于市场与科技界在结构上的类似性,可以借助于经济学家的一些工作来推测科学界的一些变化。经济学家Scherer(1967a)很早以前的一项发现备受无数理论家的关注,"一些证据表明研发强度与市场集中度之间存在非线性的倒U形关系……Blundel(1999)和Aghion(2005)的研究指出:具备更强市场力量的企业开展创新活动的动力更大,目的是先发制人以超越新进企业,否则可能会降低其高于正常水平的利润……Aghion等进一步解释了竞争强度与创新之间存在倒U形关系的原因。他们假设创新是逐步发生的,并据此构建了一个渐进式的创新模型。相较之下,竞争强度增加会减弱落后者的创新激励,因为落后者几乎无法从中有所收获……Koeller(1995)发现市场集中度对小企业的创新产出会造成负面影响。"[1]只要把这句话中的企业换成学科,结论几乎完全适用。同理,资源的过度集中对于弱势学科的创新与发展而言会造成明显的负面影响,诸多大科学工程就是基于各个优势学科实现资源集中的最好载体。从宏观层面来看,倒U形关系的存在印证了边际效用递减的规律。资源的垄断与集中以及科技界的割据化的潜在危害在于它阻止了后来者的进入,成为科技界新陈代谢的制度性壁垒。诚如徐匡迪院士最近在演讲中所说:中国颠覆性技术是被专家投没的。图4-21清晰展示了在未来科技投入增幅有限(外环上限2.5%,内环2.1%)的情况下,过多立项大科学工程项目所带来的后果。

三 结语

综上所述,在国家科技投入状况有较大改变的今天,量力而行,少而精地上马一些大科学工程项目有利于加速科学发展。由于大科学

---

[1] [美]布朗温·H.霍尔、内森·罗森伯格:《创新经济学手册》,上海市科学学研究所译,上海交通大学出版社2017年版,第161—163页。

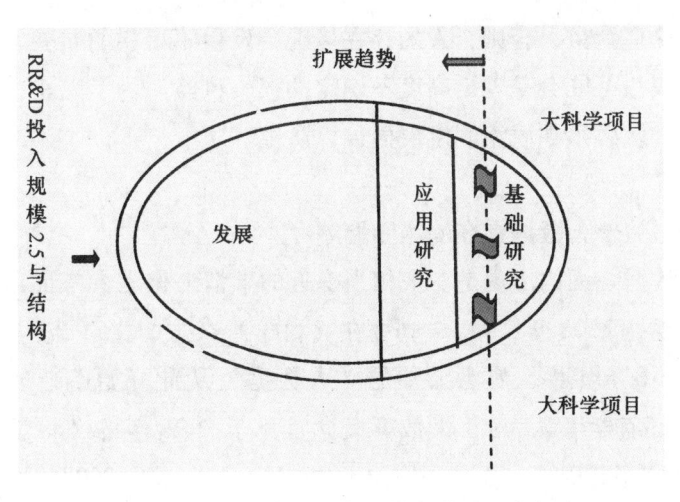

图 4-21　R&D 资源分布结构与基础研究扩张

工程的建设需要比较苛刻的基础支撑条件，在知识与人才储备有限的情况下，更应慎重选择。在基础研究投入增幅有限的背景下，一窝蜂地上马大科学工程非但不能促进科技的发展，反而会造成资源的非理性过分集中，导致资源边际效用递减以及阻碍其他学科的正常发展，并由此引发恶意透支科技界的信任资本以及造成科技界割据化局面，一旦这种路径依赖现象形成，将导致中国科技界的发展被锁定在退化模式中。在全球化时代，大科学本身就具有全球性，因此，可以采用国际合作共建与共享模式，这既可以解决资金投入的不足问题，还可以解决知识与人才不足的短板问题。

第十节　大数据政策制定中的认知偏差与伦理靶标

以互联网、大数据、云计算与人工智能为代表的新科技革命正在迅速地改变整个社会的存在形态以及我们的生活方式，而其中大数据又是其他新技术得以有效运行的基础，因此，大数据在此次科技革命中处于绝对的基础性地位。基于此，任何事关大数据的政策制定都必须辅以伦理约束，否则，人的存在境况会发生不可逆的转变，尤其是人类的权益可能会呈现出高度不确定的损失风险。为了阻止这种现象的发生，就必须在政策制定层面加以防范。

一　关于大数据存在的认知偏差

大数据一词的出现是一个相当晚近的事情，据学者考证，这个词最早出现在 2008 年 9 月，"刊登在《科学》杂志的文章 Big Science in the Petabyte Era 中，鲜为人知的'大数据'从此开始逐渐地深入人心"①。还有学者认为："大数据概念首见于 1998 年的《科学》中的《大数据的管理者》（A Handler for Big Data）一文。2008 年《自然》（Nature）杂志的'大数据'专刊之后，大数据便爆发了。"然而，对于《自然》杂志的大数据专刊对大数据发展所产生的影响，巴恩斯（Trevor J. Barnes）并不同意，他认为大数据并不首先出现在 2008 年，也不是作为谷歌的发明于 1998 年登场，同样不是乔布斯（Steve Jobs）的创造。② 不论怎样考证，现在意义上的大数据概念的历史仅仅 20 年的时间，过多的牵强附会的历史溯源对于研究意义不大。现在迫切需要解决的问题是：大数据的真正含义是什么，这个界定事关政策制定的目标定位与模式选择。很多学者针对大数据的特点，对于大数据的本质提出如下一些具有共性的看法，如有学者认为："大数据也存在一个五 V 空间：第一个维度是数量（Volume），主要表现为数据量的快速增长；第二个维度是速度（Velocity），主要表现在数据增长的速度在加快；第三个维度是多样性（Variety），即数据的来源和新的种类的增加；第四个维度是价值（Value），即对这些数据的使用和挖掘产生价值；第五个维度是数聚（Variable），让数据实现从量

---

① 魏航、王建冬、童楠楠：《基于大数据的公共政策评估研究：回顾与建议》，《电子政务》2016 年第 1 期。
② 方环非：《大数据：历史、范式与认识论伦理》，《浙江社会科学》2015 年第 9 期。

变到质变的飞跃。"① 关于大数据的这个 5V 模型中，前三个维度主要关注大数据的物理特性，后两项则是与人和机构有关，因此，关于大数据政策制定中的伦理考量也多发生在后两维中。众所周知，任何政策的制定在目标集里都包含如下三种政策子目标：国家意志、资源配置与对受众的激励机制。高质量的政策一定会尽量在政策的各项子目标与政策受众的偏好之间达成最大限度上的一致，具体而言：国家意志与受众认同有最大的交集，在资源的分配上体现公平，在激励层面与受众的偏好、动机高度匹配，只有政策制定者与受众在这三个子目标之间达成最大限度上的共识，政策的效率才能体现出来，即"状态—结构—绩效"符合预期。究其原因在于，政策被受众群体高度接受并在社会中以低阻力状态运行。为了实现这种效果，在政策制定者与受众之间需要解决两个认知上的共识问题：知识共识与价值共识。

由于大数据的兴起是很晚近的事情，早期的关注者大多集中在学术界与企业界，真正进入公众视野的时间也就是最近 3—5 年的事情，公众对其了解并不深入。然而，由于中国文化的高度实用主义取向，导致整个社会关于大数据在知识层面上，依旧延续了中国人百年来一贯的对于科学的高度认可的态度，这就意味着公众与决策者在大数据的知识层面是达成共识的：大数据对于个人与社会来说总体上是好东西，也许在对大数据本质的理解上存在千差万别，但是至少这种知识层面的共识对于一项新事业的推动与政策的制定至关重要。现在的问题是，在大数据价值层面上的认知仍然存在严重的信息不对称现象，导致大数据政策的制定缺少直接推动力，即公众不清楚大数据会给自己带来什么样的益处？以及由于数据的共享导致的成本—收益是否符合经济原则，正是由于缺少价值层面的利益分配结构的明确化。导致公众对于大数据处于不抵触、默认与观望态度。这种认知上的分布格局，导致大数据战略的社会运行远没有达到理想状态。基于这种认知

---

① 大数据战略重点实验室：《DT 时代：从"互联网＋"到"大数据＊"》，中信出版社 2015 年版，第 XXVI 页。

差异，可以把当下大数据政策的制定模式梳理出来：C 型和解性政策。所谓 C 型政策制定模式是指，社会在大数据的知识层面有高度共识，而在价值层面则处于缺乏共识的状态。和解的本意就在于明确对于大数据价值的社会分配方案，以此推动大数据战略的落地生根以及提升其运行效率。见表 4-2。

表 4-2　基于大数据知识与价值认知差异基础上的政策类型

在大数据知识问题上达成共识的情况 \ 在大数据价值问题上达成共识的情况	否	是
否	没有被结构化的问题 作为学习的政策 作为发现问题的科学 A	被部分结构化的问题 协商性的政策 作为支持者的科学 B
是	未成功结构化的问题 和解性的政策 作为仲裁者的科学 C	结构化的问题 支配性的政策 作为解决者的科学 D

资料来源：根据马西斯·西舍姆勒的表格改造而来。［瑞士］萨拜因·马森、［德］彼德·魏因加：《专业知识的民主化：探求科学咨询的新模式》，姜江、马晓坤、秦兰珺译，上海交通大学出版社 2010 年版，第 250 页。

为实现政策目的，任何政策的制定在其起始阶段都要对其未来发展做出研判，大数据政策的制定同样遵循这个路径，这个前提判断就是政策制定中的预防原则。任何一项新技术都潜在具有"双刃剑"效应，尤其是对其负面效应还没有完全展现的技术必须预先做出研判，否则会导致灾难性的后果。仅就大数据的运行而言，由于缺少严格的约束，其副作用已经很明显，这些副作用归纳起来包含三个层面的危害：个人隐私的泄露造成的诸多危害、企业信息泄露带来的商业利益损失以及国家信息的泄露造成的安全隐患，等等。K. 米歇尔与

K. W. 米勒在研究中指出:"从个人层面,大数据正逐渐演变成个人用户的数字化基因(digital DNA),且呈现出比我们自己更了解自己的习惯与需求的趋势。从企业与国家层面,对用户/公民信息的过度监管一方面帮助企业/国家机器做出符合利益需求的决策,另一方面也面临着关于碾压人文精神的苛责。"[1] 那么,大数据政策制定的预防原则应该采取什么形式呢?按照美国法学家凯斯·R. 桑斯坦的观点:"当风险具有巨灾性最差情形时,就可以采取特定措施消除这些风险,即便现有信息不足以使规制者对最差情形发生的可能性做出一个可靠判断。"[2] 在实践中,基于具体情况,预防原则还有强弱之分,即强势形式与弱势形式。强势形式是指:"只要是损害可能会发生,而非等损害已经发生之后,就应当采取那样的行动以纠正这个问题。"[3] 从而达到决策过程的安全边际。对于大数据相关政策的制定不宜于采取强势预防原则,毕竟其风险还是可控的,因噎废食的做法很容易阻碍新生的大数据事业的快速发展。为了使大数据产业获得整个社会的认同,需要把影响政策运行效率与表现滞后的相关认知差异以及承载伦理约束功能的政策工具挑选出来,基于此,才能制定出具有前瞻引领作用的高质量政策。

二 大数据政策制定中的伦理靶标与关切

任何政策都是制度的产品,而制度则是一个国家在特定条件下形成的一系列指导行为的规则与准则等的集合。按照古希腊哲学家柏拉图的说法,城邦的最大美德是正义,因此,政策也必须体现正义的美德。在实践层面任何政策都要体现出对政策受众的公平对待,这就是政策制定的伦理关切。一项政策要获得政策受众的接受与认同,必须

---

[1] Michael, K., & Miller, K. W., "Big Data: New Opportunities and New Challenges [Guest Editors' Introduction]", *Computer*, Vol. 46, No. 6, 2013, pp. 22-24.

[2] [美]凯斯·R. 桑斯坦:《最差的情形》,刘坤轮译,中国人民大学出版社2010年版,第116页。

[3] 同上书,第121页。

确定恰当的伦理靶标,通过伦理靶标把政策理念与目标传达出去。所谓伦理靶标是指通过政策工具的选择把政策的伦理关切传递出去,并与政策受众的内在偏好与动机达成最大限度上的匹配,从而可以使伦理价值随附在政策工具上,这时承载价值诉求的政策工具就是伦理靶标。任何高质量的政策必须提供明确的伦理靶标。通常在政策生命周期内,伦理靶标比较恒定。中国以往的很多科技政策之所以出现失灵现象,就是因为那项政策没有提供明确的伦理靶标,从而无法与政策受众达成充分共识。一旦政策的伦理靶标发生偏转,也就意味着原有政策的终结。这里需要提及的一点是:一旦靶标与受众偏好不一致,不一定意味着靶标选择错了,有时候也许是其超前于受众的认知水平。因此,两者不匹配时,需要仔细分析问题到底出在哪一方,而不能武断地把板子都打在政策的屁股上,比如辛亥革命后的剪掉辫子与放足(废止女人裹小脚)时遇到的阻力,就证明政策受众也是可错的。结合上面的分析,可以清晰发现大数据政策制定的伦理靶标有两个:其一,是形而上层面的自由与安全;其二,是形而下层面的价值分配。由于大数据政策涉及三类政策受众:个人、企业与政府,基于此,形而上层面的伦理靶标根据受众的差异可以分为三类:对个人而言,人们关心的是自由与安全(现实中以隐私保护为代表);企业则关心商业利益垄断;政府关心的则是国家安全。因此,大数据政策制定在形而上层面的伦理约束就必须把这三方面的关切结合起来,然而这三种关切很多时候是存在严重冲突的,总体而言,由于三类主体在力量方面存在的完全不对称性,导致个人层面的伦理关切很难被合理考虑。换言之,个人在大数据时代是庞大的、分散的弱势群体,这就需要政策在制定之初就必须对三者之间的平衡给予充分考虑,下面是三种伦理靶标关系的示意图(见图4-22)。

从图4-22可以清晰发现:三类政策受众的伦理靶标的实际关注度是明显不同的,而且各自集中在不同的行动空间内:政府的伦理靶标集中在公共领域,因此国家安全受到高度关注;企业的伦理靶标集中在社会领域,商业利益受到的关注度次之;个人的伦理靶

第四章 科技政策与产业

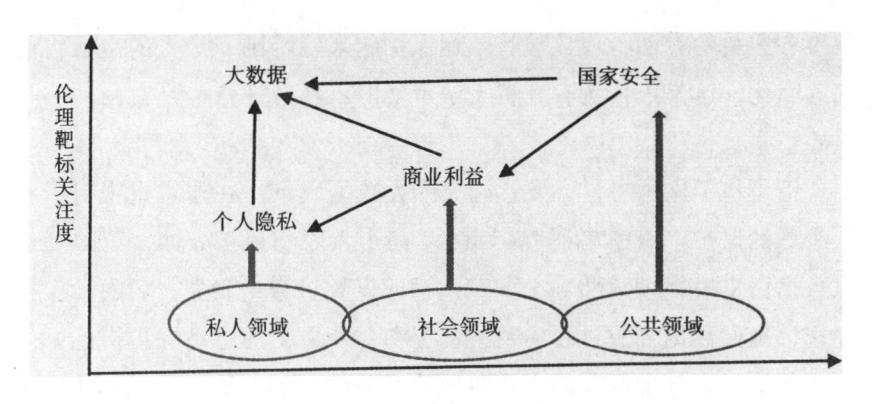

图 4-22 三类政策受众的活动空间

标位于私人领域，隐私受到的关注度最低（保护力度很差），这也直接说明了个体对于大数据的发展充满担忧的深层原因。另外，随着大数据挖掘技术的发展以及算法的改进，一个可以预见的未来就是：私人领域会被社会领域与公共领域逐渐压缩与侵占，这就不可避免地导致隐私的终结与个人自由的丧失，出现英国作家奥威尔在小说《1984》中所描述的被无处不在的老大哥实时监视的社会境况将不再是预言，这才是个体层面对于大数据发展的形而上之忧。为了剖析大数据背景下私人领域的嬗变，需要对两者的结构与功能做些简单的剖析。

按照哲学家阿伦特的说法："公共这个词表示内在紧密联系但并不完全一致的现象。首先，它意味着，任何在公共场合出现的东西能被所有人看到和听到，有最大程度的公开性。对我们来说，显现——不仅被他人而且被我们自己看到和听到——构成着实在……不过，还有许多东西无法经受在公共场合中他人始终在场而带来的喧闹、刺眼光芒；这样，只有那些被认为与公共领域相关的，值得被看和值得被听的东西，才是公共领域能够容许的东西，从而与他无关的东西就自动变成了一个私人的事情。"[①] 人的自由一个重要方面就是那些与公

---

① ［美］汉娜·阿伦特：《人的境况》，王寅丽译，上海人民出版社 2013 年版，第 32—33 页。

· 213 ·

共事务无关的方面，应该被有效地保护起来，否则，个人的生活将彻底透明化，这是人作为存在者无法承受的：私密性恰恰是自由的一个重要子集。

正是基于这种考量，发达国家的大数据政策往往非常重视对于私人领域的保护。有学者研究指出："在个人隐私保护方面，英国《开放数据白皮书》明确将在公共部门透明度委员会中设立一名隐私保护专家，确保数据开放过程中及时掌握和普及最新的隐私保护措施……各政府部门开放数据策略中均明确将开放数据划分为大数据（big data）和个人数据（my data），大数据是政府日常业务中收集到的数据，可以对所有人开放，而个人数据仅仅对某条数据所涉及到的个人自己开放。"[1] 综观以美国为代表的大多发达国家的大数据政策，有一个共同的伦理取向，即最大限度上开放政府数据，严格保护私人数据（以隐私为代表的）。如美国于2002年颁布的数字政府法案（The E-government Act of 2002）明确指出，政府信息公开可获得性在大数据时代享有最高优先权，而联邦政府在通过网页获取公民个人信息时，则需要事先进行隐私影响评估，在每个网页公开标准可视化的隐私管理条例，且非特殊情况，禁止使用一切信息追踪手段（如Cookies）。[2] 这与中国的大数据政策的伦理取向刚好相反，我们的大数据政策严格保护政府数据，导致政府数据对社会和公众的开放程度严重不足，造成社会治理中的反馈与监督机制形同虚设。相反，对于私人数据的保护大多还停留在纸面上或者口头上。试问当下哪个中国人没有接收到骚扰电话，更有无数私人信息泄露酿成的悲剧。如果私人信息保护真正被重视哪里会有这么多电信诈骗和骚扰电话呢？这就是国内公众对于大数据政策在形而上层面面临的普遍担忧。

---

[1] 张勇进、王璟璇：《主要发达国家大数据政策比较研究》，《中国行政管理》2014年第12期。

[2] Bertot, J. C., Gorham, U., Jaeger, P. T., Sarin, L. C., & Choi, H., "Big Data, Open Government and E-government: Issues, Policies and Recommendations", *Information Polity*, Vol. 19, No. 1-2, 2014, pp. 5-16.

数据是有价值的。数据价值的实现需要流动起来，借助于互联网、物联网以及云计算等的普及，大数据时代数据的价值已经从隐性转为显性。诚如欧盟消费者保障专员梅格雷纳·库内瓦（Meglena Kuneva）所言：个人数据是互联网时代的新石油，数字世界的新货币。为了简化起见，可以把数据的来源粗略划分成两类：来自个人的数据与来自政府与机构的数据（把所有非个人的数据都放到机构这个类别里），那么，对于来自个人的数据，个人拥有完全的产权；来自政府的数据，由于政府是由纳税人供养的，因此，政府仅具有部分产权，所以政府要最大限度上公开政府信息；来自私人机构的信息，私人机构拥有产权。这样就出现一个问题：任何信息如果不被挖掘与运用，其价值就无法实现。对于分散的个体而言，要实现个人数据的价值就更为艰难，再加上单个人的数据信息的价值微小，所以，个体对于自己的数据信息的价值也无法给予有效关注，只有当相应的损失发生时才会意识到这种个人信息的价值。简而言之，当下的个体作为私人信息的拥有者，并没有获得相应的收益，这部分收益被企业与政府分享了，作为相应的回报，企业则很少与公众分享其获取的信息，政府也没有达到合理的公开信息的程度，这样一来，在大数据时代，个体成为数据收益的最大输家。因此，在大数据政策制定时必须合理保证个人信息的权益与收益，否则，政策的制定就是缺乏正义的，也是不道德的。诚如美国大数据专家阿莱克斯·彭特兰所言："企业和政府拥有的计算能力远超过个体，这种不平衡将很快成为导致社会不平等的一个主要原因。更多的数据获取和更高的计算能力，这两种趋势的结合使得权力高度集中在政府和大型企业中。"[1] 这种可怕境况，在现实生活中已经呈现，它造成对作为个体的消费者剩余的完全剥夺。比如通过对源于个人的大数据信息的挖掘，保险业几乎可以做到只赚不赔，而个体原本用于防范风险与不确定性的保险制度已经名存实亡。英国数学家托马斯·

---

[1] ［美］阿莱克斯·彭特兰：《智慧社会——大数据与社会物理学》，汪小帆、汪容译，浙江人民出版社2015年版，第196、171—173页。

克伦普在其《数字人类学》一书中指出:"数字的本质是人,分析数据就是在分析人类族群自身。大数据能够对用户行为的追踪和理解更加具象,数据能够多维度地关注人、洞察人。"[①] 另外,大数据运行的一个特点就是用相关性代替因果性,谁的计算能力越强,拥有的数据越多,谁防范不确定性的能力也就越强。未来两种能力之间的差距的价值,将被政府与企业完全占有。因此,大数据政策作为针对数据产业发展的政策,必须在政策受众的多元主体之间形成利益均衡分配原则,只有这样,大数据产业才能真正造福社会,并提升整个社会的福祉。否则数据鸿沟带来的社会分裂远比传统的有形资产的差异所导致的分裂还要严重,而且更难消除。遗憾的是,我们以往的政策制定模式,往往把政策的收益完全垄断,或者占有绝大部分,导致政策受众接受一项新政策的收益与付出的成本严重不成比例,这也就是我们的很多政策一出台就处于失灵状态的深层原因。就大数据政策的收益而言,政策受众能够在需要的时候获得相应的、公开的与真实可靠的数据,并基于此做出相应的正确决策,这就是一项大数据政策带给他的收益。

遗憾的是,在这方面我们尚存在很大差距。据学者研究,"我国的政府数据开放共享政策始于1994年由国家测绘局发布的《行政法规、规章和我国重要地理信息数据发布办法》。此后,政策经历了漫长的发展过程……在《政府信息公开条例》(2007)和国家信息化政策的推动下,数据管理和共享政策有了进一步的发展……并且从2012年开始政策数量呈现小幅上涨……2015年国务院将政府数据开放共享上升为国家战略,使国家的相关政策迅猛增长。2015年后发布的政策几乎占样本总量的一半以上……而且政策发布的主体绝大多数来自国务院各部委,占样本总量的76.8%。"[②] 这组数据反映了中国大规模开放政府数据是很晚近的事情,换言之,2015年出台的

[①] 大数据战略重点实验室:《DT时代:从"互联网+"到"大数据*"》,中信出版社2015年版,第43页。

[②] 黄如花、温芳芳:《我国政府数据开放共享的政策框架分析与内容:国家层面政策文本的内容分析》,《图书情报工作》2017年第10期。

第四章　科技政策与产业

《促进大数据发展行动纲要》的颁布是中国大数据共享事业的里程碑式的事件。另外，在政府数据开放的结构上存在一个倒金字塔结构，即越是处于治理结构顶层的中央部委的信息开放程度越高，越是位于底层治理结构的政府数据开放程度越低。随着治理层级的逐渐降低，信息开放的意愿也随之快速下降。根据社会分层理论可知，政策受众大多处于社会底层，他们最想了解的信息也多是与生活密切相关的所在地的基层信息。这就导致信息供需（共享）的结构出现严重不对称现象。造成这种结构性不对称局面的原因有三个：其一，基层治理结构对于大数据的意义存在认知差异（知识层面与价值层面），是广大基层能力不足的体现；其二，高度中央集权造成基层治理结构信息生产空间有限，没有多少属地信息可以公开；其三，基层通过限制政府信息的公开，为自由裁量权留有空间。所有这一切都侵占了政策受众本应获得的政策收益，也因此降低了政策的运行效率。

那么，如何通过政策制定的方式，让政策受众更多地分享大数据的价值呢？建立由国家组织的数据公地（data commons）应该是一个可行的选择。众所周知，大数据的盈利模式大多是基于共享与合作实现的，没有共享就没有公平，也没有收益。彭特兰在提出"数据新政"时指出："数据在共享时的价值更大，因为它们能够告诉我们公共卫生、交通和政府等系统可以有多大改进……遗憾的是，今天绝大部分个人数据都储存在私营企业里，因而大都是无法提取的。这些数据不能一直由私营企业独自享有，因为这样的话他们就不太可能对公共产品有所贡献。同样，这些数据也不能由政府独自享有，因为这有悖于公众的知情权。因此，'数据新政'的核心是必须能够同时提供监管标准和经济激励以引导数据所有者共享数据，并同时服务于个体和整个社会的利益。我们必须促进个体之间，而不仅是企业之间或政府部门之间的更大的想法流。"[①] 彭特兰的"数据新政"框架的主旨

---

① [美]阿莱克斯·彭特兰：《智慧社会——大数据与社会物理学》，汪小帆、汪容译，浙江人民出版社2015年版，第171—173页。

在于：使公共产品所需要的数据既易于获得，又能有效保障公平权利。

三 结语

大数据产业是新兴的高科技产业，其对未来的影响深远且广泛，大数据、云计算以及互联网的进一步整合，无异于一场新的科技革命。因此，对于大数据的健康发展必须通过政策来引导与规范，从预防原则的角度来讲，政策制定的绩效最终要体现在更大程度上造福社会，并最大限度减少其副作用。为实现此目的，大数据政策在制定之初就应考虑到两个问题：其一，消除政策制定者与受众之间在认知上存在的差异，基于特定的政策地基，寻找相应的主导政策制定模式；其二，要形成高质量的大数据政策，必须找到合适的政策工具来充当伦理靶标，对于大数据政策制定而言，伦理靶标的选择有两个维度：形而上维度的伦理靶标与形而下层面的伦理靶标，只有两者合理兼顾，才能助推大数据产业的发展与造福社会。

第十一节 未来谁来养活智库？

现代意义上的智库（think tank）的出现是时代发展的必然。由于社会分工的高度发展以及对专业化精神的普遍要求，促使决策部门从自产自销式模式开始向社会购买智力产品的共生模式转向。这种外在驱动迫使社会管理者的治理模式（主要是政策的制定、建议等）也要体现这两种特点，否则是无法为社会提供高质量的治理服务的。通俗地说，就是社会治理开始从社会中引入智力资源，而非以往那种精英主义包办一切的万能模式。

所有这一切都表明：在日趋复杂的现代社会，如果仍旧沿袭传统的治理模式，不但治理的质量与能力会受到质疑，而且治理的效果也会非常糟糕。所谓的决策的科学化与民主化，绝非一句戏言，而是有着现实路径可循的。笔者前些年曾提出一个命题：越是高度发达的地区，越是智库活跃的地区，决策层对智库的需求也越旺盛，其社会治理水平也是相对较高的地区，那里的决策更加凸显科学化与民主化的特征，反之亦然。时至今日这个命题也没有遇到反例。由此引申出一个衍生命题：智库的马太效应。这个命题的社会检验正在进行中：社会的发展程度与智库的密度呈正相关关系，一些数据明确支持这个命题。如根据美国宾夕法尼亚大学的智库与公民社会项目（TTCSP）所撰写的《全球智库报告2015》数据，2015年全球共有智库6846家，其中北美洲智库数量最多，有1931家；欧洲其次，有1770家；亚洲紧随其后，有1262家，这三类地区的智库数量恰恰体现了区域间社会发展程度的排序。回到国内的智库分布也是如此，根据《2015年中国智库报告》数据，智库分布主要集中于东部地区，所占比例高达62%，而中西部区域总和仅占35%。总体而言，美国在智库领域是具有巨大优势的，如果按照人口平均，中国的智库拥有量在世界范围内是处于中下游的，与中国的整体经济与社会发展程度严重不匹配。来自国内外的证据都直接证明了社会发展程度与智库密度呈现高度正相关的"智库马太效应"现象。

中国智库建设的井喷式发展是源于2013年4月，习近平总书记首次提出建设"中国特色新型智库"的目标，表明党和国家将智库的学术研究和实务发展纳入到国家软实力建设体系之中，并提升到国家战略的高度。短短6年时间，中国智库的发展如火如荼，通过上海社科院智库研究中心所发布的《中国智库报告（2014）》的数据可知，当前中国各类智库约有2500家，研究人员约3.5万人，工作人员约27万。这些数量庞大的智库该如何生存已是当下急需梳理的问题。由于整体起步较晚，虽然发展迅速，但是质量参差不齐。据学者分析：中国智库约占全世界智库总量的6.35%，仅有9家进入全球智库的前150名。正如有学者指出："不难发现，中国现存的80%的智库不被国际社会所认可，单纯的数量和总体规模并非衡量智库质量的总体指标。"① 这个残酷现实揭示出，中国的绝大多数智库的发展不是经由市场化自然发展出来的，而是典型的政策驱动模式。这种模式形成的智库，大多缺少发展根基、学术积累与研究规范，很多沦落为哄抢资源的一种变体形式。这就意味着当下的快速发展存在先天不足，在思想观念领域，后发是没有多少优势可言的，到目前为止，很多政府和机构还没有真正形成信赖智库的习惯，这正是困扰中国智库可持续发展的核心问题：在僧多粥少的局面下，未来谁来养活智库？可以把这个问题归结为智库的融资渠道问题。

一 拓展智库的融资渠道

智库靠什么为生？这是一个非常现实的形而下问题。在找出解决办法之前，我们需要对智库的生产模式做出一些简单的梳理，然后才能找出合适的解决办法。首先，要明确智库的"生产—销售"链条。在生产端，智库的产出品是一些观念客体（政策、建议、方法与措施等），在消费端（需求方）则可能是政府、企业或个人。一个发展趋势良好的智库一定是处于"供—销"两旺的状态。其次，智库的结构。要形成智库产品的"供—销"两旺的前提是，决策产品与市场处于充分交融状态。智库能够提供优质的观念产品，消费者因需要而愿意购买其产品而获益（包括合法性与认同）。对于智库的供需间的因果问题，是供给创造需求（萨伊定律：供给创造其自身的需求），还是需求创造供给（凯恩斯法则：需求创造自身的供给）？在这个问题上，笔者倾向于支持美国经济学家蒂莫西·泰勒（Timothy Tatlor）的观点："短期看需求，长期看供给。"② 这种趋势分析，对于智库建设而言，应该是利好消息。那么，如何保证智库产出优质观念产品呢？抛开外部环境条件不谈，仅就智库的结构本身来说，它应该满足如下

---

① 詹国辉、张新文：《中国智库发展研究：国际经验、限度与路径选择》，《湖北社会科学》2017年第1期。
② ［美］蒂莫西·泰勒：《斯坦福极简经济学》，林隆全译，湖南人民出版社2015年版，第157页。

的结构：智库的产出=（专业人才+特定平台+资源）×激励机制。从这个简明公式中，可以看到决定智库产出的硬性要素主要包括三个：人才、平台与资源，这些要素耦合起来，再辅以适当的激励机制，就会让智库的产出处于非常有效率的状态。如果一个智库不具备这些硬性与软性基础条件，那么这个智库是无法产出高质量观念产品的。如果产品质量出现严重的打折现象，一旦用户据此决策出现错误的后果，既无法给消费者带来潜在的收益，也让智库的声誉严重受损，从而导致智库无人问津，处于自生自灭的状态。

根据这个判据，可以发现国内很多新兴智库目前都处于缺项状态（主要是人才与资源），因而，在各种因素的干扰下，它们的产品质量还无法达到用户的满意度。据统计，目前国内智库大约有95%属于官方智库，只有5%属于民间智库，因而，两大类智库其缺项状态各有各的不同。抛开表征智库特征的独立性与客观性不谈，仅就智库的基础设施而言，哪些要素是当下智库缺项最严重的呢？对此，笔者按照对智库发展的重要性设置权重，给出的排序如下：资金（资源的一种）、人才与平台。因此，资金的短缺已经成为影响中国智库健康发展的首要因素。至于专门人才问题，在市场经济社会里可以转换成资金问题。当下中国智库建设最不缺的就是平台，各级机构都是积极给政策，就是不给实质性支持，然后梦想着智库做大以后坐收渔利。世界上哪有不投入就有收获的免费午餐呢？至少这种做法是违反经济规律的。基于这种判断，笔者主要关注资源与人才对于智库存亡的关联。

根据国际经验，通常智库产品的两大消费群体是政府与企业，这也就意味着智库的很多资金是来源于政府与企业。目前国际上的一些著名智库都开始走向资金来源的多元化轨道，而中国的智库目前仍处于基金来源严重单一化的局面，即来自政府，这就严重制约了智库的发展。世界智库排名报告中的数据显示，中国有9家智库位列全球前150名，仔细审视这些智库的最大特点都是政府类智库，有雄厚的政府资金支持。而其他大多数智库则没有这么幸运了。所以资金来源的多元化是目前中国智库面临的生死存亡的大问题。有的学者归纳："目前智库的融资模式主要有以下五种：政府资助、社会捐赠、市场化运作收益、公私合作模式（Public-Private Partnership，PPP）和委托研究项目经费。"①

就目前中国智库的融资渠道而言，政府投入仍是各个活跃智库的主要收益来源，这个局面短期内不会改变。由于中国智库按照属性大体可以划分为政府智库、高校智库与民间智库，这三大类智库的独立性按顺序逐渐增加，但其获得政府资助的比例却逐渐降低。显然，后两类智库要想发展必须开拓新的融资渠道。社会捐赠在中国文化语境下短期内也很难成为智库的收入来源；对于市场化运作收益来说，由于中国智库普遍影响力较弱，其自身的衍生收益很有限，这种模式也无法在短期内支撑智库的运营；那么剩下的就只有PPP与委托研究项目两个融资渠道了。公私合作模式的典型代表是美国的兰德公司，有学者建议这是中国智库未来融资的主要渠道，对此，需要严格廓清其运行的边界条件。由于中国的特殊政治架构与文化环境，导致智库的独立性与研究的客观性都会受到影响，比如政府为一项政策的出台获得合法性，通过课题的形式选择一家智库为其做出评估与分析，此时，智库该怎样保持研究的客观性呢？智库为了生存沦落为不经过同行评议的审慎研究而主动为决策者推销与宣传其理念的角色，这类教训我们有过太多，想想那些荒谬政策的出台，背后都可以找到这类智库的影子。毕竟在资金上的这种高度依附性是以牺牲研究的客观性为代价的，因此，在政治体制改革没有实质性的进展之前，这种模式的发展存在太多的变数，自毁声誉的事件无法避免。那么，现在就剩下一种可行的融资渠道了：委托研究项目经费。

二 企业与事业单位是未来智库的主要服务对象

根据上面的分析可知，要想在短期内改变中国众多智库运营资金

---

① 熊励、陆悦：《中国智库融资模式的研究——来自国际知名智库的启示》，《智库理论与实践》2016年第2期。

不足的问题，除了加大政府的直接投入与税收减免外，还要着力面向企业与事业单位融资的原因有如下几条：首先，充分介入面向社会（主要是企业与事业单位）的委托研究项目，这样既可以解决企业或事业单位面临的知识短板问题，又可以使智库获得合理收入，用于维持其正常发展。之所以把未来融资的重点方向锁定在企业与事业单位这类消费端，是因为政府订单数量有限，竞争激烈，很多高校与民间智库根本无法拿到政府的合同。其次，中国有世界上最多的企业与事业单位，随着市场化的深入推进与分工的发展，这些企业或事业单位更迫切需要源于智库的专业服务，这是一种典型的双赢选择。最后，中国的企业与事业单位种类繁多，足以养活众多不同类型的智库，只要你的产品足够专业，企业或事业单位能因此获得相关收益与帮助，那么企业与事业单位对智库的需求就是缺乏弹性的。尤其是企业，对政策与市场是高度敏感的，为了应对这种敏感性，其内在有强烈愿望，想要获得具有针对性的观念服务。

为了营造智库的这个生存土壤，迫切要求智库在成立之初，就要明确自己的主打方向。毕竟术业有专攻，确立自己的品牌优势与拳头产品，从而最大限度上耕耘企业与事业单位的需求市场，并在此过程中逐渐提升自己的核心竞争力，力争做大做强，并建成有中国特色的新型高端智库，这也是整个社会充分挖掘散落知识资源的一种有效途径。

客观地说，我们之所以选择企业与事业单位作为未来智库发展的主要融资源头，是因为这两类潜在消费主体规模异常庞大，而且存在形态各异，需求多元化，这恰恰是各类特色智库发展的契机所在。根据国家工商总局最新数据，截至2016年底，全国实有各类市场主体8705.4万户，全年新设市场主体1651.3万户，比上一年增长11.6%。即便未来只有1/10的企业有决策咨询的需要，这也是接近千万级别的用户群体，这么大的潜在市场足以支持有特色的高质量智库的存活。另外，人力资源和社会保障部负责人2015年答记者问时指出：中国现有事业单位111万个，事业编制3153万人。这么庞大的事业单位，即便按照金字塔式层级结构的中上层有决策咨询的需要，即便设定为1/10，也有接近10万家事业单位有购买决策咨询的潜在需求。这两项智库需求土壤，一旦耕耘得好，就目前不到3000家智库来说，市场是足够大的，这里还不包括未来拓展的国际业务。

为了使潜在市场变为现实市场，智库必须推出高质量的观念产品，这样才能激活潜在消费者购买的愿望。为了保证智库产品的质量，必须最大限度上保证智库的独立性与客观性，而要保持智库的独立性，只有在运营资金不再单独依靠政府，而是拥有了多元化的、多渠道的融资途径时，其独立性才会呈现出来。否则，智库只能像乞丐一样乞求政府施舍，也无力阻挡政府机构对于研究结果的干涉与修改。如何站着把钱挣了，这才是智库获得尊严与声望的长久之策。这一切都仰仗于资金来源的多元化，在培育企业与事业单位的消费市场的过渡期，为了缓解智库生存的困境，还得提一下捐赠问题。

美国作为智库建设最为发达与成功的国家，其智库在融资模式里最特殊的地方在于他们整个社会有悠久的捐赠传统，在很多著名智库的运营收入里占有接近一半的份额，这值得我们充分借鉴，如"美国的布鲁金斯学会2014年的收入中有37%的收入来自捐赠，卡内基国际和平研究院在2013年的收入中有45%来自赠款"[1]。非常遗憾，我们的文化里缺少捐赠的习惯。造成这种情况的原因很复杂，既有文化对个体认知的影响，还有制度安排设置的障碍。据一些学者统计，"我国企业有捐赠记录的不足10万家，仅占1%，也就是说99%的企业从来没有参加过捐助，其中民营企业的捐赠连其财富的1%都占不到"[2]。也许不能把板子都打在企业的屁股上，从乐观方面来看，这有很大的开发潜力，否则市场会教训这些企业。为了鼓励捐赠，政府应该加速立法，使企业的捐赠获得免税待遇或者税前计提的优惠措

---

[1] 熊励、陆悦：《中国智库融资模式的研究——来自国际知名智库的启示》，《智库理论与实践》2016年第2期。
[2] 同上。

施,从而实质性地鼓励企业或个人的捐赠文化的形成。对于政府来讲,别太小家子气,这点付出可以带来整个社会福祉的提高。

智库的发展,既需要自身水平与能力的提升,也需要企业的认知与时俱进,并逐渐习惯重大决策的专业咨询机制。否则,再好的产品遇到不识货的人也是白搭。很遗憾,现在的企业家宁可花钱去烧香,也不愿意寻求智库的专业建议,只能说明,我们的很多企业目前在认知上仍处于前现代阶段;另外也说明,智库在融资的营销上还停留在等靠要的阶段。

举一个前几年热议的案例,中国历届500强企业之一、菱镁矿加工商辽宁西洋集团在朝鲜投资2.4亿元人民币兴建铁矿石选矿厂,结果建成投产后却被朝鲜单方面撕毁合同并被驱逐,导致血本无归。客观地说,当这家企业决定在朝鲜投资前,只要找任何一家智库做个委托研究,相信都会避免这场噩梦般的投资悲剧。中国企业不舍得投小钱,结果损失大钱的例子比比皆是。相信中国的企业会慢慢成熟,摆脱任性而逐渐成为信赖专业意见的理性行为主体。

三 知识生产的质量与智库的存活

理论上说,中国的众多智库拥有庞大的以企事业单位为基础的融资空间,但是,由于传统计划经济根深蒂固的影响以及制度惰性,中国的企事业单位还不习惯引用外部智力资源,这就导致现实中的智库的前途是光明的,道路却是曲折的。如果不能在短时间内树立智库的可见效果,智库的发展之路将是异常艰难的。从这个意义上说,在取得可见效果与获得社会认同的空当期间会有很多智库由于没有特色的知识产品而死掉。为了避免智库在发展初期的大批夭折,急需在短期内打出智库的品牌效应,从而引发广泛的连锁反应,这是任何新生事物生存的必由之路。智库如何在短期内获得潜在用户的信赖,这就要回到智库的基本功能上来:提供基于知识的、有针对性的专业建议与对策,让用户因此获得实际的收益。

智库的生存从长远来说,提供高质量的内容是其存在的首要前提。如何保证智库能够提供社会所需的高质量内容呢？首先，智库必须有充足的高级专业人才。这些人才为智库产品的质量提供了基本保证，然而任何时期人才都是稀缺的，那么智库如何吸引到所需的高级人才呢？从这个角度来说，中国现有的人才库存并不足以支撑数量如此庞大的智库。其次，智库必须走专业化的道路，以此满足社会的多样化需求。这就要求智库的类型不可千篇一律，必须适应社会需求保持多样性，通过分工与分流，为智库的生存创造专卖店模式。任何国家能够承揽所有业务的超级智库只能是少数几家，大多智库还是要走特色服务的专业化道路。现在最紧迫的问题是支撑智库的人才从哪里来？他们和智库需求匹配吗？

对于智库的人才建设来说，不是说一个人拥有丰富的知识就可以成为智库所需要的研究人员，智库需要的人才是一种特殊人才。这里需要一个知识应用范式的转换，非常遗憾，能够实现这种转换的人才目前很少。仅以数量最多的高校智库为例，这些智库所生产出来的产品社会接受度较低，产生的影响也较小，被认为不接地气。正如有学者指出："大学里的研究很多是书斋型研究，虽然也有应用型研究，但不一定为国家决策者采纳、不一定适应社会民众的需求……高校智库的研究更多的是从学术层面着手的，因此，其研究成果的可行性和在实际操作层面起到的作用就比较有限。"[1] 沈国麟等人认为，这是由于高校的封闭性所致，并把高效的封闭性从五个方面做了介绍。这些说法都有一定道理，究其实质在于研究和应用的范式是完全不同的。从这个意义上说，用高校的封闭性来解释高校智库表现欠佳，仍然没有说到点子上，甚至可以说，封闭性是表现欠佳的一个假原因。现在整个社会的基调是市场经济社会。人才作为一个理性人，那么他的选择要符合利益最大化原则，在高校采用学术范式可以保证他的收益最大化，反之则会导致利益受损。那么，如何盘活高校智库，紧要

---

[1] 沈国麟、李婪：《高校智库建设：构建知识生产和社会实践的良性互动》，《新疆师范大学学报》2015年第4期。

任务就是改变激励机制，以此实现知识生产方式的转型，让一部分人才从学术范式转向应用范式。两种范式的激励机制存在很大的差别：学术范式的最大激励机制是发现的优先权之争（名声）；应用范式的最大激励机制是目标导向的解决问题，以此获得收益（金钱）。现在的激励机制发展有一个普遍趋势就是混合激励，即"名+权+利"相结合的模式。所不同的是，随着范式的不同，各项激励因子的权重不同。因此，要使高校智库真正发挥作用，首要任务就是使智库的从业者获得最大激励，用知识换取收益，一旦从事智库的知识生产获得的收益大于或等于从事学术研究所获得的收益，那么人才会自动根据自身偏好改变研究范式，从而投身于市场。在当前的市场背景下，高校与市场的隔离其实是各自内在运行的激励机制的差异导致的，因此，从根本上说，高校的封闭说是不成立的。从生存角度来说，智库的发展也要模仿产业化的发展路径，正如学者李安方所指出的："智库产业化，并不是要改变智库机构的本质属性（独立性和非营利性），而是用发展产业的方式来推进智库机构的产业化发展。"[①] 至少产业化的路径可以给智库发展带来两个重要的变化：人才的集聚与竞争意识，这是任何行业要在市场中获得大发展与生存的前提条件。

在智库建设的实践中，还存在一个根本性的困境，这就是所谓的科学权威的矛盾性困境。根据韦博·比克等人的研究，"当政治文化的发展已使如此众多的一流机构声誉受损的时候，当STS研究表明科学知识的建构本质的时候，科学建议何以仍能保持权威？"[②] 由于智库所要解决的都是某领域内当下最紧迫的问题，它的内容不仅仅是科学知识的问题，很多时候更涉及社会领域的问题，这就需要对权威性在科学与社会领域进行分配，如韦博·比克所言：不能仅仅选择学术型专家，也要选择直接参与社会活动的人。"要避免政治上的敏感性，仅仅依靠科学方法本身是不够的。那样，学术路径就会充斥着承诺和

[①] 李安方：《智库产业化发展的基本特征与操作》，《重庆社会科学》2012年第6期。
[②] ［荷兰］韦博·比克、罗兰·保尔、鲁德·亨瑞克斯：《科学权威的矛盾性：科学咨询在民主社会中的作用》，施云燕、朱晓军译，上海交通大学出版社2015年版，第7、79页。

风险。科学知识不会自动成为与政策相关的知识，同样地，最优秀的专家也不会自动成为委员会的优秀专家。他们并不学究式地吹毛求疵，但他们的方法显而易见是科学的。这样，专家们就转变为优秀的'社会型'委员会成员。我们将这类专家称为'真正的'专家。"[1] 之所以特别强调科学的权威性问题，是因为目前中国95%的智库是官方智库，只有5%的智库是民间智库，这就意味着在以官方智库为主的背景下，科学的权威性会经常遭遇来自权力的干扰（官本位社会的常态），从而导致智库的产品质量受到直接影响。权威性固然不能被某一群体所独家垄断，但基于中国的现实，当下科学的权威性还是要受到适当的提升与保护，这也是保证智库产品质量的长久之计，以及智库可持续发展的原则性问题，否则，所谓提升智库的核心竞争力就是一句空话。为了实现这个目标，可以把当前智库按照所属性质做一些深层次划分，以此保证科学的权威性。如德国学者多丽丝·菲舍尔对德国智库的划分："智库在德国通常被归为以下三个类别：学术型智库（或没有学生的大学）、拥护型智库（受聘智库）和政党智库。"[2] 这种划分，至少可以通过学术型智库的存在捍卫科学的权威性，并在不同智库间产生有益的竞争，从而为智库的发展提供一种多元化的生存土壤，让市场选择促使智库产品质量的提升。

四 结语

智库发展的隐忧，皆源于盈利模式的单一化。正如一些学者指出："盈利模式单一是有限的资源获取模式、僵硬的组织模式和单一的产品模式的延伸，从而使得智库自身的发展和视界受到了很大的阻碍。解决上述问题的方法就是将智库纳入到价值网络的思考格局之中，提高智库与价值网络上各节点企业的交互作用，并融合市场化、

---

[1] ［荷兰］韦博·比克、罗兰·保尔、鲁德·亨瑞克斯：《科学权威的矛盾性：科学咨询在民主社会中的作用》，施云燕、朱晓军译，上海交通大学出版社2015年版，第7、79页。

[2] ［德］多丽丝·菲舍尔：《智库的独立性与资金支持——以德国为例》，《开放导报》2014年第4期。

国际化、网络化等外部世界大的发展趋势，从而使自身获得更高级化的模式状态。"① 对于中国智库的长远发展而言，首先要立足于国内市场，而且这个市场足够大，在这个过程中完善与发展出多元化的盈利模式，在市场的倒逼下，促成一些智库率先走向国际化，从而拓展智库的生存空间；其次，通过人才队伍建设，提升智库产品的核心竞争力；最后，加紧培育中国知识产品的需求市场，使利用社会智力资源成为实现创新驱动发展战略中的常态选择。这样才能从根本上避免出现智库昙花一现式的短暂繁荣，然后就是大范围夭折的暗淡前景。

第十二节　科普需要引入企业的市场敏感性

作为国家从上到下推动的传统科普，立意很好，然而实际运行效果并不理想。为什么一项利国利民的事业竟然会遭遇如此尴尬的局面，实在是一件值得深刻思考的事情。

长期以来，科普对于社会和个人有什么作用这个问题一直没有得到清晰的表达，从而影响了科普的效果。大体来说，科普的作用有三个：从宏观上看，通过科普可以大范围提高公民的科学素养，进而提升整个社会的文明程度；从中观层面来看，科普可以增加区域的知识库存，从而培育区域的创新能力与文化氛围；对于微观层面的个体来说，通过科普渠道可以有针对性地选择自己喜欢的知识内容，从而提升自己的眼界、获得意义并减少上当受骗的概率。从这个意义上说，科普事业是一项多赢的利国利民的大好事。然而，由于中国文化的严重实用主义与功利主义取向，导致基层管理者与公众只对现实可见利益是高度敏感的，一旦某项行为的收益是在未来兑现的或不明确的，就会激活受众内心的成本—收益核算，甚至会夸大学习成本，进而导致受众的热情降低。之所以这些年科普运转效果不理想，是因为从中

---

① 邵洪波、王诗梼：《中国智库的商业模式及发展方向》，《现代国企研究》2014年第5期。

观到微观层面大家都认为与自己无关,故而原本是一项利好的科普政策就这样在传递中被认知偏差消解了。

造成科普事业运行不畅的原因有很多,经济考量只是其中之一。还有很多重要的结构性关系不合理也是造成科普运行不理想的原因。为此,需要把科普事业的结构链条做一个简单分解与梳理:上游管理者(科普决策与内容选择)、传播渠道与模式、科普受众。根据科普流程的这个结构,可以把科普当下面临的主要问题归纳为如下三种:其一,管理者的单一化。主管部门的单一化导致其偏好与受众的偏好严重不匹配,从而造成科普内容的选择与受众需求不对接,管理部门的定位决定了其对市场是不敏感的,从而使科普事业从上游就处于盲目的状态。其二,传播渠道狭窄化与模式的僵硬化。这些特征决定了科普在传递环节中的效率损失问题,从而导致资源配置出现结构性扭曲。其三,潜在的科普受众在传统科学普及模式下只能是被动的内容接受者。在市场经济与网络并行的时代,个体的自我意识逐渐觉醒,这种被动模式是无法唤起公众认同的。解决这三大类问题必须寻找新的突破口。

令人高兴的是最近有知名企业(美团)开始加入到科普行列,这对于改变科普的现状具有重要的破冰意义。那么,企业的加入会给科普行业带来什么变化呢?基于对科普链条结构的分析,可以看到,企业的加盟有可能在三个方面对科普造成过影响:其一,企业的加入会极大程度影响管理环节的决策模式,即从上游的经营决策与内容选择上带来变化,毕竟企业不想让自己的投入打水漂,而决策层必须为此做出适当的调整;其二,任何一家成功的企业都有自己独特的营销模式与渠道,这些宝贵的无形资源可以极大地改变科普现有的运营模式,从而为销售的扩大创造条件;其三,企业对市场具有高度敏感性,利用现代技术(如大数据等)可以准确地把握市场的脉搏。究其原因在于,企业可以非常精准地了解目标群体的真实偏好,而且地理空间无死角,如拼多多的成功就在于其对于潜在消费者的消费能力有准确的判断。同理,对于科普受众偏好的把握,企业绝对优于政府管理部门与学术机构，从而能准确洞察受众内心真正需要什么，进而有针对性地推送科普内容。这种能力有效地弥合了科普的供给与需求之间的鸿沟，受众真实需求的满足与消解当下过剩的科普产能（基于决策方偏好的产出）对于行业健康发展至关重要。

从运营方式来说，企业的运行遵循市场经济原则，与客户之间的交流更加平等，也更加人性化。以往的科普传播给人的感觉都是居高临下、高冷感觉十足，这种消费体验无形中会把潜在的受众赶跑。传统科普之所以出现"剃头挑子一头热"的现象，是因为按照决策部门的偏好生产出来的产品无人问津，而受众急需的知识内容却无人愿意生产，甚至根本不了解这方面的需求。受众需求的多样化，是单一化的决策部门所无法满足的。这种信息不对称现象也无法通过计划模式来消除。除非是在知识产品极度匮乏的年代，由于饥不择食，不论你生产什么样的产品都会有大量消费者存在，如《十万个为什么》的奇迹在当下的环境下很难出现，因为供需结构已经发生了根本性的改变。

从产品性质上说，科普的内容大多属于准公共物品的范畴，而企业的本性是追求利润最大化，这种矛盾如何解决？其实，只要看到企业在参与科普过程中的收获，就可以充分理解双赢的内涵，这也是双方能达成合作的基础所在。总体而言，企业在参与科普的活动中可以实现如下三个目标：其一，企业获得社会认同，进而塑造企业的形象；其二，通过科普活动可以充实企业文化，并提升员工的素质与能力；其三，从长远来讲，通过科普活动服务社会，企业可以最大限度上培育潜在市场，降低企业社会运行的阻力，并获得管理部门的支持。正是由于存在这些潜在的无形收益，企业才有意愿参与到科普事业中来。只要管理部门做好内容监管与有序运行即可。通过这种合作，既盘活了沉寂的科普市场，又改变了传统科普的运行模式，从而最大限度上实现科普的宏观效应并造福社会。

正如英国历史学家彼得·伯克所言：商路就是文路，商品的流动总是离不开信息的交流。在传统的垄断领域内引入市场机制，既释放了企业的活力,也弥补了垄断性行业自身对市场敏感性不足的缺陷,同时打通了政府、企业、社会与公众之间的连接渠道,这对于社会的进步而言意义极为深远。也只有通过这种实质性的合作,才能推出满足社会需要的高品质科普产品。试想如果美国没有成熟的市场机制做保证,怎么会出现像卡尔·萨根(Carl Edward Sagan,1934—1996)那样伟大的科普作家呢?

第十三节 科学普及成效的"三度"评价与长尾效应

科学普及搞了这么多年,成效到底如何?这样的信息很难获得,为此,我们需要对科学普及活动的成效提出一套简洁的评价标准,只有这样,才能改进科学普及架构中存在的先天问题,并促使其提高效率,真正让科学知识提升民众的认知与社会福祉,而不是流于形式。

科学普及是一项庞大的系统工程,远非人们想象的那样简单。我们可以把这个系统简单分解为四部分:管理者、科学传播者、传播载体与受众。这里的每一个环节都与社会系统有着各种各样的联系与诉求,任何一个环节出现故障,都会导致科学普及的成效大打折扣。在科普的这个发展链条上,如果我们把传播载体定位为企业,按照市场模式运行,那么解决起来相对简单,只要有开放公平的市场环境并符合成本—收益原则即可。管理者本着简政放权的理念,制定好规则,提供必要的支持,而少参与具体事务,那么,影响科学普及成效的核心问题就集中在传播者与受众之间。因此,成效的考核应该集中在这两个环节上。

当下,传播者与受众之间存在三种不对称:首先,生产端,现行的科研考评体制,科学普及的工作得不到合理的承认与收益,所以,在时间的硬性约束下,科技工作者不愿意花时间从事这项工作;其次,受众端,由于存在知识梯度,受众与传播者的需求偏好不一致,导致传播者生产出来的产品与受众的需求不匹配,从而受众与生产者之间的距离渐行渐远；最后，传播者与受众之间处于总体性的失联状态。受众不知道自己的需求向谁请教，传播者不知自己要向谁传播，以及如何传播（内容要转译到什么程度才合适）？整个传播范围边界处于严重模糊状态。上述三种情况，基本上就是以往的科学普及效果不理想的结构性原因所在。为此，笔者提出科学普及成效测评的"三度"评价标准。

所谓三度是指：问题的聚焦度、内容的浓度、受众选择的精准度。由于科学问题五花八门，而受众的需求也是多种多样，在一个特定时间内完全满足是不可能的，尤其是政府推动的科学普及更是由于资源与人力的限制，无法面面俱到。与其采取撒胡椒面式的科普，还不如集中力量一次就做好几件高品质的科普工作。此时需要解决的首要问题就是明确受众的需求偏好排序，通过调查把受众最需要的内容挑选出来，然后组织力量按照重要程度挑选出几个科普受众最关心的问题加以解决，同时推出1—2个引导性前沿科普话题。这样既能够保证科普产品的供给有明确的需求对象，又能有针对性地挑选最好的相关专家完成这项工作。也许，重要的是问题聚焦能最大限度上保证提供的科普工作是高品质的。

内容的浓度包括两方面的内容：所传播的科学知识的广度与深度，这就满足了对于同一问题感兴趣的不同层次受众的多层次需求。社会心理学的研究早已证实：信息的高饱和状态，对于受众的信息接收有直接的促进作用。我们以往的科学普及，往往浅尝辄止，真正感兴趣者无法获得更进一步的信息，随大流者则处于水过地皮湿的状态。问题聚焦的好处就是可以在有限资源下，充分满足科普内容足够的深度与广度，使一个选定的主题被许多专业人士充分讨论，这样既可以满足不同层次科普受众的需求，也能保证内容从高浓度向低浓度传播的扩散效应得以扩大化，同时，给那些真正的爱好者提供进一步探索的广泛空间。

受众选择的精准度。在科学普及的传统观念里，管理者总是武断地认为科学普及的对象应该是全体民众。这个说法仅具有理论上的可能性。世界上任何观念或者真理都不会被当时的所有人完全接受，真正接受新理论、新观念的永远是人群中那些有需要的热爱者与随大流者。因此，全普及与全覆盖是科普推广中存在的一个僵化教条与神话。受众选择越精准，科学普及的效果越好，反之亦然。现在大数据与云计算如此发达，各类群体的偏好很容易被挖掘出来，然后提供有针对性的高质量科普产品。笔者曾提出一个假设：科普知识的扩散会在消费市场上形成明显的长尾效应（Long Tail Effect），即存在于各主流偏好之外的诸多小群体，会被吸引到科普中来，那个长尾会促使无数潜在边缘群体的知识提升。一旦那些散落在知识长尾中的受众的水平得以提升，对整个社会文明程度的改善所具有的价值也许超过一所大学的价值，这才是科普事业的迷人之处。

在科学普及的培养期，政府应该起主导作用。尤其是对于支付能力不足，而受众又呈现出量大面广的知识需求，政府应该担起这个责任，毕竟为社会提供知识类的公共物品，也是政府的职责所系。不要把这个行为短视地认为是赔本的行为，要知道，国民科学素养提高了，社会治理成本将随之降低，而且受众一旦掌握知识，其涌现出的创新能力也会提升社会福祉。当这些主要受众群体的目标实现了，对于那些小众的量小面窄的科普内容，由于存在刚需，可以通过市场来解决。

回到全国科技周活动话题，笔者希望该活动能够目标高度聚焦，有针对性地选择专家，保证相关科普内容的广度与深度，同时选准一个特定目标群体，等活动结束后，留下一系列的相关研究成果，这些成果说不定哪一天就启发或影响了某个人。同时，为了保持科普热度的持久性，可以在活动结束后，设立几个相关科研项目，让这些内容在这一年内持续保持必要的浓度，假以时日，这些努力就会取得意想不到的效果。这种点滴知识积累在时间的放大作用下，会有意想不到的奇迹发生。正所谓：千里之行，始于足下。否则每年5月的科技活动周如同过客一般：来也匆匆，去也匆匆，没有留下任何可资纪念的产品。回顾一下过去的16届科技活动周，我们留下多少能让人记住的作品？又培养了多少人才？这是一个强调用户体验的时代,科学普及也无法绕过时代的门槛,科普的"三度"评价就是对用户体验的最好尊重。推出高质量的科普成果就是延长长尾效应的最佳举措,如果一味坚持落后的科普运作模式,人们是可以选择用脚投票的。

第十四节　从全国高等教育投入看各省的发展心态与认知位差

在创新驱动发展战略已经成为全国主流的发展范式之际,各地落实的情况就成为一个急需检视的问题。客观地说,创新驱动发展战略是一种要求比较高的发展模式,它的实现需要具备一些支撑条件,缺少这些支撑条件的保障,创新驱动就是一句空话。为此,笔者曾提出创新驱动五要素(制度、人才、经济、文化与舆论)耦合基础支撑条件模型,在硬性基础支撑条件方面,各地至少在制度层面已经获得合法授权,根据实现创新驱动的最小支撑条件(两项硬性基础支撑条件+一项软性基础支撑条件),现在,离最小支撑条件还差一个硬性支撑条件。结合中国的资源条件选项,笔者把这项条件选为人才。那么,人才从哪里来呢?无非两个渠道:短期引进与长期培养。但是无论哪种渠道的人才,他们都需要一个承载的载体,用来实现知识的传递与生产。世界各国的经验表明,这个最有力的人才载体就是高校。有了杰出的高校,自然也就有了杰出的人才。因此,从高校角度切入,可以更准确地揭示各地关于发展的真实心态与存在的认知位差。基于此,本节要解决两个问题:其一,通过对各省高等教育投入强度的比较,揭示各区域对于高等教育发展的真实心态与认知;其二,揭示部分省份在教育投入中的搭便车行为,并给出相应的解决策略。

一　全国各省份高等教育投入的现状与问题

高等教育作为一个地区最重要的人才蓄水池,承载两个基本功能:吸引与稳定高端人才,同时培养未来的人才。而这些人才共同塑造与改变当地的文化环境，这就是大学通常被称为当地的文化高地的原因所在。要充分实现这些功能，大学需要拥有巨额资金来维系这种生产模式，否则，其功能是无法发挥的。中国大学以公办为主，因而，它的收入来源主要是政府的财政预算、学费以及少量的产业收入和捐赠。从这个意义上说，衡量一个大学运转能力的一个主要指标就是它的收入情况。实力雄厚的大学更容易吸引到优秀人才，也有助于培养出优秀的人才，并伴有更好的科学知识产出与创新，反之亦然。为此，笔者根据《国家统计年鉴》（2015）以及《教育经费统计年鉴》（2015）的相关信息，整理出2014年全国各省高等教育学校的收入情况，见图4-23。

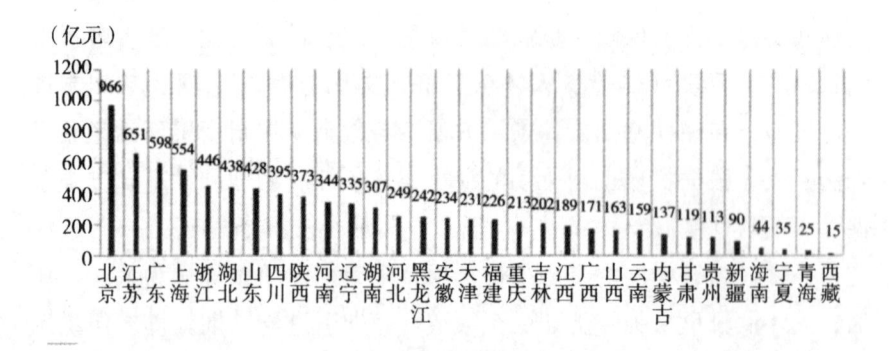

图4-23 2014年度全国高等学校教育经费总收入区域分布

从图4-23中可以清晰发现中国各省高校收入的整体分布状况。通常高校的总收入大体由四部分组成：政府财政拨款、学费、校办企业收入与捐赠。对于很多高校而言，前两项是主要收入来源，其中财政拨款又是最大部分。根据高等教育收入规模，可以粗略地把全国各省高校的收入状况划分为三个阶梯：第一方阵：总收入在300亿元以上的梯队，共计12个省市；第二方阵：150亿—300亿元之间的梯队，共计11个省；第三方阵：150亿元以下的梯队，共计8个省份。沿着高校收入分布的三个阶梯，区域吸引高端人才的能力逐渐降低，相应的创新能力与培养人才的能力也随之降低。如果不改变这种状况,从长远来看区域的发展后劲也会明显不足,甚至会出现人才的倒流现象。

图4-24分解出全国高校收入中来自于财政拨款的部分。由于高校收入中来自财政拨款的部分是其收入的大头,从图4-23和图4-24的对比中,我们可以看到,排在第一方阵的北京来自于财政拨款以外的收入高达297亿元;排在第二方阵末位的云南省高校则有65亿元的收入;排在第三方阵倒数第二位的青海仅为5亿元,而排在末位的西藏仅仅是1亿元。这充分说明,在不同收入方阵里,各区域高校的财政外收入能力是存在天壤之别的。目前,位于第二尤其是第三方阵区域里的高等教育收入短期内只能依靠政府加大投入来解决。由于财政投入又可以划分为:中央财政投入与地方财政投入两类,因而,我们还需要把各区域高等学校财政投入中来自中央财政与地方财政的数据进行分解。

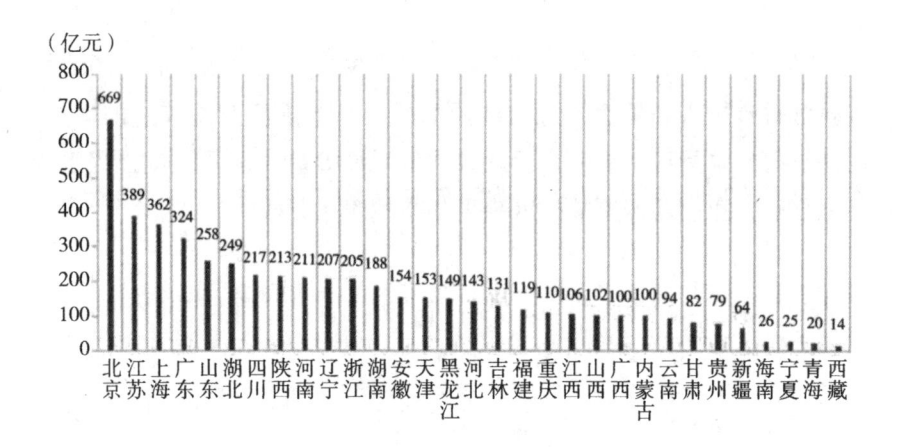

图4-24 2014年国家财政性教育经费中高等教育投入区域分布

图4-25直接展示了各区域高校教育收入中来自中央财政投入的分布状况。这张图显示的数据很有意思,有9个省获得中央财政的投入为零,宁夏仅为5亿元,河南省更是少到仅为1亿元。这11个省的共同特点就是当地没有一所"985"高校,而中央财政性教育经费

倾向于投向部属高等院校和中央直属的竞争性项目，因而导致中央高等教育财政预算呈现出非常严重的非均衡配置，一些省份的高校很难有机会得到中央财政拨款。

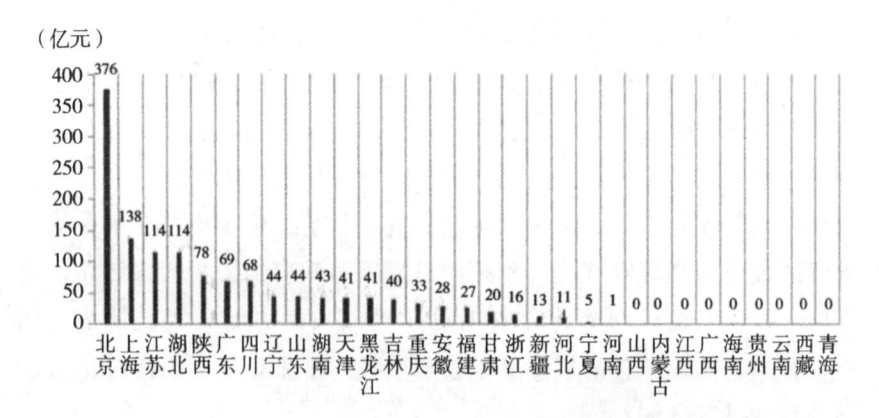

图4-25 2014年中央财政预算中高等教育经费投入区域分布

图4-26则显示了各省财政对高等学校投入状况的分布。地方高等教育财政投入总量比较大的区域都是经济基础相对比较好的区域，但是投入的总量还不能完全反映该地区对高等教育发展的重视程度和努力程度，我们还需要从投入强度的指标着手分析。

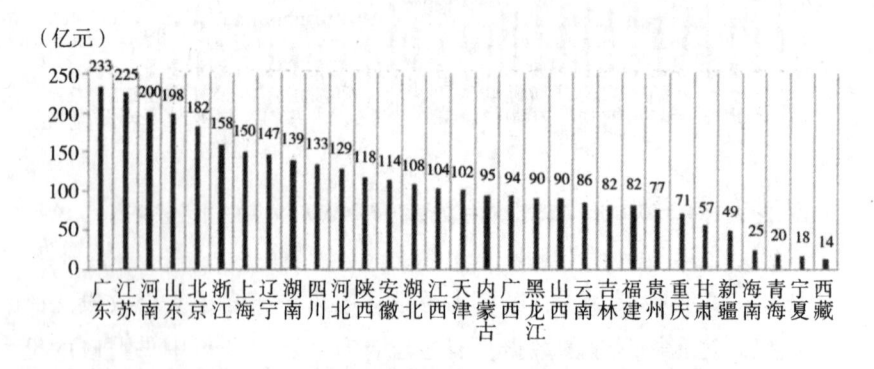

图4-26 2014年地方财政预算中高等教育经费投入区域分布

各级地方政府都有很多税费征收来源，按照现行统计口径，纳入政府性基金预算管理的基金共43项。按收入来源划分，向社会征收的基金31项，其他收入来源的基金12项。这些基金中，用于教育、文化、体育等事业发展的基金有7项。每个区域在这个领域都有庞大收入。但从图4-27中可以看出，很多省份根本没有把这些政府性基金用于高等教育。图4-27显示，上海市在这部分是投入最多的省市，高达51亿元，而黑龙江省仅为26万元，差距巨大。从这个局部角度来看，很多省份所谓的重视教育仍然还停留在口头上，远未达到这些省份应该持有的认知水准。依据相关的比较研究可以进一步得出，政府性基金投入高的区域的决策水平相对较高，而投入很少的区域决策方式仍然是传统的行政主导模式，两者之间呈现出的进化与退化的认知模式清晰可见。由此不难得出，很多区域在发展心态上仍然停留在传统的计划经济模式。上述四图是对公共财政中高等教育投入的结构分解图，具体关系如下：图4-24 = 图4-25 + 图4-26 + 图4-27（还有一些差额来自于捐款和校办产业的收入等，笔者没有列出）。为了展现各省对高等教育的认知与发展心态，下面我们再来看一下宏观上各区域的教育投入强度。

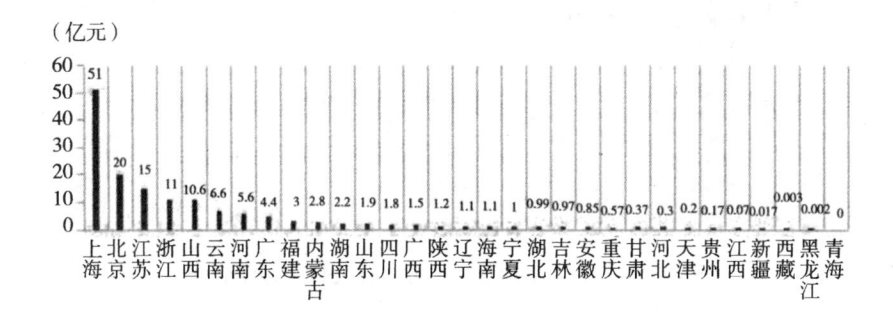

图4-27　2014年地方财政预算中高等教育政府性基金预算区域分布

图4-28把全国各区域的教育投入强度（当地教育投入/当地GDP）直接按降序排列出来，其中，2014年全国教育投入占GDP的

4.15%，从图4-28可以看到，有20个省的教育投入强度高于全国平均值，有11个省的教育投入强度低于全国平均值。问题是这11个未达标的省份基本上都是中国的富裕省份，其总产值几乎占到全国GDP的2/3，这种与常识直觉判断相反的吊诡现象很可怕。造成这种选择背后的驱动机制是什么？

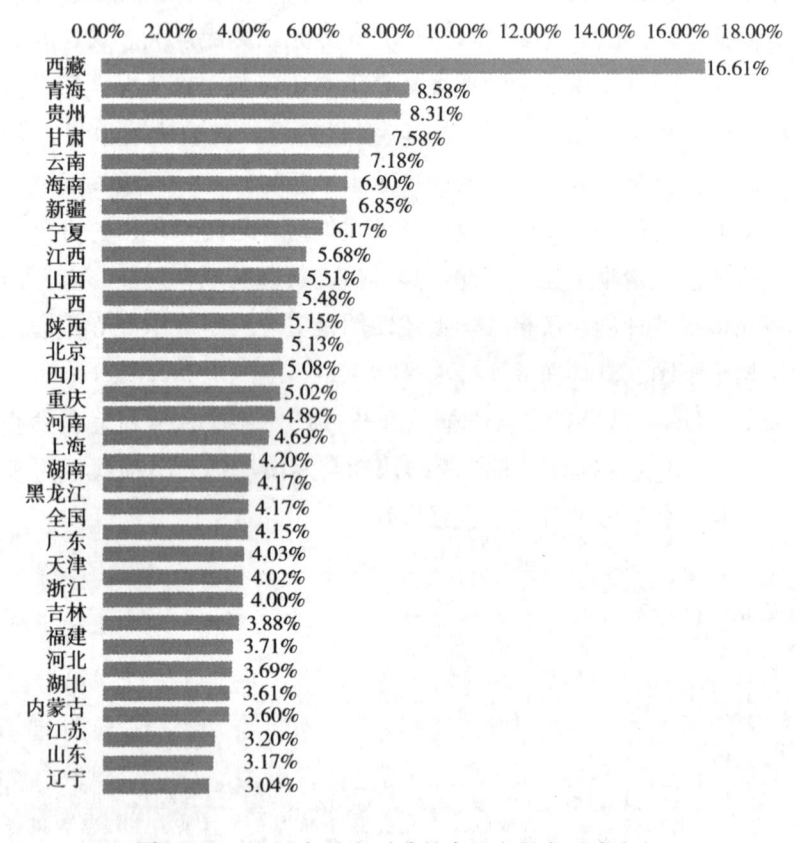

地区	比例
西藏	16.61%
青海	8.58%
贵州	8.31%
甘肃	7.58%
云南	7.18%
海南	6.90%
新疆	6.85%
宁夏	6.17%
江西	5.68%
山西	5.51%
广西	5.48%
陕西	5.15%
北京	5.13%
四川	5.08%
重庆	5.02%
河南	4.89%
上海	4.69%
湖南	4.20%
黑龙江	4.17%
全国	4.17%
广东	4.15%
天津	4.03%
浙江	4.02%
吉林	4.00%
福建	3.88%
河北	3.71%
湖北	3.69%
内蒙古	3.61%
江苏	3.60%
山东	3.20%
辽宁	3.17%
	3.04%

图4-28 2014年地方财政教育投入强度区域分布

二 高等教育投入中的搭便车行为与短视认知

高等教育的发展离不开经济投入的支持，只有有了合理的投入，才能使高等教育的基础设施得以完善，并为人才的发展提供条件。一旦人才培养的长期回报得以体现，又会带动当地经济与社会的发展，并改造当地的制度与文化环境,从而有利于创新的不断涌现。这已成为"二战"后世界各国发展所取得的主要共识。OECD国家的经验表明:这些国家的教育投入普遍占GDP的5%—8%,其中高等教育投入在主要发达国家都占到GDP的1%以上。相比较而言,中国即便是按照投入最高的2016年计算,教育投入也仅占到GDP的5.2%。其中,国家财政性教育经费为31373亿元,高等教育投入占15.84%。仅就财政投入部分而言,占到GDP的0.67%,与OECD国家平均1%以上相比仍有很大的差距。当一个国家的发展模式发生根本性转变的时候,其所依赖的基础资源是不同的,工业时代依据传统资源禀赋,而在信息时代,经济发展所依托的资源是知识,而知识的载体是人才。因而,加快高等教育的发展,也是考验发展模式能否转型成功的关键。由于我们的高等教育以公办为主,它的主要收入来源是政府的财政投入,而政府的财政投入又分为中央和地方财政投入,尤其是中央财政投入就成为大家争抢的"唐僧肉"。从本质上讲,公共财政投入教育具有公共物品的性质,它天然具有正外部性,如灯塔,谁都不想自己投入更多,都想从国家投入中多分一点,久而久之,在高等教育投入的结构上就存在一种搭便车现象,这种现象既造成资源分配的不公平,又有可能造成公共财政资源的萎缩。可以预料由于无法解决非排他性,那些总是无法从公共财政获得支持的地区会要求减少这部分税收比例,最后会导致公共财政出现危机。为此,我们需要检视一下,到底哪些区域在高等教育投入上一直处于搭便车状态,又有哪些区域买了票却上不了车需要被补偿,从而为公平与有效率的财政投入找出合理的解决办法。

为了实现上述目的,笔者列出了31个省区投入的匹配度指标(见表4-3)。

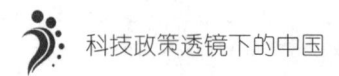

表4-3　2014年全国各区域高等教育投入与区域经济发展匹配情况

指标 省份	GDP排名 （亿元）	地方投入 强度排名	认知位差	财政性投入 排名	地方投入 强度排名	搭便车位差
广东	1 (67792)	21	-20	4	21	-17
江苏	2 (65088)	29	-27	2	29	-27
山东	3 (59427)	30	-27	5	30	-25
浙江	4 (40154)	23	-19	11	23	-12
河南	5 (34939)	17	-12	9	17	-8
河北	6 (29421)	26	-20	16	26	-10
辽宁	7 (28627)	31	-24	10	31	-21
四川	8 (28537)	14	-6	7	14	-7
湖北	9 (27367)	27	-18	6	27	-21
湖南	10 (27048)	19	-9	12	19	-7
福建	11 (24056)	25	-14	18	25	-7
上海	12 (23561)	18	-6	3	18	-15
北京	13 (21331)	13	0	1	13	-12
安徽	14 (20849)	15	-1	13	15	-2
内蒙古	15 (17770)	28	-13	23	28	-5
陕西	16 (17690)	12	4	8	12	-4
天津	17 (15722)	22	-5	14	22	-8
江西	18 (15709)	9	9	20	9	11
广西	19 (15673)	11	8	22	11	11
黑龙江	20 (15039)	20	0	15	20	-5
重庆	21 (14265)	16	5	19	16	3
吉林	22 (13804)	24	-2	17	24	-7
云南	23 (12815)	5	18	24	5	19
山西	24 (12759)	10	14	21	10	11

续表

指标 省份	GDP 排名 （亿元）	地方投入 强度排名	认知位差	财政性投入 排名	地方投入 强度排名	搭便车位差
新疆	25（9264）	7	18	27	7	20
贵州	26（9251）	3	23	26	3	23
甘肃	27（6835）	4	23	25	4	21
海南	28（3501）	6	22	28	6	22
宁夏	29（2752）	8	21	29	8	21
青海	30（2301）	2	28	30	2	28
西藏	31（921）	1	30	31	1	30

表4-3中笔者给出两个匹配度：其一，认知位差，表明一个区域对于教育投入的认识程度。认知位差＝当地经济总量（GDP）排名－地方投入强度排名。按照理论来说，经济实力强的区域投资强度也会比较强，只有这样才能维持经济持续快速发展对于知识与人才的需求。其二，搭便车位差，即一个区域获得财政性投入排名与当地财政投入强度排名的差距。笔者给两个偏差一个测量说明，如果位差在0—±5之间为比较匹配，在±6—±10之间，则是轻度不匹配；在±11—±19之间则是中度不匹配，超过±20的就是严重不匹配。

根据这个衡量标准，可以直观反映出全国各区域间在高等教育投入上存在的认知位差现状（见表4-4）。

表4-4　　区域经济发展与高等教育投入强度的认知位

程度	基本匹配	轻度不匹配	中度不匹配	严重不匹配
认知位差	0—±5	±6—±10	±11—±19	超过±20
区域	重庆、陕西、北京、黑龙江（≤5）；天津、吉林、安徽（≥-5）	江西、广西（≥6）；湖南、上海、四川（≤-6）	云南、新疆、山西（≥10）；浙江、湖北、福建、内蒙古、河南（≤-10）	贵州、甘肃、海南、宁夏、青海、西藏（≥20）；广东、江苏、山东、河北、辽宁（≤-20）

认知位差基本匹配的区域有 7 个省，轻度不匹配的区域有 5 个省。这 12 个省基本上代表了中国在高等教育投入上保持正常认知态度的区域，总体上保持了经济发展程度与教育投入强度大体匹配的状态。中度到严重不匹配的区域竟然多达 19 个省份，这个数据实在是令人震惊。这里认知位差不匹配包括两种情形：一种是严重超过当地经济发展水平，大幅度提高教育投入的强度，这类区域以西南和西北八省区为代表（认知位差≥18）；另一种情况是原本经济发展状况良好，却在教育投入强度上严重落在其他区域之后，这类省份大多位于经济发展水平较高的东部地区，竟然多达 7 个省份（认知位差≤-18）。由此，不难看出，中国各区域在投资教育的问题上存在严重不匹配现象，而且呈现出令人无法容忍的两极化现象。这也造成一些潜在的问题，西部八省区教育投入强度严重超前，已经超出当地整体经济发展水平。投资于教育的急迫心情值得赞扬，问题是在一个特定时期，在资源总量有限的情况下，投资于教育过多势必会影响其他领域的发展，由于教育投入回报的缓慢性，如果短期内没有办法解决收益问题，这种模式持续下去遇到的阻力会加大。那么，那些投入强度严重不足的七个省，为什么会做出如此选择？从理论上说，这些经济排名非常靠前的发达省份，理应更重视教育才是，因为它们比经济欠发达区域更加需要知识和人才，为什么偏偏它们的投入强度严重偏低？它们当然了解这个道理，之所以做出这种政策安排，无非是有另外的渠道可以弥补自身投入不足这个缺口，那就是来自中央财政的高等教育投入。中央财政预算中的高等教育投入来自全国纳税人，然而这些投入却最终回到了个别地区，显然这是不公平的。中央财政预算中的高等教育投入就成为某些区域觊觎的"唐僧肉"，由于历史、文化等诸多原因，中国高等教育的布局结构存在严重失衡问题，这就为某些占有历史先机的个别地区提供了搭便车的机会。这种搭便车行为会严重破坏资源的使用效率。那么，哪些区域是搭便车最严重的地方呢（见表 4-5）？

表4-5　　　　2014年中央财政投入高等教育经费中的
各区域搭便车位差数据

程度	基本没有搭便车	轻度搭便车	中度搭便车	严重搭便车
搭便车位差	0—±5	±6—±10	±11—±19	超过±20
区域	重庆（≤5）黑龙江、陕西、安徽、内蒙古（≥-5）	河北、河南、天津、湖南、四川、吉林、福建（≤-6）	云南、广西、山西、江西（≥11）；广东、上海、浙江、北京（≤-11）	贵州、甘肃、海南、宁夏、青海、西藏、新疆（≥20）；江苏、山东、辽宁、湖北（≤-20）

由于搭便车位差＝区域公共财政投入排名－该区域自身财政投入强度排名。提出这个概念就是想表达一个事情，即哪个区域从中央财政预算的高等教育投入中获得了最多的不公平收入。搭便车位差，根据程度可以分为四类。从表4-5可以看出，中度搭便车的区域有4个省（搭便车位差≤-11），严重搭便车的省份有4个（搭便车位差≤-20）。那些搭便车指数≥20的区域，几乎得不到任何中央财政预算中高等教育投入。数值大，说明它们买票却搭不上车，反而是自己投入的强度比较大。现在可以清晰看出：搭便车最严重省份是：江苏、山东、辽宁、湖北、广东、上海、北京、浙江。另外，河北、河南与天津也达到中等程度的搭便车。这个数据之所以令人震惊，是因为，这些最严重搭便车者都是中国经济最发达的地区，这11个省的GDP产值总和约占全国的2/3。相反那些无车可搭的西部省份，只好自己加大教育投入力度，导致原本就紧张的资源分配更加捉襟见肘。造成这种局面的原因有三：其一，中国高等教育的布局结构严重不合理，导致吸金大户都集中在经济发达地区；其二，中央财政预算中缺乏与此有关的补偿机制，导致经济落后地区上缴中央财政的税收无法从高等教育这个渠道得到反补；其三，西部高校缺少相应的办学自主权，导致无法从扩大办学规模（如自主招生）等活动中获得补偿性收入，只好加大本地财政

的投入强度。虽然西部地区面临诸多不利条件，但最近几年仍然主动加大教育投入强度，其认知表现值得充分肯定。相对而言，那些经济条件比较好的地区，无论在认知位差上，还是搭便车上都打小算盘的区域，如河北、河南、山东等地，实在是存在太大的差距。比如，河南与河北，经济实力都不俗，但在对教育投入的认知上与西部地区相比实在是天壤之别，而且它们自身的高等教育体系就比较落后，导致其搭便车的能力并不强，一旦政策调整，将会出现无车可搭或者挤不上车的局面，在时间的放大作用下，其未来堪忧。

三 结语：通过激励与补偿机制遏制搭便车现象

高等教育投入虽然不能搞"削峰填谷"的平衡游戏，但也不能劫贫济富。作为一种制度安排，最起码的公平还是要有的。尤其是对那些在高等教育投入的认知与行动上表现主动而且优异的区域，应该给予一种正向的回应与激励，这也是对长期存在的结构性不公平政策的一种主动补偿。如建立起一套科学有效的高等教育转移支付体制，中央财政可以对那些表现优异的区域给予财政投入的支持和适当的财政经费转移支付，以此合理减轻地方政府的投入压力；或者通过对那些区域高校的适当放权（如招生名额等），让西部地区盘活资源通过创新弥补收入不足的短板；以及鼓励省际的横向转移支付，进一步加强东部发达地区对中西部对口支援工作的广度和深度，尤其在学术和科研合作项目上的支持。同时，对于那些长期习惯搭便车而自身投入不积极的区域，可以通过一些惩罚措施来反向激励那些区域，最大限度上遏制搭便车现象的蔓延与改变地方政府的短视认知，切断这种路径依赖现象。

综上，在认知位差与搭便车最严重的交集里，我们发现了一些严重重叠的省份，这些省份利用先天的政策安排优势，纵容搭便车行为泛滥已经属于十分不道德的行为。更为可怕的是，这些区域的认知位差也严重落后，在短视的决策下，未来会遇到严重挑战。决策者要清醒意识到：这是一个社会变迁显性化的时代，如果认识不到这种趋势，仍然打着小算盘过日子，相信未来是走不远的，很可能贻误发展的良机。还有些区域虽然算不上最大的搭便车者以及最落后的认知者，但是一味奉行抱残守缺与得过且过的懒政思维同样会被后起之秀超越的，一旦被超越将很难再追上，这是工业4.0时代的特点：一骑绝尘。

第十五节　基于大数据的算法杀熟现象的政策应对措施

随着近几年大数据的兴起，数据挖掘技术得到迅猛发展，其潜在商业前景不可限量。时至今日，我们尚无法准确研判大数据革命对于人类的存在状态到底会造成什么样的深远影响，但至少就其早期应用中已显露出的一些令人担忧的征兆，整个社会已经开始逐渐感受到大数据对国家安全与个人生活的侵入以及权利的丧失。在此笔者对最近涌现出来的基于大数据的算法杀熟现象做些简单分析，期望通过生活中的一个常见视角，探讨在新技术面前人类的处境以及可能的解决措施。

"杀熟"是一种隐喻说法，所谓的熟无非是对人和物的信息了解比较多而已，坊间所谓的杀熟是指对特定消费个体采取的不同价格。在小数据时代，这种杀熟现象规模较小，危害较轻，无法挑战市场的自由竞争原则；而在大数据时代，数据的采集、加工、挖掘、分析与共享越发成熟与普遍，对消费者的熟悉程度与小数据时代不可同日而语，导致市场竞争可以被垄断完全替代，通过所谓的动态定价，可以最大限度上实现最大范围的歧视性定价，杀熟不再被看作是不道德现象，反而成为商家算法技术先进的代名词和暗中炫耀的资本。按照牛津大学法学家阿里尔·扎拉奇（Ariel Ezarachi）对于歧视性定价的界定：是指商家在向不同的消费者提供相同等级、相同质量的商品或服务时，基于后者的购买意愿与支付能力，实行不同的收费标准或价格政策。这里的关键就是要了解潜在消费者的心理价位，即经济学家所称的消费者的"保留价格"（Reservation Price），使卖出价格最大限度上接近保留价格，进而实现对消费者剩余的完全占有。问题是商家是如何知道消费者的偏好与心理价位的呢？这才是问题的关键。超级平台与应用程序软件通过移动设备对消费者产生的数据进行实时跟踪、捕获、整理与挖掘，然后基于利润最大化的算法实现价格歧视，这就是杀熟现象的本质所在。

在大数据时代，数据就是具有生产性的重要资源，从某种意义上说，数据就是信息社会的石油。这里存在一个困境：个人的数据信息是分散的，其孤立存在的价值并不大，但是一旦众多个体的数据被平台或商家收集起来，形成一定的规模，那么它的价值就会迅速变大。在数据挖掘中，消费者个体将是最大输家。那么这个社会中是谁在收集这些数据并以此获得收益呢？在利益分布的链条上，大体来看，包括三个层级的机构：个体、商家（应用程序的使用者与提供者）与超级平台。商家与平台利用收集来的海量个人信息，通过特定目的的算法整理出个体的偏好与特定信息，并对消费者群体实行精准分类，然后商家与平台充分利用这些信息，实现动态定价与定向广告投放，各得其所，只有消费者成为数据海洋中的受害者。数据的产出者在数据的交易中并没有分享到相应的收益，反而成为众多数据收集者任意收割的韭菜，这才是人们关注个人数据与信息安全的初始缘由。

更深层的危害在于通过数据挖掘，任何个体都是透明的（笔者是坚定的计算主义者，认为人的性格、情绪、情感与习惯等都是可以计算的，当下只是计算工具不完备而已），在此基础上个体的隐私根本无法保障，整个社会有效运行赖以维系的公平原则将受到根本性的颠覆。在个体与商家/超级平台之间力量对比如此悬殊的情况下，如何通过政策来约束商家与超级平台对于消费者权利的剥夺呢？由于利益的分配链条是连续的，不存在利益的空白之处，那么约束机制也不应该留有缺口。基于分布式道德原理，笔者提出针对不同主体行为规范的分段式政策约束机制。所谓的分布式道德，按照英国哲学家卢恰诺·弗洛里迪（Luciano Floridi）的说法：它们是构成多能动者系统的各个能动者间互动的结果，这些能动者是人类成员、人工能动者或者混合型能动者，而且这些结果在其他情况下是道德上中性的，或者至少是道德上可忽略的。把卢恰诺的说法简化一下就是：在多个行动者系统中，每一个行动者都是负载道德的，而这些道德在被孤立的行动者那里也许是道德中性的，但是一旦形成社会联结，那么这些特殊道德之间就会出现冲突，为了维系社会的有序运行，行动者之间要在行为规范上形成有效衔接，否则社会就会出现失范现象。比如一个企业就其自身而言，追求利益最大化是符合道德规范的，但是，一旦企业与消费者之间产生实质性联系，单纯追求利润最大化的规范就要受到约束，否则就是违背社会正义与公平原则，此时企业与个体都要调整各自的认知范式，使彼此之间保持相互匹配，即可接受性。从这个意义上说，一个多能动者系统是存在分布式道德的，为了有助于分布式道德的建立，需要相应的政策安排来引导分布式道德的运行。由于道德形成的缓慢性，为了应对迅速增加的多元能动者，需要政府的有形之手加以干预，使之最大限度上避免由于规范的滞后所带来的社会震荡，这就是政策设定对于道德约束机制产生干预作用的原理。在此需要指明的是，笔者认为对于能动者的行为而言：法律底线最低，道德底线次之，政策底线最高。这种安排符合取乎其上得乎其中的常识。

　　通过政策干预道德形成与运行是否有必要呢？只要了解基于大数据的算法对于个体与市场有多大影响就不难明白政策干预的必要性。对于个体而言，个人数据被市场上的众多能动者广泛收集与挖掘，个体的偏好、隐私以及消费者剩余都将失去，这对于个体而言是权利与自由的丧失，其后果除了消费环节的杀熟现象之外，更严重一点的事例，比如购买保险，当保险公司了解你的基因信息，并通过对个体数据的精准分析可以对个体的保费实行差别定价，由此一来，保险公司将变成一本万利的行业，而对于个体而言将失去对于未来不确定性的防范。对于市场而言，掌握大数据的大公司之间可以较为轻易地形成合谋，从而形成垄断市场并赚取超额利润，这就把基于竞争的市场经济摧毁了，所有具有竞争意识的初创公司都将被大公司扼杀在初始阶段。就如同阿里尔所言：超级平台牢牢把控着独立应用程序的流量入

· 249 ·

口，独立应用程序必须按照超级平台的指示与规划小心行事，否则是很难存活的。那么谁有能力制约与监督这些超级平台的垄断行为呢？显然只有政府有能力也有责任去规范其行为，遗憾的是我们现有的政策工具箱对于超级平台与商家的算法监管存在巨大的空白，甚至都没有相应的政策工具？这就导致数据泛滥，算法竞赛横行，消费者就是商家与平台的待宰羔羊，毫无还手之力，只要看看百度公司近些年的表现就不难理解这些现象。在全球化背景下，这种态势愈演愈烈，正如卢恰诺·弗洛里迪所言：在一个去当地化的环境中，社会摩擦是不可避免的，因为没有什么资源可以用来缓解或消除能动者的决策与行动所带来的震荡。

当超级平台与商家对于个体/消费者的个人数据收集、俘获与提取能力与水平越来越强大的时候，伴随机器学习技术的深入发展，算法会得到不断的试错过程，具备自我学习能力的算法在持续的演化竞争过程中会实现自身的质变，这种变化呈现两种表现形式：在显性层面上进化的算法促进平台与商家的利润最大化；在隐性层面算法逐渐具备自我意识而又不为人所知，这才是未来最让人担忧的事情。虽然就目前而言，算法与机器学习技术尚处于起步阶段，还显得有些笨拙，但是没有人会准确预见到其何时会出现突破性的质变？那种认为危机尚远的乐观主义是不负责任的，就如同没有人会意识到互联网短短几十年的发展给世界带来的变化一样，考虑到技术具有自主性这样一种普遍趋势，未雨绸缪还是应该的。就如同基因编辑技术看起来离改造生命还很遥远，但是不觉间经基因编辑技术处理过的孩子已经出生。我们这个时代所遇到的大数据、人工智能、机器学习、云计算等技术带给人类的风险是不同于以往技术带来的全新风险。通常技术风险根据危害程度和发生概率可以分为四种：（1）低可能性、低灾难性；（2）高可能性、低灾难性；（3）低可能性、高灾难性；（4）高可能性、高灾难性。本节所论述的基于大数据的算法杀熟现象属于典型的高可能性、低灾难性风险，而且这种风险已经变为现实。更为可怕的是那种低可能性、高灾难性的风险，如当人工智能出现自我意识时引发的风险就属于此类。由于这些知识都是前沿性知识，普通民众难以了解，更谈不上有效防范。按照美国科技政策专家希拉·贾萨诺夫的观点：风险集聚的地方通常也是知识资源较弱的地方，从而无法获得关于物理、生物和社会情况基准的可信数据。那么针对这些基于新技术而来的风险应该如何通过政策工具来约束呢？

基于市场的多元能动者的动机与偏好的差异，规约其行为的政策工具也千差万别。从分布式角度来看，哪些政策工具与机构可以约束不同能动者的行为呢？对于消费者而言，当他遭遇到价格歧视时只能依据《消费者权益保护法》寻求消费者协会的帮助，这种帮助，举证烦琐、耗时漫长，在个人与商家力量对比严重不对称时，在实践中作用甚微。对于商家而言，对其行为负有监管职能的机构有工商管理、质量监管等部门，而这些机构几乎没有能力了解算法造成的价格歧视与人群分类现象，反竞争法在实践中几乎处于失灵状态；对于超级平台而言，抛开工商、质量监管部门外，工信部是其行业规范的重要监管者，但就目前状态而言，管理部门行动的滞后性，导致对于新兴业态都处于监管空白状态。换言之，当下对于新技术的监管有实际效用的政策工具寥寥无几，政策工具箱处于极度匮乏状态。针对实体市场设立的反垄断法早已无力监管处于虚拟市场的线上交易。从伦理角度来说，算法并非价值中立的，这就意味着算法对于大数据的处理是蕴含巨大伦理风险的。一旦伦理约束失灵，整个行业就会出现道德滑坡现象。那么如何用好大数据资源就是当下非常紧迫的治理任务，已有学者建议对大数据进行全国性立法。客观地说，这种建议的初衷是好的，防止产业发展步入歧途。问题是法律的范畴是极其狭窄的，就如同道德与法律对行为约束产生的差异，道德的底线高于法律底线，即一些行为不道德但不违法，一旦用法律去约束日常生活，可以想见这种社会秩序是极度糟糕的。同理，仅仅基于法律底线，大数据产业会出现野蛮生长，只要不违法即可。从这个意义上说，既要保护大数据产业的发展，又不让其走入歧途，可以先通过政策工具（基于大数据伦理设定）划定行业的行为边界，在此基础上对超边界的行为进行道德与法律惩戒。否则的话，在政策边界与法律边界之间就会出现监管与约束的真空地带，造成社会整体的行为失范现象。因此，完善与充实大数据的政策工具箱是规范与有序发展该行业的当务之急。当下，管理部门对于大数据的国家安全层面已经给予足够重视，短板是对于个人数据（隐私保护）的关注仍然停留在纸面上，并没有太多具有可操作性的政策措施。如果仅有国家数据的安全，而无个人数据的保护，这种局面会阻碍社会的进步。总而言之，从政策引导、道德规训到立法规范，是一个逐渐完善、相互支撑的规制过程，目前已经到了政策引导与道德规训相结合的阶段，在此基础上大数据的立法才是可行的。

参考文献

一 著作

［英］理查德·道金斯：《自私的基因》，卢允中、张岱云、陈复加、罗小舟译，中信出版社2012年版。

［美］道格拉斯·诺斯：《制度、制度变迁与经济成就》，刘瑞华译，台北：联经出版事业股份有限公司2017年版。

［美］艾瑞克·霍布斯鲍姆：《断裂的年代：20世纪的文化与社会》，林华译，中信出版社2014年版。

［美］休斯顿·史密斯：《人的宗教》，刘安云译，海南出版社2015年版。

［德］马克斯·韦伯：《中国的宗教：儒教与道教》，康乐、简惠美译，广西师范大学出版社2014年版。

［美］R. K. 默顿：《科学社会学》（上册），鲁旭东、林聚任译，商务印书馆2010年版。

殷海光：《中国文化的展望》，上海三联书店2002年版。

［俄］C. 谢·弗兰克：《社会的精神基础》，王永译，生活·读书·新知三联书店2003年版。

［德］卡尔·曼海姆：《保守主义》，李朝晖、牟建君译，译林出版社2006年版。

［美］理查德·德威特：《世界观：科学史与科学哲学导论》，李跃乾、张新译，电子工业出版社2014年版。

［美］米歇尔·渥克：《灰犀牛——如何应对大概率危机》，王丽云

译，中信出版社2018年版。

［美］罗伯特·墨菲：《文化与社会人类学言论》，王卓君译，商务印书馆2009年版。

［英］阿诺德·汤因比：《变革与习俗：我们那时代面临的挑战》，吕厚量译，上海人民出版社2017年版。

［英］彼得·伯克：《知识社会史——从〈百科全书〉到维基百科》，汪一帆、赵博囡译，浙江大学出版社2017年版。

［美］内森·罗森伯格：《探索黑箱——技术、经济学和历史》，王文勇、吕睿译，商务印书馆2004年版。

［美］布朗温·H. 霍尔、内森·罗森伯格：《创新经济学手册》，上海市科学学研究所译，上海交通大学出版社2017年版。

大数据战略重点实验室：《DT时代：从"互联网+"到"大数据*"》，中信出版社2015年版。

［瑞士］萨拜因·马森、［德］彼德·魏因加：《专业知识的民主化：探求科学咨询的新模式》，姜江、马晓坤、秦兰珺译，上海交通大学出版社2010年版。

［美］凯斯·R. 桑斯坦：《最差的情形》，刘坤轮译，中国人民大学出版社2010年版。

［美］汉娜·阿伦特：《人的境况》，王寅丽译，上海人民出版社2013年版。

［美］阿莱克斯·彭特兰：《智慧社会——大数据与社会物理学》，汪小帆、汪容译，浙江人民出版社2015年版。

［美］蒂莫西·泰勒：《斯坦福极简经济学》，林隆全译，湖南人民出版社2015年版。

［荷］韦博·比克、罗兰·保尔、鲁德·亨瑞克斯：《科学权威的矛盾性：科学咨询在民主社会中的作用》，施云燕、朱晓军译，上海交通大学出版社2015年版。

［英］卢恰诺·弗洛里迪：《信息伦理学》，薛平译，上海译文出版社2018年版。

［美］兰德尔·柯林斯：《文凭社会：教育与分层的历史社会学》，刘冉译，北京大学出版社2018年版。

二　中文期刊文章

［德］多丽丝·菲舍尔：《智库的独立性与资金支持——以德国为例》，《开放导报》2014年第4期。

邵洪波、王诗桦：《中国智库的商业模式及发展方向》，《现代国企研究》2014年第5期。

熊励、陆悦：《中国智库融资模式的研究——来自国际知名智库的启示》，《智库理论与实践》2016年第2期。

沈国麟、李婪：《高校智库建设：构建知识生产和社会实践的良性互动》，《新疆师范大学学报》2015年第4期。

李安方：《智库产业化发展的基本特征与操作》，《重庆社会科学》2012年第6期。

黄如花、温芳芳：《我国政府数据开放共享的政策框架分析与内容：国家层面政策文本的内容分析》，《图书情报工作》2017年第10期。

詹国辉、张新文：《中国智库发展研究：国际经验、限度与路径选择》，《湖北社会科学》2017年第1期。

张勇进、王璟璇：《主要发达国家大数据政策比较研究》，《中国行政管理》2014年第12期。

魏航、王建冬、童楠楠：《基于大数据的公共政策评估研究：回顾与建议》，《电子政务》2016年第1期。

方环非：《大数据：历史、范式与认识论伦理》，《浙江社会科学》2015年第9期。

聂继凯、危怀安：《大科学工程的实现路径研究——给予原子弹制造工程和载人航天工程的案例剖析》，《科学学与科学技术管理》2015年第9期。

张厚英：《大科学工程管理亟待规范和改革》，《中国科学院院刊》

2001年第3期。

苏依依、张玉臣、苏涛永：《中国企业研发投入有效吗？——基于上市公司研发回报率的跨国比较》，《工业工程与管理》2016年第2期。

刘立：《再论基础研究经费5%已成为中国特色的规律》，《科技中国》2017年第11期。

饶蕾、陆力、马素萍、刘娟：《重大科学仪器设备研发与科研经济一体化分析》，《财经界》（学术版）2017年第2期。

李昌厚：《现代科学仪器发展现状和趋势》，《分析仪器》2014年第1期。

王大洲、何江波、毕勋磊：《我国大型科学仪器设备研制状况及政策建议》，《工程研究——跨学科视野中的工程》2016年第4期。

于海婵：《浅谈如何加强大型仪器研制项目的过程管理》，《科技管理研究》2014年第10期。

吴家喜、于忠庆：《重大科学仪器设备研发项目管理模式探讨》，《项目管理技术》2011年第12期。

邢超：《参与或加入国际大科学工程（计划）经费投入模式刍议》，《中国科技论坛》2012年第4期。

王敏、罗德隆：《国际大科学工程进度管理——ITER计划管理实践》，《中国基础科学》2016年第3期。

李侠、周正：《创新的路径选择与创新成本的变迁》，《科技导报》2016年第4期。

李侠：《科学文化变迁中的博弈》，《科学与社会》2017年第2期。

三　英文期刊文章

J. Sweller, "Cognitive Load during Problem Solving: Effects on Learning", *Cognitive Science* Vol. 12, No. 2, June 1988.

Mulcahy, K. V., "Cultural Policy: Definitions and Theoretical Approaches", *The Journal of Arts Management, Law, and Society*, Vol. 35,

No. 4, 2006.

Noorden, R. V., "India by the Numbers: Highs and Lows in the Country's Landscape", *Nature*, Vol. 521, 2015.

Michael, K., & Miller, K. W., "Big Data: New Opportunities and New Challenges [Guest Editors' Introduction]", *Computer*, Vol. 46, No. 6, 2013.

Bertot, J. C., Gorham, U., Jaeger, P. T., Sarin, L. C., & Choi, H., "Big Data, Open Government and e-government: Issues, Policies and Recommendations", *Information Polity*, Vol. 19, No. 1 − 2), 2014.

后记　奔跑中的星光

《圣经》里上帝说：要有光。于是就有了光。多年来我一直认为这是人类语言中最为深刻的一句话。人为什么需要光呢？大体来说，光有两个作用：其一，光把黑暗和光明做了区分。光明那面，温暖而安全；黑暗那面，寒冷而令人恐惧，这一点对于靠光合作用生长的植物来讲至关重要，所以在植物中有趋光性的说法。同理，我认为人也是具有趋光性的。其二，光让被遮蔽的东西得以显现。人作为存在者是经常被遮蔽的，而光的出现会让那些存在者得以显现，并以在场的姿态做出选择，使积极的生活成为可能。从这个意义上说，光是所有生命绽放的基础。

那么对人生而言，光从哪里来呢？在我看来，对于个人而言，光有两个来源：一部分是由于阳光普照而分享到的光；另一部分则是经由自己的努力而发出的光。我们可以把这里的"光"引申为机会等与人的存在密切相关的资源要素。我们努力批评社会就是为了让它释放的初始光芒能被公平地分配给所有人，但是仅有这些还是不够的，毕竟总有光照不到的地方，坊间所谓：给点阳光就灿烂。虽然是一句调侃，但也真切地说出了机会对于寻常人的异常稀缺性。对于日常生活而言，我们大多时候是借着微弱星光来照亮脚下的路。由于社会分层的存在，每一层级都会截留光，导致光的透射率是很低的。怎么办？只有不懈努力，尽量让自己发出光来。自己发光有两个好处：既可以绽放自己，又可以照亮别人。整个社会的文明与进步就这样通过把分散在各处的、一个个具体的人所发出的点点微光汇聚起来，从而

后记 奔跑中的星光

形成了一个亮堂堂的光明社会，然后所有人都将为此受益。这实在是一件有意义的事情。那么如何发光呢？途径只有一个：努力工作！

按照美国社会学家兰德尔·柯林斯（Randall Collins，1941— ）的说法，工作可以获得物质回报、权力和声望。这是人们最初投身工作的主要内在驱动机制，在我看来，可以把柯林斯的工作模式拓展一下变为：工作＝回报＋权力＋声望＋理想。之所以一定要把理想加入进去，是因为人的努力要能持久地坚持下去，必须有一个内在信仰去支持它，否则是无法坚持到底的。但理想是一件奢侈品，在你没有办法满足基本生存的时候，是不适合谈理想的，你只能把它深埋在心底，否则会成为人们的笑柄：不是说它不好，人们只是意指你不配。这种境遇我经历过太多，所以，你需要把理想当成一件内衣，它是不可以轻易示人的。唐朝诗人贾岛所谓：十年磨一剑，霜刃未曾试。今日把示君，谁有不平事。这份霸气是源于十年默默无闻的磨剑，方有此刻剑光四射的豪气。

这些年我还发现一个现象——光芒的汇聚现象：越是光亮的地方，光芒越会汇聚；反之，越是暗的地方，光芒越少。只有在光芒汇聚的地方，才会发生借光的现象，而在光芒稀少的地方，即便想借光也无光可借。回到我们的世俗生活世界，遵循同样的道理。维特根斯坦曾说：一部作品的光芒是一种美丽的光芒，可是它只有在另一光芒照耀下才放射出真正的光芒。问题是另一光芒为什么要照耀你呢？这世间没有上帝，也没有免费的午餐。理解这些话，你就该明白要想使自己发出光来，你必须要加倍努力工作，尤其是在机会被严重垄断的时代，留给你的空间是很小的，任何时代总有些人天生自带光环，但是不要气馁，一旦光芒发射出来，它便会挣脱所有世俗的羁绊，即便再微小也是一种启明，对旁人也是一种温暖。我年少的时候在故乡，夏日的夜晚总会看到无数萤火虫在夜空中飞舞，一点点微光刺破了无边黑暗的笼罩，那时的我会兴奋地去追逐那些光明的携带者，正是这些光亮安慰了寥落的故乡和我寂寞的童年。时至今日，我仍然坚信，只要你努力，你就会发出光来，不论多么微弱，它也会给别人带来希望。

这年月所有普通人都活着不易，发光的门槛也越来越高，即便如此也还是要坚持，在整个社会结构固化完成之前，还有些许缝隙会把微光投射进来，这就是留给芸芸众生可以分享的渺茫机会。但你还是有机会通过努力获得自由的光芒，而这些光芒是任何力量都挡不住的，这也是我用奔跑来形容自己生活状态的一个说法，跑着跑着自然会看到更多的机会和风景，也能摆脱陷入相互平庸、相互倾轧的可怕陷阱。任何希望都是稀缺的，在这种努力和挣扎过程中，你会发出更多的光亮，不觉间自身就成为一个光源。因此，努力做一个发光者而不是借光者应该是一种源于道德的勇气和清洁的骄傲的表现，这也是你对世界的爱的体现。

转眼已过知天命之年，是到了告别宏大叙事的年岁了，这些年虽然一直在奔跑，但收效甚微，那些弥漫的无力感、失败感挥之不去，即便如此，也决绝无悔。写了这么多年，虽然光华散尽，鬓已星然，希望仍然杳无音信，甚至连回声都没有，但退回到最基本层面，用文字换点散碎银子买酒喝也不丢人。可惜，这年月人们宁可花大价钱买假药酒、买伪养生，也不会去买一本书。也罢，各有天命！感谢这些年陪伴我走过黯淡岁月的那些编辑朋友们，至少你们让一种努力以最朴实的方式得以延续并发光。

这本书里有很多好玩和有趣的观点，那里有我的思考、分析与表达，我的论述只是提供了一种看问题的视角，如有错误责任完全在于我自己，与旁人无关。感谢上海交通大学马克思主义学院的出版基金资助，使这些文字得以呈现。最后，还要感谢我的家人多年来对于我的大力支持，否则，此书是难以完成的。谨以此文，作为本书的后记！

2018 年 12 月 31 日于上海家中